Google Analytics
GA4

Google Analytics
GA4

Google Analytics
GA4

商業分析 大全
Complete Guide

人工智慧賦能，幫你鎖定對的訪客，打贏網路商戰

感謝您購買旗標書，
記得到旗標網站
www.flag.com.tw

更多的加值內容等著您…

<請下載 QR Code App 來掃描>

● FB 官方粉絲專頁：旗標知識講堂

● 旗標「線上購買」專區：您不用出門就可選購旗標書！

● 如您對本書內容有不明瞭或建議改進之處，請連上
旗標網站，點選首頁的 聯絡我們 專區。

若需線上即時詢問問題，可點選旗標官方粉絲專頁
留言詢問，小編客服隨時待命，盡速回覆。

若是寄信聯絡旗標客服 email，我們收到您的訊息
後，將由專業客服人員為您解答。

我們所提供的售後服務範圍僅限於書籍本身或內
容表達不清楚的地方，至於軟硬體的問題，請直接
連絡廠商。

學生團體　　訂購專線：(02)2396-3257 轉 362
　　　　　　傳真專線：(02)2321-2545

經銷商　　　服務專線：(02)2396-3257 轉 331
　　　　　　將派專人拜訪
　　　　　　傳真專線：(02)2321-2545

國家圖書館出版品預行編目資料

Google Analytics GA4 商業分析大全：人工智慧賦能，
幫你鎖定對的訪客，打贏網路商戰；吳政達(Jess) 著
-- 初版 -- 臺北市：旗標科技股份有限公司, 2024.04
面；　公分

ISBN 978-986-312-785-7(平裝)

1.CST: 電子商務　2.CST: 網路行銷　3.CST: 商業分析

490.29　　　　　　　　　　　　　113002168

作　　者／吳政達(Jess)

發 行 所／旗標科技股份有限公司

　　　　　台北市杭州南路一段15-1號19樓

電　　話／(02)2396-3257(代表號)

傳　　真／(02)2321-2545

劃撥帳號／1332727-9

帳　　戶／旗標科技股份有限公司

監　　督／陳彥發

執行企劃／劉冠岑

執行編輯／劉冠岑

美術編輯／林美麗

封面設計／古鴻杰

校　　對／劉冠岑

新台幣售價：690 元

西元 2024 年　4 月初版

行政院新聞局核准登記-局版台業字第 4512 號

ISBN　978-986-312-785-7

序

網站分析是一門可「淺嘗即止」，也可「深入探索」的學問。

但據我觀察，90% 的人對於網站分析的學習，都是在較淺的層面上進行。會造成這樣的結果，原因有四個，請容我後述。而這本書的目標與定位是幫助各位用比「淺嘗即止」再多一點的力氣，輕鬆「深入探索」網站分析這門特別的學問。另外，設定為即使完成整本書的第一次閱讀後，擺在書架上，未來工作有需要，也可隨時參考翻閱的實用工具書。以心法與觀念為主，未來即使 GA4 持續做介面改版，卻不太影響本書的可讀性。

接著，談一下本書定位以及其他同類書籍的四個差異點：

第一個差異點是：本書撰寫的方式是採用情境與說故事的方式進行。目的是希望透過深入淺出的情境引導，讓讀者可以在聽故事與情境設定之下學習，去理解網站分析到底怎麼「玩轉」。通過把多年產業經驗加上吸收消化中西方多本大神著作的理解，進行簡化封裝整理，並以情境帶領的方式，架起一座數據分析學習大橋，協助各位讀者輕鬆度過網站分析的惡水。

第二個差異點是：GA4 新功能與通用 GA 遷移到 GA4 內容的全面涵蓋。只要曾經用過通用 GA 的分析師都知道，GA4 較過去通用 GA 複雜了許多，主要因為 Google 為了配合計算移動裝置的流量與行為，導入了全新的數據收集模

型；基於底層模型的改變，舊有的通用 GA 知識幫助非常有限。另外，Google 自 2020 年底推出 Web + App 合併計算的 GA4 以來，可說邊上線邊持續開發改版（歸因、管理功能、報表規劃、甚至錯誤的翻譯等）；半年一小變、一年一大變是常態。另外，許多原通用 GA 的用戶在 2023 年六月底，通用 GA 正式下架之後，就不能再繼續賴在通用 GA 的舒適圈當中了，將原本設定遷移到 GA4 變成很基本的課題。綜上述，不論學習端或教學端，都必須不斷的精進，涵蓋所有的面向的陳述也變成一個挑戰；本書盡最大的力量做到全面知識覆蓋，期望讀者能夠靠本書按圖索驥，一次了解 GA4 操作相關細節。

第三個其他書比較少提到的是：數據分析的商業思維套用。網站分析的學成，就是為了商業的目標，因此不管是分析模型或報表結果，都需要有商業思維上的解釋，而這一部分目前國內相關出版品著墨較少。我借用過去職場上的經驗，嘗試用舉例或情境的方式，來說明數據分析的許多關鍵視角，以及如何應用於商業解讀，這也是許多國外大神著作，最令我稱許的地方，見賢思齊。

本書最後一個差異點是：網站分析跨系統的串聯介紹。GA4 不是一個數據孤島，網站分析本身就必須進行各類數據匯集，不應該單獨存在。討論跨平台、跨系統的串聯或數據疊合交換等議題，將可使數據分析的能量倍增。同樣的，我借用過去多年職場上的操作經驗，有系統的分享有哪些外部系統可以和網站數據分析做上下游的串聯或互補，這也是本書第四個精彩之處。

最後，當然要談一下本書的主角：Google Analytics。因為功能強大又免費，Google Analytics 很自然地成為網站分析目前市場上最主要的工具；我和這個工具打交道已將近 20 年，容我先佔用一些篇幅，分享一下 Google Analytics 的發展歷史以及 GA 與我個人互動的小故事，希望有助於各位讀者快速融入未來網站分析發展的情境故事。

時間回溯到 2006 年，我當時擔任台灣最大數位音樂串流公司總經理之時，公司同仁早已經開始使用另一個網站數據分析工具，WebTrend（以下簡稱 WT），

來分析公司網站的各種流量數據。WT 分析方法非常原始，就是把所有網站伺服器的瀏覽紀錄（Web log）給存在硬碟，等收集一段時間之後，再去跑 WT 程式，來分析這些瀏覽紀錄，然後把一些流量相關的圖表進行視覺呈現。以當時的 WT 分析的科技能力來說，大概能看到的資訊，就是現在 Google Analytics 各單元總覽的內容。但對當時的網路公司來說，這些資訊就已經非常的足夠與寶貴，可幫助管理階層做出正確的決策，擬定改善方案，持續優化網站、廣告與會員獲取，打敗那些尚不知道網站數據分析的競爭對手。實際上，當時大部分的網路公司，甚至還不知道網路流量數據是可以收集與分析的。

但 WT 這種原始的分析工具有一個很頭痛的問題，就是硬碟空間與伺服器的運算能力。由於當時公司網站付費會員就高達 50 萬，流量非常大。若每個訪客的每筆訪問資料都存在硬碟裡，常常一不小心，就把公司的硬碟空間用光了，更大的噩夢是：硬碟爆掉後，所有的數據可能瞬間消失，更不用說大量硬碟的讀寫，造成硬體本身的毀損。另外，當時硬體的計算能力要剖析這麼多 web log，也是非常吃力的事，要花很長的時間去跑出報表。所以，即使看到最新的報表，常常也不是最即時的數據呈現。

接下來，談到了 GA 出場的關鍵時刻，到現在印象還很深刻。2006 年中的某一天，公司技術長跑來告訴我，Google 出了一種最新的網站分析技術，只要埋一段 Java 程式碼在網站裡，就不需利用硬碟收集瀏覽紀錄，可以把瀏覽紀錄存放在 Google 雲端，並且每天即時跑出前一天類似 WT 的網站流量報表。我當時覺得 Google 真是太神奇了，居然可以發明這麼棒的技術，而且免費，解決我們一直遭遇到的問題。這一版 GA 就是 Google 2005 年併購了 Urchin Analytics 後，所推出第一版 GA1，也就是 utm.js 的架構。即使到現在，我們在做外部廣告標記時，還是會使用 utm 參數，來標記一些非內建的流量來源。說起來，這個標記還是 2005 年購併的歷史軌跡。

GA1 本質上，還是一種「非同步」的網站紀錄，也就是你還看不到即時的數據；2009 年，Google 做了一個架構的改變，把 GA 的架構改建構在雲端，推出了 GA2，也就是 Classic GA, ga.js 的架構，這個同步的技巧，可以更正確與即時的收集與追蹤網站流量數據。

Google 經過了四年的累積，時間來到 2013 年，推出了近期最重要的 GA 版本，也就是 GA3，通用 GA（Universal GA）analytics.js 的架構。這個版本，我個人認為是一個非常重要的里程碑，它揭示了資源（Property）和點擊（Hit）數據收集（tracker）的核心概念，把 GA 由網路數據分析工具升級成為數據匯集中心。

利用資源（Property）和點擊（Hit）數據收集的概念很不錯，但也造成了許多需要做跨國或跨網域收集數據企業的麻煩。因此，在 2017 年，Google 再次進行了 GA3 架構調整，也就是改為 gtag.js 的架構，利用 config 命令的技術，來破解原本通用 GA analytics.js 架構的一些限制，並且統一了 Google 行銷平台 GMP（Google Marketing Platform）的數據收集編程模式。

然而計畫趕不上變化，移動互聯網興起，訪客跨裝置、跨平台的訪問行為與日俱增，並且呈現爆炸性的成長。對此 Google 不得不趕緊併購一家在手機開發與數據分析上做得很不錯的新創公司：Firebase，加速自己在網站與手機數據分析地圖上整合的能力。中間過渡期，也提供 GA 用戶 App + Web 資源設定功能，做一個暫時跨網站與 App 數據可以暫時共同收集、整合與保留的地方，但當時還無法對單一訪客在跨裝置與跨平台的數位足跡進行歸戶型態的數據收集。

2020 年底，Google 把過渡期間的 App + Web 資源正式整合完成，推出了 GA4。但或許推出過於倉促，2020 年底上線的時候，很多原來 GA3 既有的功能，GA4 竟然尚未出現。早期使用者紛紛臆測，到底最終會不會出現，所以加深了導入 GA4 的疑慮。所以，大多數人最保險的做法就是：採用 GA3 + GA4 並行的方式。也因為兩者採用不同的量測 ID（Measurement ID），所以許多人覺得當時導入 GA4 的目的，是幫助企業先蒐集網站與 App 的數據，一邊等 GA4 持續改版邁向更加穩定之路；況且也只有累積足夠多的歷史數據，才可以跑出各

類的分析報表。果不其然，2021 年七月底，GA4 又做了一個小改版，把之前未納入的廣告歸因模式 (attribution model) 正式推出，也提供來自企業付費版 GA360 裡面，許多更具彈性的自訂報表與分析模型。2022 年底，GA4 把原來主選單設定的五大功能：「事件、轉換、目標對象、自訂定義、DebugView」給搬到管理單元當中，讓左手邊的主選單更簡潔。之後，GA4 又調整了廣告歸因的若干小功能，近期則是把管理單元重新統整，以較有系統的「帳戶設定」與「資源設定」分類重現江湖。

我之所以不厭其煩的把將近 20 年的 GA 演進歷史重述一遍，是想表達一個概念：當科技與環境不斷在演進時，在資料範圍、數據收集、報表分析、洞見發展與廣告投放等觀念上，也會產生對應的變化。我也一直認為，如果想了解某個特定主題有何最新的思維與趨勢，從一個設計完整的系統架構 (例如：GA4) 切入，進行逆向工程思考，是一個很不錯的推演脈絡。因此，拆解 GA4 整個網站數據分析的功能，可以讓我們學習更多數據分析、廣告投放、使用者數位足跡與人工智慧等最新的知識與趨勢。然而，縱然我們透過 Google Analytics 了解這些新觀念，仍需隨時牢記 Google Analytics 本身只是一個網站分析工具，要讓工具能夠為人所用，後面人 (分析師) 所扮演角色與建立完整分析思維架構，才是真正的精神所在。因此，本書前半部的重點，也會放在這個重要的議題之上。

回到一開始提到，在擔任許多 GA 課程講師或企業顧問時發現：為何 90% 的人對於網站分析的學習，都是在較淺的層面進行。經過歸納之後，推估可能有以下四個原因或限制：

1. 去脈絡化的限制

   自身沒有了解整個數據分析演進的脈絡，所以自然不知道許多數據分析背後設計的理念與原因，常變成知其然而不知其所以然，這也是我要先把歷史先講一遍的原因；後面也會加強 Why 而非僅僅是 What 的闡述。

2. 課程的限制

過去常常也有朋友或同事告訴我，去上坊間 GA 的課程，由於有些老師是學界出身，或者數據分析並非老師主要專長。所以，常常在課堂中，只是把分析的專有名詞與 GA 左邊選單從頭到尾交代一次，就下課了。對於同學課堂中的問題，也多是避重就輕的輕輕滑過。同學想了解產業應用案例與商業角度的問題，就推說時間快到了，來不及講。

3. 中文書籍的限制

許多人要學 GA，除了上課，就是買本書來自學。但可以發現不少市面上發行的中文書籍，架構大同小異。同樣的，就是把 GA 左邊的選單，各自規畫成一個單元，全書從頭到尾就是把選單操作交代一次。這還是容易落入只知其然的情況。也因為利用 GA 選單當作書籍主架構的關係，對於許多人想了解選單背後設計原因或更深入的商業應用案例，常就會提到因篇幅限制或超出本書範圍帶過，實在令人扼腕。

4. 外文翻譯的限制

既然中文作者發行的 GA 書籍有上述限制，不如來看看國外作者的翻譯書吧。有關 GA 的書，我認為國外寫得好、有搔到癢處的至少有三位重點大神：歐洲 Google 大神 Brian Clifton 的 GA 系列書籍、印度 Google 大神 Avinash Kaushik 的 GA 系列書籍以及 E-Nor 三位創辦人合寫的《Google Analytics Breakthrough: From Zero to Business Impact》。但是，有些出版社找的翻譯者，可能因為不是網路或數據分析出身，中文版翻譯得慘不忍睹；不論是專屬用語沒有被正確翻譯，或原書的章節層次被奇妙的解構，都是造成讀者越讀越無法理解大神原來想要傳達的意念，再次造成 GA 學習的障礙的主要原因。

因此，我非常知道上述限制給帶給網站數據分析學習者，學習上的痛苦與障礙。再者，也因為我非常喜歡上述幾位大神從商業洞見的角度，來延伸數據分析的視野，這也變成我想挑戰並撰寫一本中文類似書籍的巨大動機。

有了動機，我開始思考利用什麼樣的模式，可以跳脫窠臼，讓讀者對於網站分析可以有比較簡單的理解；同時，為了和其他既有的中文書籍互補，我決定設計一個實際的商業情境，輔以從商務實戰的角度出發，把 GA 真正當作商戰決策的工具來運用與介紹。以商戰思維當作起點還有一個好處：即使使用不同的網站分析工具，如：Adobe Analytics、Piwik，或是 GA4 未來介面假如再度改版，讀者仍然可以依據本書規劃的架構，來解決每天所面臨到的問題，而不會被使用的網站數據分析工具或介面給限制住，這也是我最希望帶給讀者的核心精神。

另外，GA4 在跨單元間，其實是彼此有互相參照的，所以書中我利用十三周課程的架構，提示讀者可以跨單元的進行交互參照，冀望可以破除線性思考的學習限制，而改成像心智圖一般的二維開展；從點到線，再從線到面，有機會去填補線性思考架構常常見樹不見林，或失去交互參照的遺憾。

如前所述，為了讓本書更容易閱讀與理解，我設計了一個擬真的商業情境，利用說故事的方式來開展 GA4 的學習。所以，讀者在閱讀本書的時候，就可以思考書中所描述的情境，自己扮演哪一個角色？其他角色是否有出現在自己身邊？如果有類似的情況，就可直接套用，這樣就更容易在日常的商業環境中，套用網站分析的實際用法，並產生積極意義。

或許有讀者會問，利用情境架構說故事和數據分析是在同一個世界的東西嗎？其實，說故事的方法不是我獨創的；在未來，若各位想把網站分析的能力徹底發揮，面向高階主管做網站分析報告與溝通的時候，讓大家都在同一個理解基礎上（on the same page），能將 KPI 或洞見說成一個動聽的故事，絕對是像把文言文轉譯成白話文般的重要技能。不僅提高數據分析工作結果的能見度，也讓高階主管更容易買帳，有效爭取更多的資源。所以，我也利用本書，示範如何透過說一個故事，把網站分析這個有點難懂的主題，讓大部分的讀者有機會快速地理解內化。

推薦序

為什麼要透過網站分析進行
『商業分析與商機洞察』？

　　采威國際的主要業務之一是在幫台灣企業進行數位轉型，而過去接觸的許多企業中，談起數位轉型，常常把數位化與數位優化當成數位轉型，殊不知數位轉型涵蓋議題與內容實為產品轉型、服務轉型、通路轉型與商模轉型。因此，數位轉型能否成功的關鍵因素，還是在數據資產是否可以有計畫性與系統化的收集與被保存。企業若可以將其公司長期留下的數據資產有效保存並進一步處理、分析及進行洞察，將會對該企業找到新藍海市場與發展全新商機有極大的助益，並透過此創新轉型找到下一個成長的動能。

　　上述數位轉型中，數位通路的建構與進行深度數據分析，來發現改變方向的關鍵點，顯然扮演轉型過程中一個很重要的角色；特別是各類數位接觸點的流量數據分析與洞見發展，更是重中之重。在政達這本書深入淺出的介紹之下，可有效幫助想進行數位轉型的企業，在網站數據分析與洞見發展的這個議題上，取得一個有效的制高點。

另外，過去我們自己公司的同仁或輔導數位轉型的企業，在數據收集與分析的學習之路上，也的確遇到作者所闡述的一些困難，相信各位讀者只要依據本書規劃的架構與情境循序漸進地學習，就可以有效解決於數位轉型時，在數據收集與分析這個議題上，可能面臨到的許多問題，這是我看到作者最希望帶給讀者的核心精神。

最後，期許大家讀完這本書後，也可把像本書所提到的，透過有效的說故事表達能力，將網站分析的結晶徹底發揮；特別是員工面向高階主管進行網站分析報告與溝通的時候，我真的特別重視大家最後是不是都在同一個理解基礎上（on the same page）這件事，將 KPI 或洞見說成一個動聽與吸引人的故事，也的確是成熟工作者一項重要的技能。

網站數據的商業分析與商機洞察是數位轉型的一個起點，希望這本書也同樣是一個起點，可以帶給讀者一個全新的視角，開展數位轉型的工作。

采威國際資訊股份有限公司

董事長 蕭哲君

觀念、心法與規劃

出發！

網站分析
目標定義 → 網站分析
三大要素 → 執行架構 → 品質評估
前置作業

GA4 初中高階實作演練

帳戶資源
參數調整
（高階） ← 自訂維度
指標
（高階） ← GTM、
gtag 運用
（高階） ← 轉換與
目標價值
（中階）

GA4 數據擴散與商業應用

GA4 數據
導入 → GA4 數據
互導 → GA4 數據
輸出與
視覺化 → 數據分析
全生態系

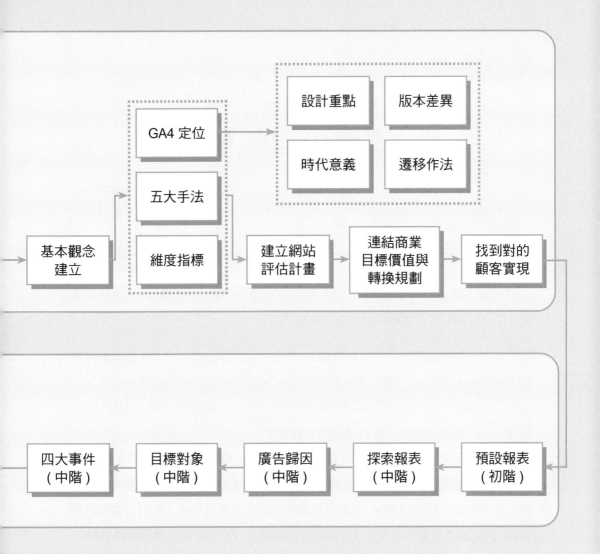

GA4 定位

設計重點　版本差異

時代意義　遷移作法

五大手法

維度指標

基本觀念
建立

建立網站
評估計畫

連結商業
目標價值與
轉換規劃

找到對的
顧客實現

四大事件
（中階）

目標對象
（中階）

廣告歸因
（中階）

探索報表
（中階）

預設報表
（初階）

矽谷商業
應用範例

Google Analytics 4
商戰分析學習地圖

本書內容架構

接著，談一下本書篇章的設計架構。這本書共分成 13 個單元 (配合情境設計，以 13 周表示)，大體可區分為三大區塊。

第 1 ~ 5 周為區塊一，重點在網站分析心法與 GA4 設計意涵，這些非操作型的觀念先有基本的了解，更有助於我們在實際操作單元的學習與進展。第 6 ~ 10 周為區塊二，重點在 GA4 全功能的實際操作，此區塊建議開啟電腦，登入 GA4 一步一步跟著操作，會有最大的學習效果。第 11 ~ 13 周為數據外部連結、互補工具與商戰應用的介紹，如果把 GA4 當作孤島的方式學習，真的非常可惜，大概只體現它效能的 50%。實際上，GA4 管理單元本身就有產品連結的功能，代表數據交換與連結是 GA4 所鼓勵的方向，數據擴散後，更可以實現數據100% 的能量。另外，每個單元我都有建議的單元練習題目，如果想學好 GA4，刻意練習是一個重要的手段，否則很可能看完就忘了。另外，對於許多數位行銷與網站分析的專有名詞，我在本書最後也整理名詞索引，依英文順序從 A ~ Z 排列，所以如果有不太清楚的名詞，可依字母順序翻索引頁深入了解。

以下摘要說明三大區塊下，十三個單元的涵蓋內容。

- 本書第一周「網站分析前必須知道的十件事」是說明在做網站數據分析「之前」，所需要知道的網站分析基本知識與心法。心法就好像要上場打戰之前，總是需要先了解單兵作戰規則一樣。否則沒有準備就上戰場，常常只是白忙一場，做心酸的。

- 第二周「精準連結商業目標與網站指標」是說明在做網站數據分析要和商業實務具體結合，必須要有工具與計劃來實現。我們將介紹「網站評估計畫」這個工具來實現這個目的，並提供常見的商業評估指標來具體連結網站目標與高層商業目標。

- 第三周「網站分析從找到『對的客人』與其動機開始」是說明訪客質化與量化的調查對於挖掘洞見的重要性，這也是網站分析最基本目標：持續優化改善與符合訪客期望。

- 第四周「GA4 在『多裝置、跨平台、重隱私』時代誕生的意義」是說明新版 GA4 的設計意涵。如果世界一切如舊，通用 GA 真的就很好用了，為何 Google 要把 GA4 給推上火線，肯定有它背後的時代意義與策略意涵，本單元就是針對這一部分進行詳細解答。

- 第五周「GA4 vs 通用 GA：設計理念與架構比較」是承接第四周的意念，主要是寫給過去通用 GA 已經使用得非常熟悉的老手，比較通用 GA（GA3）和新版 GA4 的設計差異。深究哪些部分設計結構已經產生本質的變化、哪些部分被 GA4 取消、哪些被新增，而新增的目的又是為了什麼原因？GA4 的人工智慧可以幫助到分析師哪些事？既有的通用 GA 設定如何遷移到 GA4？這些主題都會在第五周的單元逐一解釋。

- 第六周「分析小白起手式：GA4 預設報表基本解讀」是寫給初階分析師熟悉 GA4 的敲門磚。這個單元將介紹 GA4 所有的預設報表功能，當還不能夠自行規劃與設計報表之時，能夠解讀既有的預設報表是初階分析

師的基本責任；因此，本單元將詳細解析 GA4 的生命週期、使用者與 SEO 報表；行有餘力，亦可開始學習自訂報表，本單元也會提供步驟。

- 第七周「進階分析好工具：GA4 探索分析模型與商業應用」是寫給中高階分析師加強數據分析與洞見發展的 GA4 好工具：探索分析。七大探索分析模型與商業應用，在本單元一次揭露。

- 第八周「廣告效度極大化：GA4 廣告歸因分析與自訂目標對象」是寫給廣告投手與行銷人員的重要單元。如何將轉換的視角往前延伸，優化廣告的投資；另外，我把目標對象的設定拉到這個單元，因為鎖定精準的目標對象投放廣告，也是行銷人員基本功。

- 第九周「GA4 進階『資料顯示』設定：事件、轉換與自訂定義」是高階分析師最重要的單元。將提到如何建立事件、設定轉換與轉換目標價值；除了事件之外，自訂維度指標、廣告報表呈現的細部客製化，也將在本單元說明。

- 第十周「GA4 帳戶與資源的進階管理與微調」是把 GA4 剛統整完的管理單元做一個完整的交代，有關帳戶與資源的調整細節，在這個單元都可以得到答案。

- 第十一周「延伸與擴散數據的力量：GA4 的外部連結」是延伸 GA4 的數據能量，建立一個數據交換的網絡。GA4 如果是紅花的話，也需要有一些周邊的綠葉陪襯，這樣整個數據分析的故事，可以說得更加完整。所以第十一周就以 ETLV 的架構，順序介紹幾個常與 GA4 搭配的綠葉，並說明數據擴散與應用的方式；外部系統如何與 GA4 完美搭配，提升整個網站數據的分析層次。

- 第十二周「補強 GA4 的十個分析工具」談論的就是 GA4 如何與非 Google 原生家族的外部工具結合，強化分析的範疇；GA4 功能再強大，也不可能包山包海，還是有許多力有未逮之處；有哪些外部分析工具可以補強？本單元介紹十個不同的面向，完整交代一個數據分析的工具生態圈。

- 第十三周「用 GA4 玩轉矽谷新創顯學：成長駭客（GH）與顧客體驗（CX）」是有趣的天外飛來一筆，發生背景是當我在研究 GA4 時，意外發現 GA4 的新設計和若干我感興趣的主題，竟有許多交集與相通之處。甚至，可以跳出網站數據分析的主題，簡單的把 GA4 當成工具，幫助我們實作如成長駭客與顧客體驗的概念主題，過去都另外需要付費工具才能實現它們；這一單元是非常精采的混搭與異質融合，因此當作整本書的結尾。

誰應該閱讀這本書？

最後，談一下這本書適合哪些人來閱讀。

1. 想了解網站分析如何與商業目標結合的高階主管 (CXO) 或老闆
2. 想把網站數據分析套用到自己商業決策過程的初中階主管
3. 想了解數據分析如何與數位廣告結合，鎖定目標受眾、極大化廣告投資效益的廣告投手
4. 想快速利用 GA 找出商務洞見的新創企業家或電商從業人員
5. 想進一步了解如何玩轉數據與擴大數據效應的數據工程師
6. 想從情境與聽故事角度初步了解並學習 GA4 的新手
7. 對網站分析有興趣，但從小懼怕數字，卻對閱讀小說毫無障礙者

如果您存在著上面七種不同的情境動機，本書絕對是目前您最佳的選擇；

或許您的動機沒有被我發現，不妨先翻閱本書的大綱，若有超過一半的主題您感到興趣，並且想知道作法，您應該也是本書重要的目標對象。

讓我們一起開始閱讀第一本以情境為主，透過說故事方式開展的 GA4 數據分析冒險之旅吧，Let's GO!!

楔子

一切的一切都得從 A 公司的「Digi-Spark」專案說起…

為了讓讀者更能夠理解數據分析在企業實際應用的面向，以及從不同的工作角色觀點去詮釋與看待數據分析的完整過程，所以我特別從過去的工作經驗中萃取相關的元素，虛構了一個擬真的情境，讓讀者能夠更對數據分析這門既是科學又是藝術的課題，能夠更有「感同身受」的操作體驗。如有雷同，純屬巧合。

故事前言

A 公司是一家已經成立 20 餘年的網路設備品牌製造商，在總經理尚恩與團隊的勵精圖治之下，公司品牌在全球已經小有名氣，至今在全球重要的區域市場據點設立了子公司。

子公司負責經營當地代理商與分銷夥伴，執行更深入的地面作戰；同時支援本地的技術支持、業務銷售搭配等商業活動。

近十年來，隨著數位浪潮的普及，A 公司官網流量有顯著的增長。另外，來自手機、平板等移動裝置和桌機的上網比例也逐漸消長，已經成為主流。A 公司非常重視任何和顧客在線上接觸的機會，認為這是未來重要的決勝主戰場。因此，公司面向顧客的數位接觸點，從早期僅有產品介紹與公司一般資訊的傳播型官網，逐漸加入可簡單和潛在客戶進行互動的新設計元素，如：白皮書下載、影片觀賞與提交表單等。

在增加了這些簡單的互動設計之後，A 公司意外地也從網路上爭取了許多原本意想不到的全新顧客群，這個新市場管道也讓高階管理團隊的精神為之一振，覺得整個大方向是對的。因此，總經理尚恩打算在數位接觸點上，投入更多的資源，爭取更大的數位商機。

在公司年度全球大會之後，初步擬定前進的方向至少有三個：

1. 考慮成立一個線上品牌直營電商 (DTC, Direct to Consumer EC Site) 的新數位接觸點，包含網站與 App。直接銷售一些單價較低的產品給終端客戶。這些產品過去透過分銷商層層銷售，不但公司毛利變低，客戶端的終端價格也極為混亂。

2. A 公司的顧客若以屬性分群，除了傳統一般代理商、分銷商之外，其實還有大型電信業者與系統整合廠商等其他面向的客人。公司後來從產品發展的解決方案與應用過程中，發展了許多垂直產業的大客戶。這些屬性差異很大的顧客，在過去卻看到相同的官網資訊。公司高階會議已經討論已久，是不是有機會根據不同的顧客屬性，來提供給他們更貼近需求的客製化解決方案與深度服務。

3. 很多子公司的全球夥伴建議，總部應該做一個給夥伴的 App，方便全球夥伴查詢或下載原廠的終端價格、Brochure、Flyer 等資訊，也可以追蹤報修機器的進度等。如果能夠直接從 App 下單就更棒了。

傑瑞　　　珍妮佛

基於上面三大方向，A 公司總經理在最近一次高階主管會議中，責成公司數據長 (CDO) 傑瑞來主導這個專案，傑瑞將帶領中階主管數位行銷總監珍妮佛與其他部門徵召的菁英，一起幫公司思考，如何有效的豐富公司的數位接觸點，為公司在接下來的 10 年，帶來更大的數位商機與成長動能。總經理為這個專案起了一個代號叫「Digi-Spark」。希望專案完成後，公司的業績可被創新數位火花點燃，業績成長一飛衝天。

傑瑞接下這個任務之後，以多年的工作經驗深知，這個案子絕對不是靠自己拍拍腦袋就可以決定這個未來的發展方向，而是必須從既有網站與 App 數據，了解線上顧客的組成、行為、喜好與趨勢等面向著手。並協同公司內的利害關係人、線下客人的樣貌與實際需求，通過數據輔助決策，找出正確的前進方向。正是所謂的「數據驅動決策 (Data Driven Decision)」導向。

在總經理的大力支持之下，傑瑞與珍妮佛在初步討論之後，做法決定如下：先在公司各個相關部門開始招募成員，並成立了一個跨部門的臨時數據作戰團隊，半年後提出完整數位作戰藍圖。

另外，也打算在專案中師法軟體敏捷 (Agile) 管理的做法，啟動一個為期三個月 (13 周) 的「數據分析 Scrum 計畫」，並以每周為一個衝刺 (Sprint) 的週期；預計在半年內把數據評估報告做出來，以決定未來集團數位接觸點的發展方向與實際行動方案。採用敏捷管理與迭代發展的方式，期望能在 13 周專案期間所產出結果，隨時和公司內外部的「利害關係人」進行驗證，以確認本專案產出符合目前快速變動的商業環境。

全公司內部徵才報名踴躍，在傑瑞與珍妮佛的精挑細選之下，這個臨時跨部門作戰團隊除了兩位主管之外，其他成員組成如下：

1. 珍妮佛底下的頭號機靈廣告小投手：
數位廣告專員
亞曼達

2. 號稱使用者體驗 (UX) 部門最強的人類行為洞察師：
UX 專員
艾比

3. 號稱全公司邏輯能力最強的 MIS 部門數據分析架構師：
經理
凱文

4. 隨便就把別人 100 行程式用 10 行完成的 MIS 部門最敏捷程式設計暨數據分析師：
工程師
德瑞克

這六個人可以說個個都是公司各部門的一時之選，這些菁英分子順利成為「Digi-Spark」作戰團隊的一分子。

然而，傑瑞也深深知道，光從公司內部同仁的視角來做這個案子，肯定會有一些當局者迷所造成的主觀盲點。另外，在數據分析的專業上，內部團隊許多觀念也還未臻成熟。因此在總經理的支持下，決定再找一個外部數據專家來輔助這個團隊。經過多方的探尋與遴選，他們找到業界知名數據顧問公司的古魯 (Guru) 一起參加本專案，在經過傑瑞與珍妮佛初步交換意見之後，決定賦予古魯顧問以下十個重要的初步合作任務：

1. 先為整個團隊建立網站分析前必須具備的基本觀念、架構與心法。

2. 建構一個計劃，連結 A 公司商業目標與分析數據，並設立 KPI。

3. 透過數據分析找到 A 公司真正「對的客人」，定義高價值 VIP。

4. 說明 Google 此時推出 GA4 的時代意義，並和前一版通用 GA 的架構與設計理念做個比較。

5. 向公司基層數據分析人員，說明 GA4 預設基本報表如何有效解讀與自訂。

6. 針對公司資深數據分析人員與管理者，說明如何透過 GA4 的探索報表，產生更具穿透力的洞見。

7. 針對公司行銷部門，說明如何有效的透過廣告報表所提供的資訊，進行更為高精準、高效度、省成本的廣告投放，拉高 ROI；並針對鎖定的 VIP 加強廣告投放。

8. 針對 A 公司官網的事件設定，進行全面監控，追蹤哪些內容或連結是訪客的最愛；或者那些內容或動線，其實有改善調整空間。設計那些自訂維度指標，讓公司業務更貼近的 GA4 數據報表。

9. 說明網站數據與外部系統連結的方式，讓數據產生更大的外溢效應。

10. 和 GA4 互補的分析工具的介紹，並保留一次諮詢時間，讓全體組員諮詢其他有趣的相關議題，如何透過 GA4 來進行實踐。

古魯在和珍妮佛、傑瑞就分析專案工作範疇達成共識之後，覺得上面十大任務其實對自己也是一個巨大的挑戰，但以他的經驗和實力，應該可以順利交付。

另外，在古魯顧問開始顧問活動之前，為了建立本專案短中長期目標的集團共識，團隊早就開始和公司其他部門：包括產品部門、業務部門、客服部門、海外子公司同仁等利害關係人（Stakeholders）進行了多次會議，希望收集他們對網站與電商的意見與期望，以求在啟動本次專案前，完成最好的事前準備。

團隊對收集回來的集團短、中、長期目標取得共識之後，開始思考該對應哪些網站量化指標。另外，在傑瑞的要求之下，團隊也把過去自行操作時，所遇到的疑問提前整理，希望透過本次合作來得到古魯顧問的寶貴觀點與建議。

收集完上述利害關係人的相關意見與前置準備，團隊也依據敏捷衝刺（Agile Scrum）的專案管理精神，啟動了「數據分析 Scrum 計畫」的 Kick-off 會議。傑瑞指派珍妮佛當作整個專案的負責人 (Product Owner, PO)，自己則擔任 Scrum 大師 (Scrum Master, SM)，剩下的四位成員則扮演團隊 (Team) 的角色，本計畫的終極目標就是：完成半年後的 A 公司數位發展藍圖。

開完這些數據分析培訓會前會與 Scrum 籌備會議後，大約已經確立了整個專案作法與前進方向。整個「Digi-Spark」戰鬥團隊都感到既興奮又充滿挑戰。期待古魯顧問可以帶領大家把數據分析從「檯面下」帶到「檯面上」，實際應用到公司各個實際營運的面向；然而挑戰點是專案的時程較長，範疇與目標也很大，未來公司內部或其他海外部門是否能接受與配合，也還是一個疑問。

無論如何，「Digi-Spark」專案終於即將開展，讓我們一起看看「Digi-Spark」六人團隊與古魯顧問會激盪出哪些精彩的火花。

目錄

第 1 周 網站分析前必須知道的十件事

第 **2** 周　精準連結商業目標與網站指標

第 **3** 周　網站分析從找到「對的客人」與其動機開始

第 **4** 周　GA4 在「多裝置、跨平台、重隱私」時代誕生的意義

第 **5** 周　GA4 vs 通用 GA：設計理念與架構比較

第 **6** 周　分析小白起手式：
GA4 預設報表基本解讀

第 7 周　進階分析好工具：GA4 探索分析模型與商業應用

第 **8** 周 廣告效度極大化：
GA4 廣告歸因分析與自訂目標對象

第 **9** 周 GA4 進階「資料顯示」設定：
事件、轉換與自訂定義

第 **10** 周 GA4 帳戶與資源的進階管理與微調

第 **11** 周 延伸與擴散數據的力量：GA4 的外部連結

第 **12** 周　補強 GA4 的十個分析工具

第 **13** 周　用 GA4 玩轉矽谷新創顯學：成長駭客（GH）與顧客體驗（CX）

網站分析前
必須知道的十件事

"You can't manage what you don't measure."

" 不能衡量就無法管理。"

管理大師 Peter Drucker 彼得杜拉克

「Digi-Spark」專案在第一周正式啟動，古魯顧問依照約定，先花了兩個小時的時間，說明了一些網站分析前必須知道的十件事。不管大家過去的經驗如何，先透過這十件事和大家取得共識，接下來就可以站在相同的視角來看待數據分析這件事。在傑瑞簡單開場之後，古魯顧問開始和團隊成員說明這十件事，並歡迎大家在過程當中，隨時提出自己的觀點或疑問。

1-1

網站分析前最重要的事
── 設定商業情境

商業情境（Business Context）是網站數據分析最重要的前置條件，但大家卻常常忽略它，直接跳進網站分析。為何這麼說呢？

商業情境的重要性

因為網站分析的目的，本就是為了解決或回答商業上的問題，而不是為了產生一大堆分析報表，不可本末倒置。網站分析報表的許多格式是固定的，甚至可能趨勢圖表等也都非常類似，但是如果不能套用到商業情境上，數字就只是一堆數字，產生不了根本上的意義。另外，商業情境也可以協助決策者依據企業目標的優先緩急、實際情況來檢視報表；有時，相同的報表結果，也會因為不同的短中長期目標而有不同的詮釋。

其實，不只是網站分析，目前許多使用者研究、產品開發與創新等學問，也都非常強調情境（Context）這件事。例如：IDEO David Kelly 的設計思考或克里斯汀生教授的用途理論，都是以情境當作出發點，來發展產品或尋找差異化的核心元素。情境（Context）其實才是網站分析的基礎框架，沒有情境作為背景，要產生一份切中要害的網站分析報告幾乎是辦不到的事。沒有基於情境設定的分析報告，後面也十分困難去產生對應的行動方案或衍生行銷策略。

因此，當在啟動一個網站分析專案時，第一步，並不是去啟動類似 GA 等工具或設定工具內的各類參數；相對的，反而必須先離開工具，先由數據分析團隊和利害關係人展開一場場的討論，藉此釐清公司目前究竟面臨哪些特別的問題或有什麼想急於實現的商業目標。

若以貴公司的產業來說，因為貴公司已經是經營多年的 B2B 品牌，或許正打算啟動一個全新的數位佈局，以下是我覺得可能應該在利害關係人會議思考與討論的問題：

- 數位布局對線下生意的衝擊是什麼？
- 我們的品牌價值是來自於線下活動經營，還是線上服務提供？
- 如果提供線上服務無法完全彰顯品牌價值，那我們該從哪裡開始？
- 如果選擇馬上做一件事，可以增加線上營利，那將會是什麼事？
- 線上事業若如期開展，對代理商或分銷商的衝擊可能是什麼？
- 目前訪客造訪官網或 App 可能會遭遇的前三個困難是什麼？
- 線上或 App 訪客有哪些？有差異性嗎？可能怎麼分群？和線下客人的分群對得上嗎？
- 有機會找出含金量最高的客人嗎？他們可能是誰？
- 不同的顧客集群需要設計不同的顧客旅程或網站動線嗎？
- 如想充分滿足這些不同的顧客集群，該如何規劃數位接觸點的產品服務陳列，或是要依據何種準則來做內容分群？
- 匿名訪客集群是否可搭配 CRM（Customer Relationship Management, 客戶關係管理），找到初步的脈絡？
- 想把潛客 (Leads) 從匿名轉化為實名顧客，路徑該如何設計？怎麼複製與擴大？
- 線上顧客的滿意度好嗎？公司業務代表是否有回饋與顧客線下互動的具體狀況？
- 如何有效留存線上的 VIP？和線下客戶相比，誰的產值較高？

上述問題能夠有效地在會議之後，共同對商業情境有所共識，也藉此確立經營目標，再啟動數據收集的工作。在數據收集一段時間之後，也可產生對應於各類問題的報表。並以（商業情境 + 目標）為前提，進行數據觀察與報表解讀，深入分析各類維度與指標所組成的報表，才開始產生商業上的意義。對於維度指標還不太清楚的人，我稍後會再詳細說明。

☆ 實例說明：「跳出率」在不同商業情境的不同解釋

讓我舉個實例，就以大家比較熟悉的「跳出率」這個負面指標來說明好了。跳出率也會因為套用不同商業情境而產生解讀的差異。一般在全無商業情境時，「跳出率高」會被解讀成網站不好的訊號。（這是很多人解讀數據的模式！）

- 然而，對一家只有一頁到達網頁或是以手機用戶為主的微型電商來說，跳出率高是必然的，它關注的指標反而可能是網頁捲動幅度（Scrolling level）百分比或 App 首次開啟（first_open）的事件，而不是「跳出率」。

- 然而，對一個傳統的企業官網來說，當然跳出率很高的首頁，當然就表示導引做得不夠好、文字陳述不夠吸引人或文不對題等。

上面這個小例子說明了同一個跳出率指標，對兩個商業情境不同的企業來說，是有多麼大的差異呀。

因此，通常得先確立商業情境，找出打算探索的商業問題或目標，才知道該建立或解讀哪一份報表，並根據那些不同的維度與指標，來建立更具深度的分析與洞見。

最後請永遠記得：不管是單一還是集合報表，如果沒看到包含（商業情境 + 目標）的解釋，這些報表與分析就不值得一看。

1-2

如何定義網站分析？

　　我就借用印度裔網站分析大神 Avinash Kaushik 曾在他的著作《Web Analytics 2.0》當中，對網站分析有精闢的定義。

1. 網站分析就是對自家與競爭者網站數據進行質化與量化的分析（The analysis of qualitative and quantitative data from your website and the competition）

2. 針對你的直接顧客與潛在顧客，持續進行線上體驗的改善（to drive a continual improvement of the online experience that your customers, and potential customers have）

3. 並把改善的成果實現在我們想要的產出結果之上，不論是線上或線下的管道（which translates into your desired outcomes online and offline）

　　雖然，Avinash Kaushik 的書《Web Analytics 2.0》發行已經超過了十年，我認為這個定義還是相當適用於現狀，唯一稍微要調整的就是十年前，我們可能只關注「網站」的數據，隨著消費端連網裝置與品牌端服務接觸點的多樣化與普及，我們將不再只是分析「網站」數據，而是必須涵蓋「手機」、「平板」等多元數位裝置，甚至更多品牌端連網的多媒體事務機（KIOSK）、銷售點情報管理系統（POS）等等，在後面我們都用「數位接觸點」來概括這樣的一個各類資料串流收集的集合體。

前面提到，網站分析 (Web Analytics) 始於企業預計實現的商業目標，將該目標進行策略解構，並分散在數位布局上進行實踐。透過數位接觸點（如：官網、電商、App 等）的有效部署，進行對應的積極戰略與戰術。如何知道自己做得夠不夠好？那就必須對商業情境下的重點指標建立對應的 KPI，不同的商業情境可以設計不同的 KPI。例如：初期可針對整體訪客行為進行動線報表解讀；中期可能想知道如何投放廣告可以產生最大投報率 (ROI)、什麼關鍵字或訊息比較容易刺激顧客購買慾；末期可能關心什麼客人是價值最高的客人、站內搜尋關鍵字顯示了顧客有什麼新的需求？是否有機會實現於未來產品或策略藍圖？

網站分析師的經驗和解讀能力當然也是重點，有經驗的網站分析師常常必須做出假設與判斷，考量許多不同面向的問題。

網站分析的目的

最後，談一下網站分析的主要目的是什麼？

在商業環境當中，理想常常很豐滿，現實卻很骨感。理想是企業或老闆想實現的遠大商業目標，而現實卻是實際執行的悲慘情況，有所落差在所難免。網站數據分析的目的就是上述 Avinash Kaushik 定義當中 (2) 和 (3) 的陳述，透過持續改善，彌平理想與現實的落差，從線上線下的改善都算。

為了找出改善的方向，從數據當中找出可能脈絡進行假設，進行產品服務的調整，將調整結果進行測試（定量分析），或對使用者進行訪談（定性分析），最後實現在商業目標對應營運指標與數字的提升。

若是持續改善進行一段時間後，理想與現實的落差仍然存在時，就得思考企業的數位佈局方向與整體商業目標是否需要進行調整，或者該怎麼調整，甚至有時是一開始目標就定義錯誤，或者根本商業的核心競爭力出現問題，那麼就根本談不到數位戰略與戰術的問題了。

1-3

網站分析三大關鍵要素：
商業情境、工具、人

接著，我們談談網站分析成功的三大要素，依據我的經驗主要是 BTT：商業情境、工具與人 (網站分析師或資料科學家)。

1. 商業情境 (Business Context)

前面提過，即使一個有經驗的分析師，到了一個全新的商業情境，也不見得能夠馬上發揮，因為相同的數據套到了不同的商業情境，可能有完全不同的意涵與解釋。另外，即使是同一個商業情境的企業，也可能因為短、中、長期目標的不同，網站分析就得依據實際情境來進行不同的目標設定。

我舉幾個常見網站分析的商業情境目標：

- 了解訪客行為，找出 VIP 族群

- 改善網站或 App 的成效，提升營收

- 了解行銷廣告與活動數據，爭取投報率 (ROI) 的最大化

- 取得訪客對產品的意向洞見，了解企業未來產品的發展方向

- 想持續提升顧客體驗，提升訂閱率與降低退租率

所以，「商業情境」(business context) 的理解與探索，情境下目標的設定，常常必須先行於網站分析專案。

2. 工具 (Tools)

網站分析也當然不能僅靠人的赤手雙拳，而是必須要善用工具來幫助我們。許多人認為 Google Analytics 就是網站分析的全部，其實它也只是網站數據分析工具之一，網站分析也還有很多不同的面向，不是 Google Analytics 一個工具可以全部涵蓋的。後面我會分享有那些其他工具可以做到 Google Analytics 力有未逮的工作。

3. 人 (Talents)

人是產生洞見的靈魂所在，也就是說，各位才是網站分析的主角。Avinash Kaushik 甚至提出了一個 90 / 10 法則，他認為企業對人的投資應該是對工具投資的九倍。大家也必須記住，類似 Google Analytics 本身只是為人所用的網站分析工具。同樣的工具，由不同背景與經驗的人來操作與解讀，會產生完全不同的結果（當然，好的或爛的）。因此，人與存在人類腦袋裡的心法，才是網站數據分析的核心。正確的心法、純熟的操作與大膽的假設，才能驗證與回答種種商業上的難題，有效的幫助企業產生睿智洞見；最後，啟動與落實配套的改善行動方案，為企業產生實質的質變與量變。

1-4

完整網站分析的
七層執行架構

　　網站分析如果希望比較系統化地執行，有一個完整的架構將會是一個有效的導引，讓我們見樹又見林。這邊要推薦一個不錯的網站分析架構，便是美國 E-Nor 的三位創辦人在他們的大作《Google Analytics Breakthrough：From Zero to Business Impact》建議的網站分析最佳化框架。對於一個剛帶領網站分析專案的領導人，如傑瑞或珍妮佛，將可有效幫助領導人掌握流程、階段工作與配套工具等，循序漸進地依據這個完整指南來落實執行。

　　E-Nor 這個優化架構的細節如下，讓我們由下往上，慢慢理解這個架構：

圖 1-1：網站分析優化架構。來源：E-Nor「Google Analytics Breakthrough」

如同前面提到，網站分析師始於對商業情境的了解，其次是嘗試建立數據驅動（Data Driven）決策為導向的企業文化。在這樣的文化之下，必須招聘或培養訓練有素的數據工作人員，有效管理整個組織的期望；更重要的是，嘗試建立網站分析團隊與組織與之間良好的溝通模式，除了有能力清理數據、整合數據，盡可能實現數據的完整性之外，透過清晰的報表呈現與深入的洞見詮釋能力，也可培養整個組織對數據的信心。由於這是開始網站分析前的工作，可以把它當作籌備階段。

當上述籌備工作完成之後，才正式進入傳統的網站分析工作。

STEP **1** 第一步驟「情境了解」，必須先透過會議或工作坊凝聚利害關係人與網站分析團隊共識；接著，第二步驟基於商業情境與短中長期目標來「發展策略」，決定目標的戰略、戰術、行動方案與對應的 KPI，而利害關係人工作坊或會議的產出，應該以網站評估計畫（Web Measurement Plan, WMP）的形式當作結果。我會在第二周進一步闡述什麼是網站評估計畫。

接下來的二、三、四等三個步驟，才算邁入傳統認知的「網站數據分析」範疇，也就是 Google Analytics 能夠幫助到的工作範疇。

STEP **2** 第二步驟「數據收集」，得先確立數據品質。所以，會先利用 QS Card 進行數據品質評估，當確認組織數據品質超過特定門檻後。才會真正開展數據收集與部署的工作。數據的收集與部署，需要由行銷部門，根據 WMP 的決議，轉成技術建構文件，就是 STAG（Site Tracking Assessment & Guide），再轉交工程師進行相關的部署設定。STAG 的好處不只有利於行銷與技術部門達成共識，也有利於未來對於數據部署相關工作的追蹤與稽核。有關於 QS Card 與 STAG 的細節稍後再詳述。當準備完 STAG 後，工程師就依據 STAG，開始利用 GA 或 GTM 等工具進行數據收集、顧客區隔、數據篩選、內容分組與其他系統連結設定等部署實作工作。

QS Card

- Quality Scoring Card 的縮寫，是數據分析品質評分卡是數據分析大師 Brian Clifton 借用平衡計分卡 (BSC) 的概念，所設計的一份數據品質評分機制。QSC 是類似體檢的概念，共列出 15 個不同的重要數據品質項目，透過實際上的狀態，各自評分，最後加總得到一個總分。總分最高 100 分，最低 0 分，及格分數是 50 分，細節可參考章節 1-7。

STAG

- Site Tracking Assessment & Guide 的縮寫，指引網站分析團隊完成 Google Analytics 設置的說明文件，文件中以闡述網站分析配置、追蹤數據與目標設定等相關內容為主。STAG 的撰寫非常有利於工程師與行銷人員或分析師之間的溝通與事後的查核，細節可參考章節 1-7。

STEP **3** 在數據收集一段時間後，第三步驟「報表產生」算是收集數據結果的產出。除了預設報表之外，亦可利用維度與指標的各種組合，產生組織所關心的各類自訂報表。若有需要和決策主管召開例行檢討會議，此階段也應該統整和目標 KPI 連動的報表，匯整成一個決策儀表板，把上層最關心的關鍵指標 (Key Metrics) 一次顯示，並按時更新追蹤，才能讓決策主管時時掌握進度，決定是否投入對應的資源進行改善與強化。同時，儀表板的另一個功能是讓網站分析團隊與利害關係人有一個共同觀察與對話的基礎。當然，許多時候 CXO 級的主管，會想要看更精緻的視覺報表或彈性更大的即時套用商業智慧報表 (ad-hoc report)，這時可能還需將數據與 Tableau 或 Google Looker Studio 等進階數據視覺輔助工具進行連結整合，以更友善的視覺形式呈現。

STEP 4 第四步驟「洞見分析」，主要是由有經驗的數據科學家，依據設定的目標與目標價值，透過各種人口統計區隔或訪客行為區隔，找出可能的洞見。再依據該洞見，看應該從廣告、網頁或使用者體驗哪個構面，進行對應的優化作業。

洞見形塑觀點，觀點產生假設，假設則透過測試進行實驗，這是一個循環。

STEP 5 第五步驟則是「優化改善」，也就是進行優化假設實驗的工作。目前有許多配套的工具可以進行假設實驗，通過把實驗數據結果重新導入「網站數據分析」系統，例如：Google Analytics，經由實驗數據展現的結果來確認大膽的假設推理是否正確。若數據呈現符合原來假設，我們可把該假設的優化方案付諸實現並正式上線。

STEP 6 把「方案假設」、「方案測試」與「方案實踐」周而復始地進行之後，很快的，就可以感受到因為不斷的優化而產生質變與商業成長，這便來到第六層次的「商業衝擊」實現。

這個 E-Nor 建議的最佳化架構系統性的呈現網站分析的執行步驟與流程，我們也從這邊可以發現：類似 Google Analytics 的分析工具，基本上只能幫助到 2~4 步驟。在其他步驟，還是需要有不同的工具與方法配合操作，才可以實現一個完整的網站分析循環。

總結來說，網站分析本質上是一個周而復始的工作，因為不論是尋求既有問題的改善，或是追求更高速的業績成長，一切都得從「網站評估計畫」開始；中間從數據去探索並挖掘洞見，透過假設與實驗，最終做出逐步最佳化的改變。當然，優先最佳化哪一部分，還是建議依據商業情境與組織目標的優先緩急來決定該從哪類型的洞見開始做起。

1-5

GA = 網站分析嗎？

過去大家常認為 GA 就等同網站分析，讓我來為各位深入說明一下。

Google Analytics（GA）其實只是眾多網站分析工具其中之一，同類和互補的網站分析工具不勝其數。但因為 GA 免費，並且提供許多關鍵的數據收集與分析功能，如：具備小型數據匯集中心角色、提供各類報表與分析模板套用，甚至分析結果可轉到其他平台開展進階應用。加上新版 Google Analytics 4 的功能不斷地擴張，包括了：同時收集網站與行動數位接觸點訪客數據、進行跨產品串連功能，涵蓋網站分析工作的範圍越來越大，以致於大部分人提到網站數據分析就直接聯想到 Google Analytics。

實際上，因為互聯網各類應用持續爆炸性的發展，所以 Google Analytics 能分析的範圍，還是有它的極限；加上一個產品也不宜搞成大雜燴，所以 GA 也自知不應該去涵蓋完整網站分析的範疇，畢竟術業有專攻。何況有些我們想進階分析的商業情境與目標，往往需要更複雜與深入的切入角度，所以還是需要一些第三方工具的幫忙，才能根據關注的商業議題，達到最完整的覆蓋。不過，對於一些基礎的商業議題，GA 的確是夠用了，要說 GA 等同網站分析也不算大錯。

那麼，各位或許好奇，有哪些分析工作是 Google Analytics 所辦不到或不足的地方，卻可能是網站數據分析師經常進行的例行工作呢？

我試著舉出下面八個 GA 做不到的分析項目給各位參考。

1. 使用者定性分析

2. 單一使用者行為與顧客旅程細部分析

3. 競爭者分析 (可再細分為流量、廣告、關鍵字等更多面向)

4. SEO 分析

5. 使用者互動與留存分析

6. 電郵互動分析

7. 社交媒體輿情分析

8. 目標轉換與優化測試分析

關於這些和 Google Analytics 互補的分析工具，相信各位對它們的細節或許有深究的興趣，我們會放在第十二周，等大家對整體 Google Analytics 有更深入的了解之後，再來解釋這些其他工具實際應用的細節，那一部分也將極為精彩。

1-6

GA 分析的三大主要工作：數據收集、報表建立、產生洞見

前面第 4 件事談到 E-NOR 優化架構的七層執行架構的 2 ~ 4 層，「實作」、「報表」與「分析」，是 GA 主要能夠幫助到我們的三個面向，現在就讓我們繼續深入的解釋這三大工作。

圖 1-2：Google Analytics 網站分析的三層工作架構

依照參考圖 1-2，這三大工作分別由底層（Level 1）到上層（Level 3）分別是：

☆ Level 1：確認數據品質、完成設定與正確數據收集 (數據收集)

階段里程碑：完成數據品質評分表與整體系統設定

底層的分析基礎設定與正確數據收集的工作，主要包括：

1. 透過有效的工具 QS Card 來評估目前數據品質是否符合標準。

2. 針對數據收集的範圍進行定義。可能包括是不是跨網域收集、跨裝置收集、是不是有數據需要濾除等面向進行初步規劃。

3. 把規畫結果，透過工具 STAG 給設定到網站數據分析工具上 (例如：Google Analytics 或 Adobe Analytics)。

4. 啟動數據收集代碼埋設。

我們知道數據收集有所謂的 GIGO (垃圾進，垃圾出 Garbage In, Garbage Out) 的理論與存在風險，所以初期多投資一點時間在基礎建設的數據收集規劃、數據品質等工作，是非常值得的。有關於本部分提到的工具 QS Card 與 STAG，我稍後會再進一步說明。

☆ Level 2：報表建立解讀與模型套用 (報表分析)

階段里程碑：完成各類報表與產生儀表板

一旦在正確且高質量的情況下開始進行數據收集之後，接著，就是要把數據透過各種維度進行分群，觀察對應指標，從裡面找出有意義的情報。而選擇透過那些維度進行切割與分群的指導方針，應該與設定的商業情境與網站目標舉有高度連結的關聯性。

設定目標價值可以幫我們區分：網站是不是已經提供了必要的價值與效用給顧客，而最有價值的部分究竟在哪裡等議題。另外，亦可以透過實際的商業情境模擬與設想，GA 的預設報表與依據不同維度指標產生的自訂報表，是否能產生具備解釋商業問題的數據意涵；最後，也可套用系統提供的進階數據分析模型（如：GA4 的探索範本庫），在既有常用的商業分析模型中，尋找可能數據亮點。

✦ Level 3：洞見與行動方案（洞見發展）

階段里程碑：產生洞見與行動方案，實現改變

有經驗的網站分析師或數據科學家可以從數據報表，依據假設與經驗去推出可能的洞見，依據 GA 大神　Brian Clifton（《透視數據下的商機》作者）的洞見分類，可能有行銷類洞見、訪客類洞見、轉換類洞見、使用者體驗類洞見等四種。要產生哪種洞見類型，當然和短期關鍵的商業目標高度相關。有了洞見，分析師應該基於洞見，建立可能的假設。最後，再依據假設去制定對應的改善測試方案，若測試後的數據驗證了假設，該假設就成為事實，就可以把該假設轉為接下來的行動方案，正式佈建在數位接觸點上，目標是實現改善與產生改變，優化指標與 KPI；若測試結果與假設不符，我們也可學習到假設推定的邏輯那裡有所謬誤。

許多企業的 GA 數據分析專案，大都還在 1 或 1.5 層，好一點的做完第 2 層；實現第 3 層的，真的是需要下定決心，因為這個完成度和公司在數據分析所投入的資源高度相關。但其實真正紮實做完第 3 層，才能對企業想實現的商業目標，帶來真正具體的衝擊。

1-7

先確保數據品質，
再進行網站分析

之前提到，數據分析最怕遇到的問題就是：分析母體的數據本身就不夠「乾淨」，含有許多不必要的雜訊，如果雜訊超過某個百分比，分析出來的洞見品質也非常堪慮（就是前面提到的 GIGO）。

因此，在開始進行數據分析之前，我們寧願多花一點精力與時間，來釐清如何確立數據品質。再者像 Google Analytics 這類工具，一旦開始收集數據，數據就是以連續性「數據串流」（Data Streaming）的模式，每一分每一秒都在產生，一開始沒有做好把關，可能會讓雜訊汙染了整個數據收集的品質。即使可以啟動「數據清理」或「篩選器」來事後濾除雜訊，但相對付出的成本並不低。因此，非常建議數據分析團隊在一開始就思考如何確立數據品質這件事。

而 Brian Clifton 在《Successful Analytics》一書當中，借用平衡計分卡（BSC）的概念，設計出了一份數據分析的品質評分卡（Quality Score Card，簡稱 QSC）。QSC 本身是類似體檢的概念，共列出 15 個不同的重要數據品質項目，並可讓我們自行定義每個項目的加權比重，透過組織內實際上的狀態，各自評分，最後加總得到一個總分。總分最高 100 分，最低 0 分，Brian Clifton 建議的及格分數是 50 分，甚至建議沒有達到 50 分就先不做數據分析，因為數據雜訊太高，做了也是白做。QSC 建議一季進行一次例行檢查，若人力不足，最少也得一年複檢一次。

關於 QSC 檢查與操作方式，可以直接參考《Successful Analytics》原書，底下分享一個範例，讓大家有大致的概念，請參考下圖。

XXXXX網站數據品質評估計分
202X 年 8 月：130270 位訪客；其中 127793 位新訪客；153662 次工作階段, 平均每訪客 2.18 工作階段
單次工作階段停留時間：1:11　　每次瀏覽頁數：1.55　　參與率：69.08%
**註：藍色數字為全部訪客當月平均數值，對於重點訪客將以平均數值當作比較基礎
Adwords 費用與連結：N/A
網站開始營運時間：201X 年第四季(改版後)

		項目	加權比重	狀態	狀態分數	加權後得分
	1	帳戶設定及管理	1.0	OK	10	10.0
	2	嵌入追蹤程式碼	1.0	OK	10	10.0
	3	匯入AdWord數據	1.0	OK	10	10.0
	4	站內搜尋追蹤	0.5	目前無站內搜尋機制	1	0.5
	5	檔案下載追蹤	0.3	目前無檔案下載選項	1	0.3
	6	出站連結追蹤	0.3	目前應無出站連結	1	0.3
	7	表格填寫追蹤	0.4	目前已取消送出表格	1	0.4
	8	影片追蹤	0.3	目前無影片	1	0.3
	9	錯誤網頁追蹤	0.2	目前無錯誤網頁追蹤	1	0.2
	10	交易追蹤	0.5	把 LINE 視為交易追蹤	10	5.0
	11	事件追蹤(非瀏覽量)	1.0	追蹤LINE & PHONE	5	5.0
	12	目標設定	1.0	目標LINE & PHONE	5	5.0
	13	程序設定	1.0	目前無程序設定	1	1.0
	14	訪客區隔	0.5	追蹤目標訪客	5	2.5
	15	廣告活動追蹤	1.0	追蹤 Adwords	5	5.0
			10.0			55.5
GA數據品質分數(Quality score，QS)，滿分100分			100			55.5

在對數據進行任何深入分析之前，至少需要50分	10		已進行 10 分
	5		進行中 5 分
	1		尚未進行 1 分

圖 1-3：檢視數據品質的 QS Card。來源：Brian Clifton《Successful Analytics》

除了品質評分卡 QSC 之外，Brian Clifton 還建議了另一個在數據分析佈署上，行銷與工程單位間重要的追蹤與溝通操作文件工具，它叫做「網站追蹤評估指南」(Site Tracking Assessment & Guide，簡稱 STAG)。

STAG 主要的目的，是行銷人員把想追蹤的事件 (是的！在 GA4 只剩下事件) 或配置，透過文件撰寫的方式交代給工程師進行部署；或者，工程師想針對官網數據品質進行改善，也可用來當作改善項目描述的技術文件。一般來說，STAG 文件的內容可能包含：資料如何收集、目標如何設定、篩選器如何設定、如何規劃訪客區隔、廣告如何追蹤等等。

基本上 STAG 文件應該是連動 QSC 卡的 (可針對評分差的項目，說明如何改善)，事後也好有個追蹤與稽核的依據。原本 Brian Clifton 對 STAG 的規範是：一個網站分析配置，至少要對應一頁的文件交代；但大部分的行銷人員或工程師或許沒這個耐性或心思撰寫這樣大量的文件，所以許多公司就用類似 Excel 或 Google 雲端文件的試算表共同編輯，以一行代替一頁的方式進行 STAG 記錄，請參考圖 1-4。

這種簡化模式除了一表就可明瞭目前所有的數據品質評估進度及各種配置的狀態之外，並可同時實現團隊協同合作 (collaboration) 調整的目的。即使不像原來 STAG 規範那樣詳細的文件，但用試算表也好過完全沒有留下任何紀錄。

Site tracking assessment and guideline, STAG 網站追蹤流成評估與指引

追蹤類型	類別	動作(參數)	標籤(參數說明)	參數值說明
事件	文字連結點擊	Click Link Text	被點擊的連結文字，如："estore"、"Where to buy"。	
事件	圖片連結點擊	Click Banner	被點擊的連結圖片檔名，如："logo_banner.png"。	
事件	區塊連結點擊	Click Block	被點擊的產品型號	
事件	元件點擊	Click Component	被點擊的元件id，如"gototop"	
事件	文字點擊	Click Text	被點擊的文字區塊內容	
事件	圖片點擊	Click Image	被點擊的圖片檔名	
事件	檔案下載	Click File Download	被下載的檔案檔名	
事件	核取方塊	Click CheckBox	被選取的項目	
事件	社群媒體	Click Social Media	被點擊社群媒體項目的class名稱	
事件	產品頁標籤	Click Product Tab	被點擊的產品頁標籤名稱，如"XZ6010/#features-tab"	
事件	全站搜尋	Site Search Submit	全站搜尋值	
事件	產品搜尋	Product Search Submit	產品搜尋值	
事件	訂月電子報	Subscription Submit	電子報訂閱	

追蹤類型	追蹤範圍/網址	追蹤目標		預計完成日期	啟用日期	更新日期	追蹤目標標籤 (Tag)	GA4事件參數1：點擊類別	GA4事件參數1：值	對應QS Card項目
Event			Where to buy				Top Menu - Where to buy - Click	Top Menu	Where to buy	
Event			Partner Center				Top Menu - Partner Center - Click	Top Menu	Partner Center	
Event			eStore				Top Menu - eStore - Click	Top Menu	eShop	
Event	All site	Webpage Header	Select Region				Top Menu - Select Region - Click	Top Menu	{{Get Click target text}}	
Event			Logo				Main Menu - Logo - Click	Main Menu	Click Logo	
Event			Main menu				Main Menu - Click	Main Menu	{{click title}}	
Event			All site search				All site search	Search	{{Sitesearch Value}}	
Event			site search tab click				Click - tab in site search	site search tab click	{{Get data-ga-target}}	
Event			All site search promotion section				Top Menu - promotion link in site search - click	All site search promotion section	{{Get Current Country}}	
Event			Breadcrumbs				Product Content - Breadcrumb - Click	Product Content	Breadcrumb_{{Get Click target text}}	
Event			Compare				Product Content - Compare - Click	Product Content	Compare	
Event	Product pages	Product Contents	Product Image				Product Content - Product Image - Click	Product Content	Click Product Image	
Event			Awards				Product Content - Awards btn - Click	Product Content	Awards	
Event			Banner				Product Content - Banner - Click	Product Content	{{Get Click target alt}}	

圖 1-4：用表單呈現 STAG 的範例

關於 STAG 的細節，同樣可以直接參考 Brian Clifton 的書。

網站數據分析主要目標：
尋找洞見、進行決策

前面提到，網站分析的目標就是挖掘可能的商業洞見，並發展為行動方案進行改變，實現持續優化改善的目標，如此周而復始。

而即使前面顧好了數據品質，行銷人員和工程師透過 STAG 有良好互動，工程師也依據 STAG 文件，設置各類行銷人員想追蹤的項目，並完成所有設定，終於產生了各個面向的數據報表。

這時從報表跨到洞見，還真有一個檻，就是如何從閱讀報表來發展洞見，這也是人（網站分析師）真正的價值所在。相同的數據與報表，卻不見得人人看得出端倪。一般來說，產生洞見需要了解商業情境、價值主張、產品、顧客區隔、競爭與行銷計畫之外，還得再去對應網站內容、顧客互動點與互動過程背後的數據呈現，進行各種維度切割比較，找出當中比較具有蹊蹺或異常的地方，並探討背後可能的現象，來產生各類洞見。

另一種反向的做法則為：先從某些已發生的事實當中去產生假設（hypothesis）的想法，分析師再針對該想法進行對應的實驗，並對該實現進行數據收集來驗證。透過測試與實驗，若數據結果符合假設的預期，則該假設就成立，變成洞見；否則就另外找可能的想法來解釋該已發生的事實。

　　洞見的尋找本身不是件容易的事，洞見號稱「數據黃金」，要挖出黃金肯定需要更多的智慧，好在 GA4 已經可運用「人工智慧機器學習」幫我們掃描某些特定維度所出現的異常 (anomaly) 指標數據，可以利用「深入分析」的功能來進行呈現，省了分析師不少力氣，在後續 GA4 實作單元會再深入討論這一部分。

　　但「人工智慧」在很多地方還是無法取代「工人智慧」，所以 Brian Clifton 也建議了四個洞見發展方向，可以當作尋找洞見的指引，至少可以在這四大範疇當中，配合公司利害關係人或高層覺得比較重要的方向，發展數據收集之後，所可能衍生的洞見方向。

　　Brian Clifton 所建議的四類商業洞見是什麼呢？

1. **行銷類洞見 (專注客戶開發面向)**

   哪些流量管道可以優化，提升投報率 ROI、廣告投資報酬率 ROAS 等數值。

2. **轉換類洞見 (專注轉換優化面向)**

   調整網頁、網站的那些元素或動線，可以促進轉換，提升整體網站價值。

3. **訪客類洞見 (優質客戶尋找面向)**

   如何針對特定訪客行為 (Behavior)，進行深度訪客行為區隔？或鎖定特定人口統計 (Demographic) 特徵，找到真正想尋找的優質客戶子群體。

4. **UX 使用者體驗類洞見 (顧客體驗優化面向)**

   有哪些網站體驗可以持續優化，符合原來的網站設計初衷與滿足顧客期待。如果找到了有轉換價值的網頁，哪些可以有持續加強改善的空間？如何從五個優化使用者體驗 (UX) 的角度：易學性 (Learnability)、效率性 (Efficiency)、有效性 (Effectiveness)、易記憶性 (Memorability)、防呆性 (Error Recovery & Prevention)，配合數據報表，發展使用者體驗類洞見。

廣告投資報酬率 ROAS

- 是衡量數位廣告效益的一個關鍵指標，公式為（廣告帶來的營業額 ÷ 廣告成本）；由於一般廣告的投報率 ROI 不好計算（該用營收、毛利，還是純利當作基礎會有爭議），所以 ROAS 成為一個通用的簡單衡量指標。

| A. 行銷類洞見 | B. UX 類洞見 | C. 轉換類洞見 | D. 訪客類洞見 |

01 廣告優化

- 何種廣告文案較具吸引力
- 何種廣告渠道最有集客力
- 何種廣告渠道帶來最高轉換力
- 廣告 ROI & ROAS
- 非廣告效益(SEO)

02 網站優化

- 網站內容優化
- 網站動線優化
- 行銷漏斗分析與優化
- 轉換能力提升與優化
- 顧客生命週期價值(CLV) 提升

03 顧客洞悉

- 訪客屬性分析
- 訪客偏好內容
- 特定訪客群有何行為屬性?
- 特定訪客群從哪裡進來?
- 特定訪客群主要在哪裡轉換?

圖 1-5：四大洞見可實現的優化與洞悉

資深有經驗的數據分析師，有時可依據洞見和數據彼此前後依存關係，衍生兩種不同型態的洞見方向，演繹型洞見與歸納型洞見。

演繹型洞見

是洞見或假說走在前面，通過測試的數據呈現，驗證洞見或假說是否成立，基本上是做實驗的精神，占一般洞見數量的 1 / 3。

演繹型洞見是始於「提出需要改變的原因」，例如：某種類型的客人，「打哪來」、「做什麼」、「為什麼」等來開始演繹，先假設（透過業界現存假說或情報蒐集）、後驗證（說一個基於該假設，符合自己商業情境的故事，再進行數據驗證），此種演繹的做法可透過大家熟知的 A／B 測試或多變量測試 (multivariate test, MVT) 驗證假說。至於驗證的場域，可能發生在站內（網站文字、圖像）也可能在站外（廣告文案與形式）。

舉兩個演繹型洞見發展的例子：

A：「聽同業的公司說過，加一個懸浮提示按鈕 (Floating icon)，在網頁旁的 Line 或線上客服的 icon → 假說，有利於幫助交易與促進成交（正向改變），我們啟動一個測試計畫，看這說法是不是真的。」

B：「最近銷售數字下滑，據 XXXX 研究報告顯示，對網頁加強 Call-to-Action 文案，並調整按鈕顏色 → 假說，有機會大幅提升轉換率（正向改變），我們啟動一個測試計畫，看這說法是不是真的。」

歸納型洞見

歸納型洞見則是數據走在前面，透過多元數據彼此交互參照，甚至透過定性研究調查，去研判顧客真正的行為，結合數據的維度與指標，產生合理的推斷，基本上是推理的精神，占一般洞見數量的 2/3。

舉一個歸納型洞見發展的例子：

「從 GA 的訪客區隔報告目標實現價值與參與率來看，45-54 歲的客人看來才是本公司產品的主力，可能因為他們是掌握家中經濟與重要支出的實際決策者，而非我們之前臆測，他們已屆退休年齡，不具消費力。之前自行臆測 35-44 歲的客人才是主力，似乎不全然正確。我們的廣告文案必須進行調整，把訴求對象年齡層擴大，並重新理解 45-54 歲的客人的生活型態以及為什麼他們會喜歡採用本公司產品。」

1-9

維度和指標是 GA
每一份報表的基本元素

網站數據分析系統（如：GA），除了數據收集的功能之外，另外一大功能就是數據報表呈現。因此，Google Analytics 在技術文件中談到維度與指標時，第一句話就提到：

> 「Google Analytics 中的每一份報表，都是由維度（dimension）和指標（metric）所構成的。」

從上述的陳述，不難理解維度與指標在 GA 報表中的關鍵地位。怎麼簡單的理解維度與指標呢？

簡單說，每當發生一次點擊（Hit）或一個事件（Event）時，網站數據分析系統就必須對收集數據的各種特性進行貼標（tagging），完整的記錄並儲存。

而要如何記錄與儲存呢？面向 A 會記錄該數據的各種量測屬性（attributes），面向 B 會記錄該屬性的量測量化數值（numbers）。面向 A 就是所謂的「維度」（dimension），面向 B 就是所謂的「指標」（metric）。

所以，維度與指標是網站數據分析的 X 與 Y 軸，透過兩者的組合，產生了GA 各式各樣的數據報表。以下表為例，「城市」的記錄是一種維度，可以依據

訪客所在的城市進行分類（或貼標）。工作階段、單次工作階段頁數與參與率等都是指標，顯示「所在城市」在紐約和東京的訪客和網站互動程度的具體量測數值。

維度	指標	指標	指標
城市	工作階段	單次工作階段頁數	參與率
紐約	5,000	3.74	65.32%
東京	4,000	4.55	53.20%

GA 數據收集工作原理大致如下：每當訪客發生一次點擊或產生一個事件的時候，網站分析系統就會自動收集許許多多相關的數據，並儲存到各自對應的欄位。舉例來說，當訪客送出一個小小的網頁瀏覽事件時，網站數據分析系統（如：GA）已經在底下鴨子划水，自動收集許多資訊，包含：網頁標題、網址URL、裝置類別、裝置名稱、瀏覽器名稱等維度資訊，可能有成千上百個欄位分別儲存著不同的維度與量測指標數據，後面 GA 的報表就由這些欄位一一組合而成。

圖 1-6：維度與指標示意圖

而依據事件產生的情況，數據收集還有高低不同層級的規範，也就是數據的資料層級範圍。例如：通用 GA 由上而下記錄該事件的「使用者、工作階段、點擊、產品」等四種不同資料層級。而 GA4 則簡化成僅兩種不同資料層級，只記錄「使用者和事件」。之所以會有這樣的改變，本質上是因為兩者量測模型結構改變的關係，後面第五周，我們談到設計理念與架構時，會再詳談這一部分。

　　維度和指標的進階分類與理解就是：每個維度和指標都設有自己的資料層級範圍。必須套入這四種 (GA3) 或兩種 (GA4) 資料層級當中的一種。因此，維度與指標不可以任意搭配，只有相同資料層級範圍的維度與指標才可以彼此搭配。打個比方，就好像印度的種姓制度，四種不同層級的人，彼此是不能結婚的。

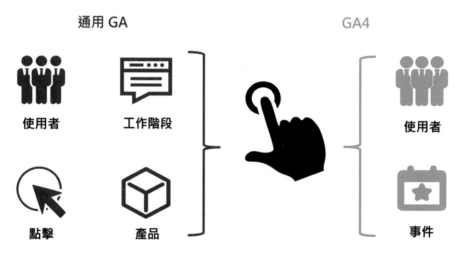

圖 1-7：通用 GA 有四個資料層級範圍，GA4 因兩大建構元素設計，僅剩使用者和事件兩層級

　　另外，從維度的類型來看，GA4 目前預設的維度主要分為 16 個類型，包含：歸因、客層、電子商務、事件、遊戲、一般、地理位置、連結、網頁 / 畫面、平台 / 裝置、發布商、時間、流量來源、使用者、使用者效期、影片等 16 種；通用 GA 預設的維度有 7 個類型：使用者、社交、客戶開發、行為、時間、

電子商務、廣告。有關於 GA 維度指標開展的細節，這邊不多做延伸，可以參考以下網址，Google 會有完整的說明。

https://ga-dev-tools.web.App/dimensions-metrics-explorer/

　　講到這邊，我發現各位已經開始有一點開始暈頭轉向了；但是維度和指標對未來數據分析的運用與發展，真的太重要了。我嘗試舉個生活的例子，讓大家更容易了解。

用職棒比擬維度指標

　　相信不少人都有在關心職棒，讓我來做個類比。每一個職棒球員都等同一個使用者，每一次打擊可類比為一次點擊（還真剛好英文都是 hit）。每一場比賽可類比為一個工作階段，球員的棒球生涯可類比為他的生命週期。每次上場打擊、參與一場完整比賽、球員屬性記錄，都是不同的數據資料層級，可類比為上面提到的資料層級範圍。

　　每個球員身上都綁著許多不同屬性，對應就是上面的維度，可能包括：年齡、出生城市、興趣、身高、體重、學校經歷、國家代表隊經歷、職棒隊伍、比賽場次、比賽地點等。這些屬性可以依不同的類別做區分，如：所屬學校、興趣、比賽場地、錦標賽經歷等。

　　每次球員上場打擊一次，都會產生新的打擊數據，填到對應的指標當中。如果我們有一個棒球的數據分析系統，每當球員不斷參加比賽，該系統就會依據不同的資料層級範圍，產生許多球員屬性與對應的量測數字，如：安打數、全壘打數、盜壘數、打擊率、上壘率、長打率等。累積一段時間後，我們就可以利用不同的維度來對全體球員做各種分群，看看不同分群方式，該群體指標表現的優劣。

如果想組成有競爭力的國家代表隊，就可嘗試透過各種不同維度的切割，觀察獲勝的球賽，球員有哪些關鍵指標，是造成獲勝的關鍵因子？也許就有機會依據某個關鍵因子，選出來一批球員，組成最有競爭力的國家代表隊，這就類比為透過維度做數據分群與切割，觀察指標變化來產生洞見。

2011 年的美國體育劇情片「魔球」就是描述類似的手法，前奧克蘭運動家的球隊總經理 Billy Beane 和耶魯大學經濟學系畢業的數據分析天才 Peter Brand 合作，發明所謂的「Sabermetrics」。他們從歷史數據系統裡發現，打者上壘率（OBP）與投手每局被上壘率（WHIP）這兩個指標和球賽獲勝具有高度關聯性（洞見），於是透過打者上壘率（OBP）、投手每局被上壘率（WHIP）這兩個重要的關鍵指標來挑選球員（行動方案）。最終，預算有限的奧克蘭運動家隊打敗了許多豪門球隊，在 2002 年打進大聯盟季後賽的故事。

理解了維度與指標的基本定義之後，數據報表就是用打算觀察的維度（例如，訪客特徵：新、舊訪客），決定對應可能的觀察指標（例如：平均訪問時間、頁數等），簡單形成一個具有基本意義的數據矩陣。分析師可隨時更改觀察的維度，如年齡、性別或不同國家的訪客等區隔，來檢視對網站是否會帶來什麼不同的影響與衝擊。

因此，（維度 + 指標）的各種排列組合就可以發展網站數據分析的各種商業洞見；但如何像 Billy Beane 和 Peter Brand 一樣，發現 OBP 與 WHIP 的創新複合指標，就必須要靠經驗與靈感的協助了（未來期待人工智慧未來有機會幫忙找到）。進階 GA 也有提供「計算指標（Calculated Metrics）」的概念，幫助網站數據分析師，以經驗為經，靈感為緯，用既有指標經過簡單數學運算，產生類似 OBP 與 WHIP 創新複合指標的能力。

計算指標（Calculated Metrics）

- 計算指標是一種由分析師自行定義的指標，以現有指標進行計算組合。好處是不需要做額外的程式撰寫，直接在報表畫面就能閱讀更符合實際需求的分析指標，便於依據該指標採取對應行動。例如：前面提到的 ROAS 指標就可以用（營收／廣告成本）的公式，變成一個自己的計算指標。

圖 1-8：GA4 維度指標報表的範例

1-10
資深數據分析師挖掘商業洞見的五個慣用手法

　　前面談到網站分析三大要素之一有「人」，也就是數據分析師這個角色。讓我進一步分享兩類數據分析師類型，以及業界專業數據分析師挖掘洞見的不傳秘法。

　　一般來說，數據分析師可分為兩大類型：讀稿型分析師與專業型分析師，這兩種分析類型的差別在哪裡呢？

● 第一類：讀稿型分析師（80% 的初階人員）

　　讀稿型分析師是把網站數據分析工具打開之後，先將整體網站分析指標稍微閱讀，接著，讀取網站流量來源分析，然後把這些基本維度指標數據，列印成一份簡單的網站分析報告，再把它上呈給主管，並按報表數字呈現唸出來，沒有任何洞見的闡述，但他們認為這就是網站分析了。

　　這種型態的網站分析師在市場上為數不少，在我看來，他們只是網站數據分析工具的人肉讀稿機，算不上真正的網站分析。

● 第二類：專業型分析師（20% 的資深人員）

　　專業型分析師則善用數據分析工具，而不是為工具所用。他們會依據過往經驗，把數據按照不同的維度、指標、區隔做適當的分群組合，進行

各種粗細不同程度的數據檢視；根據分群的結果，與實際商業情境做合併判讀，產生進一步的商業洞見，最後輔以自己的判斷與推演，對上級做白話的闡釋與建議的行動方案。他們也常使用到一些比較冷門的分析功能，甚至搭配其他更多的輔助分析工具，把數據玩到出神入化。這種型態的網站分析師目前並不多，能做到上述的工作，才是真正夠格的專業型分析師。

我想，大家都想變成後者：一位專業型的分析師。在這邊不藏私地和大家分享需要擁有哪五個分析技巧，才能夠慢慢往專業型分析師的目標邁進。

1. 指標維度分析法

這一部分最簡單，也是 90% 報表的根本。就是將指標依據主維度、次維度、子維度做區隔，再根據想分析的角度與商業情境進行組合。

初階分析師很多只能夠閱讀分析工具所提供預設維度指標的報表，但常常想繼續深入，會發現預設網站分析報表已經無法滿足其他更深的洞見探索需求；於是，中階的分析師就得進一步去學會如何設計自訂報表，也就是遴選特定的維度指標來做更深入的區隔分析；最終，進入最高階，就是學會自訂維度與指標，甚至依據組織內能理解的商業名詞（如：會員級別、產品類別等），產生對應的報表。簡單到只要是組織內的同仁，不須解釋都能自己理解。如果你是能用到自訂報表與自訂維度指標的人，應該是已經是非常熟悉與掌握預設分析報表的高手了。

如果連預設分析報表的意涵都不太熟悉，或者理解與解釋預設報表「維度」與「指標」意涵都有困難的話，真的很難跳到自訂報表，更不用說自訂指標維度了。不過各位放心，後面我們會帶各位利用 GA4 來自訂維度與指標，打開這個神秘的潘朵拉盒子。

⚝ 2. 對比分析法

這一部分也還算簡單，一般做過商業簡報的人應該都遇過，例如：同比（YOY）、環比（MOM）、定基比（Benchmark）等。只是以前比的是業績、會員數等，現在比的是流量、訪客、業績、目標價值、目標轉換率等。也可和下一個區隔分析法合併使用，去觀察不同區隔在時間或產業之間的變化與對比。

同比（YOY）、環比（MOM）、定基比（Benchmark）

- 同比（YOY）：本年第 n 月與去年第 n 月的數字進行比較。
- 環比（MOM）：是連續 2 個統計週期（比如：七月和八月）內量的變化比較。
- 定基比（Benchmark）：將所有數據都與某個基準線的數據進行對比。通常這個基準線會是公司或產品發展的一個里程碑或者重要關鍵數據點；將往後的數據與這個基準線比較，可反映公司在跨越這個重要的基準點後的發展狀況。

⚝ 3. 區隔分析法

區隔分析法應該是網站分析重點中的重點。不會做區隔分析，就很難發現高價值訪客、網頁或廣告，沒有價值高低的分析，後面洞見與行動方案可能也會失去施力點，在通用 GA 與新版 GA4 裡經常運用。

一般來說，區隔分析法分有三種重要的區隔方向，分別為：

1. 內容區隔（內容或功能模組分群）
2. 使用者區隔（受眾人口屬性分群或自訂行為目標對象分群）
3. 流量區隔（流量來源或進階品牌關鍵字分群）

這一個方法是進階網站分析的起手式，過了這個檻，才開始真正跨進專業網站分析的大門。

☀☆ 4. 質量分析法

讀稿型分析師常會和老闆進行如下的網站分析報告:「來自 XXX 的流量最高,來自 YYYY 的客人最多,網站上發生最多的事件是 ZZZZ。」

如果我是老闆,我會問一句:「So…?」

能講出「So…?」之後的陳述,才是網站分析的重點。比較與陳述報表上的絕對數量,本質上意義不大,也無法產生洞見。要想達成目標與產生行動方案,重要的是解讀數據的「質」與「量」。

因為很重要,再跟我說三次:

要想達成目標與產生行動方案,重要的是解讀數據的「質」與「量」
要想達成目標與產生行動方案,重要的是解讀數據的「質」與「量」
要想達成目標與產生行動方案,重要的是解讀數據的「質」與「量」

試著站在老闆的角度想想看,
他是關心:「訪客從哪裡來」還是「哪裡來的訪客產生最高價值」?
他是關心:「瀏覽次數最高網頁」還是「哪些網頁擁有最高的價值」?
聰穎如各位,答案應該都很非常顯而易見了。

而流量、網頁、訪客行為都可從「質」與「量」來分析。也請打破「量」的迷思,如果有數量不高的流量、網頁或訪客,卻產生很高的商業目標價值,反而可以因為他們的「質」,而去深入了解,並設為未來加強重點工作。

☀☆ 5. 目標轉換與行銷漏斗分析法

目標轉換與行銷漏斗分析是利用「設定網站目標」來實現洞見的一種分析方法。而網站目標的設定,請記得與商業目標配對,這一部分會在第二周的「網站評估計畫」單元,告訴各位怎麼做。

因此，在網站分析專案開始之前，寧可多花一點的時間，去挖掘顧客背後的商業情境，也去定義企業的短、中、長期商業目標是什麼？這是所有網站分析的源頭，這一步驟若是搞錯或忽略，後面工作可能都是白做。

當然，大多數時間，訪客也不會一下子就變成你的顧客，而是需要長期的培養。因此，網站目標的設定，常常必須再區分「微轉換目標」與「巨轉換目標」，讓訪客依據你的計畫，有階段性的慢慢往我們期望的商業目標移動。有關「微轉換」與「巨轉換」，我們也會在第二周，告訴各位業界的作法。

最後，目標轉換與行銷漏斗分析法也是最常用來「優化網站使用者體驗」與「提升轉換率」的方法。當老闆不想投入更多行銷預算的時候，就有充分的理由在這個分析法投入更多功夫，因為它已驗證是可以最小成本帶來最大效益的分析法。

目標轉換與行銷漏斗分析法底下，有三個最常用的分析模型，在新版 GA4 的探索分析裡，你都可以找得到，他們是：

1. 漏斗分析 Funnel Analysis：透過行銷漏斗 (Funnel) 步驟的視覺呈現轉換的百分比數字，最單純也容易調整。

2. 目標實現路徑分析 Path Analysis：展現訪客在轉化過程中的迴圈路徑 (Path)，也就是實現目標的網站動線。適合想優化網站使用者體驗 (UX) 的人，深入去分析與推敲那些不按原規劃目標前進的訪客，究竟去了那裡？或在哪裡遭受瀏覽或使用上的挫折等，訪客的挫折或不滿足都是我們想分析的標的。

3. 反轉目標路徑分析 Reversed Path：由完成目標轉換往前回推，到底最後經過哪些關鍵的網頁或事件，才完成該目標？分析的目的是讓我們在這些距離目標達成只有幾步之遙的關鍵路徑上，安排暗樁與重兵，強化轉換能力。

1-11

第一周任務

第一周作業

古魯

古魯顧問利用職棒與「魔球」的範例來解釋維度與指標,大家覺得太有趣了,七嘴八舌和顧問閒聊了起來,第一周顧問的時間也差不多到了。

顧問在第一周出了第一個作業給珍妮佛團隊,那就是:

> 請做出目前公司網站的 QS Card,並且寫幾份 STAG 文件來做練習。

並預告下周會講另一個重要的主題:「網站評估計畫」,請大家期待。

珍妮佛

最後會議結束前,珍妮佛決定團隊在下周顧問活動開始之前找一天,和團隊開第一周的衝刺計畫會議(Sprint planning meeting),決定團隊該如何完成古魯顧問交付的作業。

衝刺計畫會議（Sprint planning meeting）

• 衝刺計畫會議是指為了整體的產品開發目標，規劃接下來的衝刺（sprint）項目，一般參與人員包含了產品負責人（PO）、開發團隊、Scrum（敏捷）大師。會議中會拆解產品目標，決定『產品待辦清單』（Product Backlog）與『衝刺代辦清單』（Sprint Backlog）的內容與優先順序。

衝刺計畫會議（Sprint Planning Meeting）工作分配

故事（Story）：完成公司官網的 QS Card 以及 STAG 文件

團隊在衝刺計畫會議中，決定了第一周的任務分配：

任務一（Task 1）：

凱文　德瑞克

由凱文和德瑞克分別盤點公司官網架構，以及過去各種追蹤代碼埋設與目標設定的情況，並在 QS Card 給予自己的評分。於展示檢討會議（Demo Review Meeting）時，提出來和大家討論，決定最終評分。

任務二（Task 2）：

亞曼達　艾比

由艾比和亞曼達回顧過去曾經提出過的行銷與訪客體驗需求，練習把他們重新寫成 STAG 文件的形式，並和德瑞克進行初步溝通，確認這樣的 STAG 文件形式是德瑞克可以了解的，形成未來彼此溝通的基礎。

任務三（Task 3）：

德瑞克

德瑞克也把過去曾經自行對官網提出過的數據品質改善工作或經行銷要求安裝的追蹤設定，落實文件化，練習把這些設定重新寫成 STAG 文件的形式。

第一周衝刺團隊暫定這三項任務，並決議若有問題可以在每日衝刺會議（Daily Scrum）中提出；若沒有問題，三個任務在展示檢討會議（Demo Review Meeting）時一併交付展示，此次面向的客戶就是所有團隊成員。

memo

精準連結商業目標
與網站指標

"If the metrics you are looking at aren't useful in optimizing your strategy – stop looking at them."

" 如果正在看的指標無助於優化你的策略，請把他們丟掉 !"

美國作家 馬克‧吐溫 Mark Twain

「Digi-Spark」專案來到第二周，如上次古魯顧問所言，本周將進入重點項目：「網站評估計畫」。在開始之前，珍妮佛把第一周衝刺的成果交給古魯顧問檢視，古魯對於團隊的高效率感到十分驚訝，對於產出 QS Card 與 STAG 的文件品質也是讚不絕口。古魯顧問希望大家沿用類似的方式，可以擴展到更多的數位接觸點，官網的文件是一個好的開始。

接著邁入第二周的討論與互動，目標是討論如何把第一周老闆以及和利害關係人所討論的商業目標，拆解為具體網站指標，並規劃行動方案與評估執行結果。

2-1

建立「網站評估計畫」，
以連結商業目標
與分析數據

複習第一周提到的：「相同的數字，如果在不同的商業情境之下，可能有完全不同的解讀方式。」因此，「商業情境」與「網站數據」兩者，如果能夠利用一個工具來討論並實踐，讓兩者有效的連結與同步，可以避免發生兩者目標脫鉤、各行其是，甚至不少企業兩者間根本毫無關聯。很多企業內部未經過提醒，上述情況是每天都在發生的事。而「網站評估計畫」(Web Measurement Plan，WMP) 就是連結起「商業情境」與「網站數據」的關鍵工具。

「網站評估計畫」可參考下一頁圖 2-1，也是印度裔網站分析大神 Avinash Kaushik 很早就提出的觀念，它設計了這一個通用的工具，可以同步商業情境與網站關鍵指標。

另外，也可以利用「網站評估計畫」和企業高層或其他未參加網站數據分析的公司內外部利害關係人 (stakeholders，例如：業務、PM、上下游廠商…等)進行溝通。可以透過工作坊的模式，利用這個工具一起開會討論，找出雙方的共識，這一部分我覺得「Digi-Spark」團隊做得非常好。我非常不建議網站分析團隊自己閉門悶著頭想，團隊自己閉門討論除了面向和視角都不夠寬廣之外，也缺少了來自前線的觀點與集思廣益可能帶來的創新機會。

網站評估計畫

目標	商業目標								
戰略	戰略 1		戰略 2		戰略 3		戰略 4		
KPIs	KPI 1a	KPI 1b	KPI 2a	KPI 2b	KPI 3a	KPI 3b	KPI 4a	KPI 4b	KPI 4c
評量指標	指標／區隔	指標／區隔	…	…	…	…	…	…	…
	…	…	…	…	…	…	…	…	…
	…	…	…	…	…	…	…	…	…
	…	…	…	…	…	…	…	…	…
	…	…	…	…	…	…	…	…	…
受眾	受眾 1			受眾 2			受眾 3		

圖 2-1：網站評估計畫範例模板

　　在和利害關係人的「網站評估計畫」的工作坊當中，可能會提列與討論類似下面的問題。

- 對公司來說，目前什麼最重要？
- 對客戶來說，目前什麼最重要？
- 公司對外的核心能力與價值主張是什麼？
- 公司定義的成功是什麼？
- 公司如何達到成功的目標？

　　上面這些問題其實和網站都沒有直接的關係，但討論出來的答案，卻可以尋找網站營運上有哪些指標，可以和討論出來的商業目標建立適當的關聯性。所以，當網站目標的關鍵指標（KPI）達到之後，也可以確立同時能夠實現大家所討論出來的商業目標。

「網站評估計畫」的落實執行必須包括四大步驟，分別是：定義、決定、建構、檢討，詳細的內容如下圖。

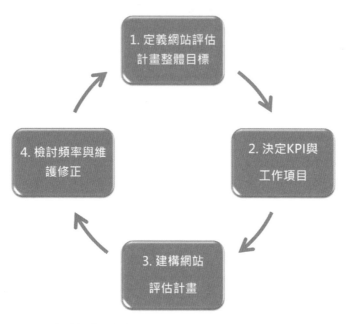

圖 2-2：網站評估計畫執行四步驟

步驟一：定義網站，評估計畫整體目標

- 寫下公司與組織的目標

- 要達成公司目標，需要什麼樣的數位策略搭配

可參考圖 2-3，不同的行業可能有的數位策略。

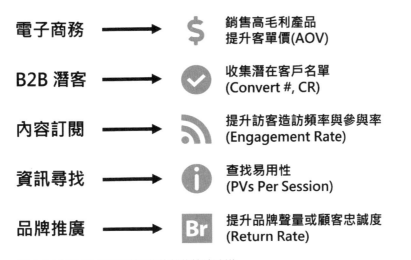

圖 2-3：基於不同行業別可能的數位策略建議

步驟二：決定 KPI 與工作項目

- 要實該現數位策略，有哪些可行戰術？並決定每個戰術的 KPI

- 決定每個戰術的整體 KPI 指標，應該應用在哪幾類顧客區隔來實現

- 決定每個顧客區隔要如何達成該 KPI

- 要達成該 KPI 有何可執行的工作項目

步驟三：建構網站評估計畫

- 選擇網站數據分析工具，例如：Google Analytics，並決定需要收集哪些數據來源。

- 請網站開發人員安裝追蹤程式碼，進行配置，開始收集數據。

- 依據定義的計畫與 KPI 開始逐一建構於數據分析工具中。

步驟四：檢討頻率與維護修正

- 確認各類檢討報表與戰情儀表板 (Dash Board) 格式

- 決定檢討 KPI 的頻率

- 有時，商業目標可能會因為外在因素而有所改變；此時，網站評估計畫也必須重新檢討並定義，再次循環上述步驟。

　　透過上面說明，讓大家快速理解「網站評估計畫」的執行流程，透過該計畫的訂立，由上而下，把實體商業目標落實到最終的 KPI 數字，並檢討與修正；實現商業目標與網站分析 KPI 指標同步的精神。

　　為了接近目標，通常可以對不同的顧客做區隔，在品牌的各種數位接觸點（官網、電商、App）上，發展各種行動方案，有時亦可執行線上線下整合 (O&O) 活動來落實目標。

　　執行期間，定期透過網站分析報告和儀表板追蹤 KPI 進度，逐步修正或改善原有作法，實現設定的 KPI。若老闆的商業目標一開始就訂立較高，專案主管也可再分拆為短、中、長期指標，分階段來實現。

2-2

拆解商業目標爲
分析指標與 KPI

直接先以 A 貴公司的實際商業情境來舉例。總經理的要求一般很簡單，就是營收成長，但轉成數位指標對許多人會感到有些困難。沒問題，讓我帶你們一步步實現。

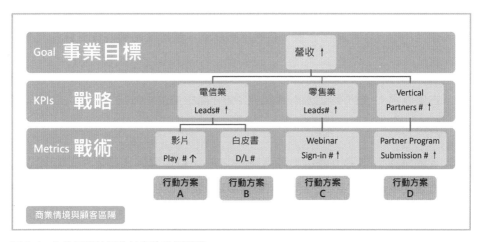

圖 2-4：A 公司網站評估計畫的拆解案例

☆ 制定戰略 KPI

我們必須去拆解以貴公司的商業情境，要實現成長有哪些主要的途徑？因此，在開始定義計劃之前，必須先問，現在面臨何種商業情境？公司主要市場或客戶到底是誰？有哪幾種貢獻營收的管道？過去三年之內，哪些有效，又有哪些根本是打水漂？

假設經過討論之後，得出「過去一年，貴公司最重要的兩個垂直產業分別是電信產業與零售產業」。電信業是公司傳統大客戶，貴公司市場佔有率也處於領先的地位；零售業是另一個新興市場，貴公司目前還是市場追隨者。而這兩個產業都有很大的市場機會，對公司的營收成長產生貢獻的機會相對比較大。

這時，珍妮佛表示：「或許先增加這兩個行業潛在客戶（Leads）的數量，就可以幫助公司營收成長。」珍妮佛並提出目前作法是透過行銷自動化（marketing automation）平台把這些潛在客戶從行銷合格潛客 MQL（Marketing Qualified Leads）轉為業務合格潛客 SQL（Sales Qualified Leads），再依據傳統銷售的大數法則，請公司的大客戶業務代表，打電話去聯繫，想辦法接觸並成交這些產業的潛在客戶。

古魯表示：「嗯！珍妮佛的建議非常好！而根據這個做法，我們先定義的前兩個戰略 KPI 分別為：電信業與零售業潛在客戶（Leads）數量的提升。」

珍妮佛接著想到，除了直營大客戶之外，公司管理通路夥伴的經理也反應，代理經銷夥伴貢獻的營收仍佔超過年度營收六成，所以我們還必須經營分銷夥伴關係。分銷夥伴在 B2B 的市場也很重要，因為必須透過他們幫助品牌在全球各地落地推廣，協助品牌在全球快速開枝散葉。

古魯表示：「很好，那我們再定義另一個重要的項目，就是經營與開發垂直產業（Vertical Domain）的合作夥伴。」

　　夥伴關係的經營，從營收的角度來看並不是直接指標，而是間接指標；但因為分銷夥伴貢獻整體營收過半，所以也把這一部分列為重要戰略目標。因此，定義第三個戰略 KPI 就是垂直產業合作夥伴的數量也要提升。

制定戰術指標

　　當定義好三大戰略 KPI 之後，要繼續往下拆解成一個一個子目標，也就是戰術，以及這個戰術對應的關鍵指標（Key Metric）應該是什麼。

　　到了戰術層次的指標，應該盡量利用 Google Analytics 所規範的基本指標，或基本指標組成的計算指標（calculated metric）來定義；這麼一來，上層的商業目標就正式和網站目標掛勾了，這是非常重要的一個轉化思維。

　　繼續往下說，針對電信業的老客戶，假設設定的戰術指標是：電信解決方案影片的播放次數、公司產品新技術的白皮書下載次數；而針對零售業的新客戶，可能設定目標為先使其熟悉 A 公司與其解決方案，做法是透過舉辦零售業解決方案的研討會，讓更多潛在的零售業客人，深入了解產品、技術與解決方案。因此，把線上與實體研討會的報名參加人次，設立為戰術指標。

　　最後，在分銷夥伴招募之上，為了想擴大觸及率，打算在全球的業務覆蓋空白區（White Space）招募更多的新分銷夥伴。因此，可設計分銷夥伴招募計畫（Partner Recruiting Program），透過官網與在地實體活動招募更多分銷夥伴或加值系統整合商（VAR）進入分銷體系。因此，將分銷夥伴申請遞交的數量設定為戰術指標。

　　請各位再看一下這個層次關係，注意最上面是貴公司的商業目標，這目標和網站指標沒有直接的關係，但經過有系統的拆解，到了底端戰術端，就開始和網站與其他數位接觸點的經營產生關係。而這個戰術的指標（Metrics），其實就是 Google Analytics 裡面非常重要的分析兩大元素維度與指標（Dimension &

Metrics) 當中的指標，這麼一來，Google Analytics 就從網站數據分析轉成商業分析工具了。

思考行動方案

最後，因為指標 (Metrics) 已經和商業目標 (Business Goal) 產生聯結，就可以思考一些行動方案去提升這些指標的量值。

以上面這例子來舉例，分銷夥伴申請遞交的數量要提升，可能考慮打廣告在特定的空白區 (White Space)，尋找當地可能招募的夥伴；同時也可以結合線下活動，例如：可能在參展時，在展場現場招募合作夥伴，若現場客人來不及填寫，可透過 QR Code 把他們導到官網的經銷夥伴招募專區，同樣可以實現該戰略指標。

擔任行銷職務的同仁像亞曼達，就必須負責發想戰術下面的行動方案，積極去實現各類指標的提升。

談到這裡，各位應該有所體會，這個網站評估計畫其實是需要有一個討論的過程，由公司內部的利害關係人 (stakeholders)，可能包含：業務、行銷、PM，甚至總經理，大家一起討論，最後達成共識。如果只是網站分析團隊自己制定計畫，常常思考面向會不夠寬廣；也因為不在第一線，看問題的角度有時也不夠深入。最可惜的是失去了透過與異質專業人才彼此融合，透過腦力激盪來產生創新點子的機會。

和利害關係人的互動通常也必須有頭有尾，一開始把大家集合起來，討論包括：「到底商業目標的數位策略如何展現？」、「如何透過積極推動一些方案來實現指標？」等主題；當有了初步分析成果時，產生了具體價值洞見之後，也可邀請同一票人一起用說故事的方式來分享成果與進行後續行動方案討論。如此循環運作之後，所有利害關係人都會覺得網站分析是實際上可以幫助到他們的工作，未來也會更願意參與相關會議與討論，形成良好的正向循環了。

2-3

產業實例說明：
常用的指標與 KPI

在聽完「網站評估計畫」顧問的現場示範拆解後，工程師德瑞克對這一部分產生極高的興趣，也想多了解其他產業在不同的商業情境之下，到底是如何把商業目標拆解成網站指標。

德瑞克

如何把商業目標拆解成網站指標？

古魯不疾不徐地說道：「網站評估計畫是把商業目標和網站目標（KPI）結合的工具，但其實大部分人和德瑞克一樣，在實作網站評估計畫時，最困難的就是去找出網站的 KPI 來對應利害關係人所關心的商業目標，甚至是商業目標之下其他小目標（Objectives and Key Results, OKR）的拆解。」

當然，不見得每個 OKR 都找得到對應的網站 KPI，有時也不需要硬去找出來，如果直接和間接的網站 KPI 都真的無法詮釋某 OKR 的話，也有可能就是該 OKR 無法透過網站或其他數位工具來實現，可以考慮改成其他 OKR 或思考純線下的實現方式。

☀ OKR 和 KPI 的對應

以下就舉一些業界常用的實例，來說明常見的 OKR 和 KPI 的對應關係。

OKR（商業元素）	KPI 指標（GA 元素）
希望有更多自然搜尋轉換	搜尋引擎訪客 % 搜尋引擎訪客轉化 %
希望銷售更多產品	產品加入購物車 % 完成購物車 % 放棄購物車 %
希望與訪客產生更多互動	評論數量 #、檔案下載 %、影片觀賞 % 參與率 % 提交表單或點擊「mailto」% 訪問網站（網頁）平均停留時間（秒 Sec） 每個工作階段瀏覽網頁數 #
希望產生更多 up & cross 銷售	平均客單價 # (AOV: Average Order Value) 平均購物車商品數量 # 平均銷售商品數量 #
希望改善顧客使用體驗	參與率 %、跳出率 % 站內搜索無任何結果的次數 # 提交需要服務支持 # 點擊線上輔助單元或客服的次數 # 每個工作階段瀏覽網頁數 #

如果以垂直產業來看，以下有幾個常見的 GA 指標可以當作 KPI，但重點是這些 GA 指標怎麼和商業目標產生一個合理性關連的思維。

電子商務 KPI 指標	行銷 KPI 指標	內容訂閱 / App / 遊戲 KPI 指標
漏斗分析轉換率	品牌吸引度與聲量 品牌關鍵字訪問 + 直接訪問 / 全部搜尋引擎訪問 + 直接訪問	跳出率、參與度 首次打開 App 人數
平均訂單價值 客單價 顧客效期價值 (LTV)	訪問與轉換質量指標 CQI 某媒體與廣告轉化百分比 / 某媒體與廣告訪問百分比	每次訪問頁面 # 平均停留時間（Sec） App 下載次數 # 效期價值 LTV ARPU（Average Revenue Per User） 每使用者平均收入
平均單次訪問價值	新訪客與回訪客百分比 新顧客與回訪顧客百分比	發布商廣告變現表現 應用程式內購買業績 顧客效期價值 (LTV)
廣告平均 ROI （ROAS） 單一工作階段 廣告價值分析	廣告平均 ROI（ROAS） 單一工作階段廣告價值分析	新訪客 / 舊訪客百分比 參與或購買頻率 回訪率 每次安裝成本 CPI （Cost per install） 每個活躍用戶 成本 CPLU（Cost per loyal user）
新訪客貢獻營收 % 首次拜訪轉換 % （新客 % / 總交易人數 %）	同群組 (cohort) 留存率分析 同群組 (cohort) 活動效度分析	DAU / MAU DAU / WAU 同群組 (cohort) 留存率分析

🏅 驅動指標和績效指標的使用時機

　　其實，通用 GA 與 GA4 都定義了一兩百個指標，GA4 的指標基本分布在客戶開發、參與度、營利、回訪率、客層、Firebase App、遊戲、技術、探索等不同的面向，一般建議可以依據商業情境與進程，從驅動指標（新訪客 #，內容等）或是績效指標（毛利、收入成長）兩個角度，去尋找合適的戰術績效指標，來連結階段性的商務目標。

　　以下深入闡述一下驅動指標和績效指標的適當使用時機。對於許多新創公司或剛踏入數位領域沒有多久的企業，若直接把績效指標拿來當作實踐的 KPI，時常會覺得不管怎麼努力，還是離目標很遠，越做越氣餒。所以，有時可以先從驅動指標等比較過渡性的指標開始，來幫助團隊感覺有機會可以一步一步邁向成功。Brian Clifton 在他的著作裡，用了「階段 KPI」與「達成 KPI」來交代一樣的事，「階段 KPI」是所謂的助攻，「達成 KPI」才是接近商業目標的實際效益。

🏅 儀表板的重要性

　　而不管哪一種 KPI，一般都是主管例行檢討會議會想要觀察的數字，因此通用 GA 和 GA4 為什麼都配置儀表板（Dashboard）的概念？就是讓數據分析團隊，可以使用戰情儀表板的形式，來和利害關係人時時保持協同合作，隨時共同檢討，並做更深度的即時溝通。

　　當然，儀表板上面只是一堆數字與圖表，最重要的是 KPI 的簡報陳述，最好可以利用一個簡單明瞭的故事來呈現儀表板的結果，故事最好包括現況檢討與未來可能趨勢。至於怎麼說一個引人入勝的 KPI 故事，本周最後一小節的分享，就會和各位說明這一個由理性轉向感性的重要手段。

2-4

透過設定目標價值，來追蹤網站價值分布

在古魯顧問說明 KPI 之後，經理凱文想起了之前和團隊討論時發現了一個問題，於是問到：

凱文

> 若短期網站還沒有發展電子商務或 In App Purchase 等直接和績效指標等和業績或營收等實際貨幣（$$$）掛勾的活動時，有沒有間接的方法，可以決定這些數位接觸點的哪些單元是有價值的呢？又該怎麼設定合適的網站目標，以及決定他們具體的商業價值呢？

古魯解釋道：「公司網站有多少價值？某個到達頁面有多少價值？完成某目標該計算多少價值？相信是許多人關心的主題，但這個價值的數字又是如何計算出來呢？」

⭐ 利用商業情境的實際交易定義
網站目標的虛擬貨幣價值

首先，依據商業情境與目標來決定哪些任務與目標是我們所關注的，再來，任務與目標的達成還是要搭配一個量化指標，才能鑑別不同目標的重要程度；甚至判別哪些網頁或廣告對實現該目標是最有幫助的，也必須要基於最終的目標價值進行量化。

而量化目標價值的方式不難，就是把目標給予數字化或貨幣化，這是構築網站績效指標（KPI）的基礎，這也是任何組織在數位世界追求績效時，必須關注的第一件事。

如何把目標數字化或貨幣化呢？如果數位接觸點有營利的模式，如：電子商務、程式內購買或發布商廣告時，本身就有營利的實際貨幣價值，一般就用這個貨幣價值當作目標價值；而如果只是一般的企業網站或內容型網站，上頭並沒有營利模式時，還是可以給設定的網站目標一些虛擬貨幣價值，來實現網站目標價值的量化設定。

各位或許會接著問，這個虛擬貨幣價值如何定義呢？以貴公司為例，假設貴公司官網的潛在客戶表單提交（Leads Form Submission）每個月產生 300 個潛在客戶，當潛客轉給業務單位接觸之後，平均成交率是一成 30 個客戶，每個客戶的訂單平均價值是 $ 20000。因此可以回推，一個潛在客戶（lead）產生的目標價值就是 $20000 X 30 / 300 = $2000。每當有一個潛在客戶產生，等同實現了 $2000 的貨幣價值，但因為它不是真的訂單，只是類推。然而透過這個推算，已經完成這個表單提交目標價值的量化設定。

而一般在賦予網站目標虛擬量化價值時，可以根據「目標的困難度」或「與真正商業目標的接近程度」，來設定不同的對應價值，以區分不同類型目標的權重。

建議目標價值的定義可以分成四個層級：

- 無價值目標：是訪客重要接觸點，但對公司沒有實質價值

- 低價值目標：有明顯互動行為，但無法判斷訪客意向

- 中價值目標：訪客喜歡提供的內容，表達消費意願或階段承諾

- 高價值目標：訪客產生最終互動，公司可直接和訪客互動或接觸，
  甚至直接實現採購或預訂。

目標價值的定義當然根據產業不同，對於四個層級的分配略有不同，例如：
內容訂閱型網站可能會賦予基本網頁瀏覽等行為較高的價值，電商則不然。最
後要提醒要注意的是，在定義目標價值時，千萬不要浮濫，如果簡單的目標或
發生頻率非常高的事件都賦予價值的話，可能很容易就形成網站價值的「通貨
膨脹」，價值的設定也就失去了本來的意義。我們在稍後的第九周 GA4 實作當
中，會告訴大家如何設定轉換目標與設定價值，敬請期待。

訪客、內容、廣告：
常用來檢視網站價值
分布的面向

在顧問說明定義目標價值的方法後，經理凱文解了過去心中一個大疑惑。但馬上衍生一個延伸問題：

> **當網站元素被分配價值之後，可以從哪幾個面向來體現這個價值定義呢？**

凱文

古魯顧問很欣賞凱文的問題，於是接著表示：

當完整定義網站或數位接觸點的目標以及賦予目標價值之後，才是真正網站數據分析深度應用的起點；後面關注的就是這些目標價值如何分配給內容、訪客與廣告三個面向，然後透過價值排序，區分出哪些群體具有較高的價值。

為這個價值分配的過程打個比喻：為了挖掘有價值的獨角獸新創公司，於是我們找了幾個有現金（商業情境下定義的虛擬貨幣價值）又懂得價值投資的創投（對應選定的商業目標）。接著，讓他們去找合適的投資標的（公司的網頁、廣告或訪客），如果這些創投發現某些公司符合獨角獸創新公司的特質（充分證據可以幫助達成目標），創投就會投資這些公司一些資金（價值分配），新創的發展越靠近獨角獸的目標（網頁、廣告或訪客能幫助完成目標）的公司，創投會願

意給他們更多的風險資金（分配到更多的價值）。如此過了一段時間之後，可以依據這些新創公司（網頁、廣告或訪客）所獲得的投資以及他們實際在市場的發展，為他們進行排序，找出最有價值的公司（網頁、廣告或訪客）。

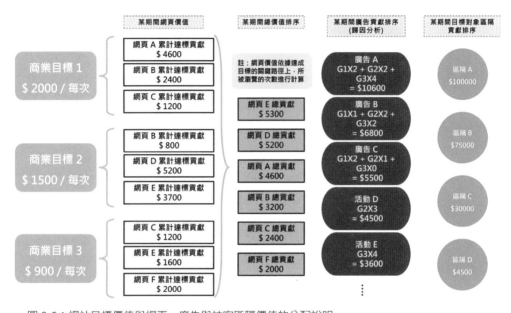

圖 2-5：網站目標價值與網頁、廣告與訪客區隔價值的分配說明

所以經過目標設定以及賦予目標價值之後，就非常有利於收集這三個不同面向當中有價值的個體或群體，它是發現洞見一個必經的途徑。

從價值體現的角度，可以重新交叉分析內容、訪客與廣告三個元素的分別價值如下：

- 內容：了解對訪客最有價值的內容是什麼？什麼內容滿足了高價值訪客？網頁的流量與價值分布是否呈正相關？

- 訪客：哪個訪客區隔實現了最高的網站價值？為什麼？如何做進階的維度指標分析，把有價值訪客和其他訪客給切分出來？

- 廣告：什麼廣告帶進最有價值的訪客？找出價值最高的廣告管道、廣告活動、廣告內容，甚至也可對間接輔助轉換（歸因分析）的廣告進行價值評估。

圖 2-6：賦予網站目標價值後，可以
進行價值在三個面向交叉分析

有時可以進一步觀察「單一工作階段」的價值，看平均數而不是總數。如此一來，才可以正規化內容與廣告的單位價值，而不迷失在累積的總數當中。而一旦加入價值的視角之後，對網站數據分析「質」與「量」的陳述也會跟著改變。

「從 Google 關鍵字廣告來的訪客最多（量）」（價值轉換）→
「從 YouTube 轉過來的訪客價值最高（質）」

「瀏覽次數最高網頁的網頁是首頁（量）」（價值轉換）→
「FAQ 頁面產生最高的轉換價值（質）」

經過價值轉換，後面的陳述是不是具有更高的情報含金量呢？

三種最常用的轉換
目標設定 + 三種不同形式
的轉換率計算方式

在提到價值轉換的議題後，UX 專員艾比忽然想起過去她的 KPI 主要是網站轉換率。而為了實現 KPI，轉換的設計就很重要，於是她想發問一些有關轉換的問題：

> 要達成網站目標，就得經過轉換，通常哪些標的比較適合被設定為轉換目標呢？

艾比

古魯先簡單定義轉換如下：訪客經過適當的網站優化與動線引導，在進行了若干網站活動之後，終於完成了我方設定的目標，這叫做實現了一個「轉換」。

「轉換」代表著這些活動對商業目標產生了或多或少的具體貢獻，而完成轉換的訪客佔整體訪客的比例，就是大家耳熟能詳的「轉換率」，這個術語大家應該都很熟悉了。

三種常見的轉換目標類型

而一般從轉換目標設定來看，可以定義三種不同類型的轉換目標：

- 網頁目標轉換：通常是實現特定的網頁目標（URL），最常用的就是表單提交的感謝頁面或加入會員後的完成註冊頁面等。（Thankyou | Registered pages）。如果做漏斗（Funnel）分析時，一般會搭配這種轉換。

- 事件目標轉換：可能對特定的事件感到興趣，想進行追蹤，就利用事件轉換目標。例如：檔案下載、影片觀看、按鈕點擊、完成採購、會員升級等。在 GA4 以「事件」為數據收集基本架構下，事件目標的轉換將更加重要，第九周我們將闢專篇說明這一部分。

- 參與目標轉換：參與轉換目標是指訪客花多少時間看網頁、看了多少網頁、停留多少時間之類的指標。這類設定要最小心，之前提到很容易造成價值通貨膨脹的轉換目標，通常都是這一類。這類轉換一般較適合品牌或內容網站，無其他更佳的完成頁面目標或事件目標可設定者，再來考慮。

✨ 三種不同形式的轉換率定義

而從轉換率的觀點來看，分析師會對以下三種不同形式的轉換率感到興趣。

1. 單一特定目標：如電商完成購買或上述三種個別轉換目標類型的個別轉換率。

2. 總目標：可把公司所有設定目標加總在一起看整體轉換率，可當作取轉換率平均值，再和單一目標轉換率比較差異。

3. 漏斗（Funnel）分析：檢視漏斗分析中每個步驟的轉換率，哪一個階段有優化空間？該從哪裡開始？

在 Google Analytics 新舊版之間，也有不同的轉換設定模式。在通用 GA，是直接設定目標，再來定義轉換，藉以衡量網站目標的轉換行為；而在 GA4，已經不再有目標設定這件事，而是透過建立事件，並在事件清單中勾選（啟動）轉換來進行目標設定，第九周我們會深入討論這一部分。

2-7

轉換該一次到位還是循序漸進？
談「微轉換」與「巨轉換」
(Micro & Macro Conversion)

在古魯講完轉換目標設定與轉換率之後，艾比想到了一個延伸的問題，繼續詢問古魯顧問：

那麼，爲何過去目標轉換需要區分成微（Micro）轉換與巨（Macro）轉換兩種呢？

艾比

古魯很高興團隊很進入狀況，接著回答：在規劃設計網站時，常會希望給訪客一個緩慢達標的機會，就像交往中的男女朋友，通常較少是以馬上結婚為前提交往，而是必須透過吃飯、看電影、旅遊等過程了解彼此，培養感情，中間可能經過「一起看電影」、「一起去旅遊」到「訂婚」漸進的過程，最後雙方確認合意，才實現「結婚」的最後目標。

以上面這個簡單的例子來類比，「結婚」就是所謂的「巨轉換」，而中間這些漸進過程就是「微轉換」。從商業角度來看，商業目標的實現就是巨轉換（如：完成一筆電商訂單），完成階段性目標就是微轉換（如：加入商城會員）。因此簡單講，巨轉換與微轉換就是顧客完成該任務後，與最終商業目標的距離。

巨轉換與微轉換的概念，和前面提到的「階段 KPI」、「達成 KPI」或設定目標價值的四個層級（無價值、低價值、中價值、高價值），其實都有密切的關連性，各位可以在未來實作的時候，再深入揣摩。

　　要注意的是：和目標價值的設定一樣，即使相同的轉換事件，也可能因為商業情境或事業階段性目標的不同，也會有不同的設定。以下是一些常見的巨轉換與微轉換任務，列出來給各位參考。

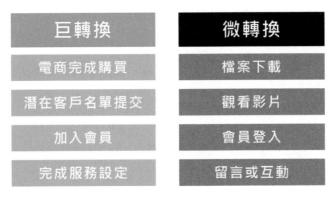

圖 2-7：常見的巨轉換與微轉換事件設定

提高轉換率的好思維：
從顧客旅程角度切入

艾比對於轉換可發展的方向更加清楚了，她也非常關心自己 KPI 轉換率的問題，想請教顧問如何有效提升轉換率。於是提問：

過去設計過許多不同的轉換目標，常常還是拉不高轉換率，如何規劃才能符合顧客期望，進而拉高轉換率？

艾比

艾比這個問題其實有點超出數據分析的知識範疇，不過古魯本來就覺得這些主題都是一體的，也略有研究，於是說道：

在本周第一節提到我們會先建立一個網站評估計畫，通常在此架構之下，只要專注網站目標轉換，商業目標就可達標。然而常發生的盲點是：過於主觀，以至於在設計網站動線或目標時，太偏重於以自我商業角度出發，而沒有關心到顧客的感受。

更不必提常常為了能更有效觸及心目中的理想受眾，品牌還常會規劃更多元化的數位接觸管道，包含：各類型網站（官網、部落格、電商）、App 或實體

數位接觸點等，期待透過多元管道與超量目標設計，訪客可以更容易的接收到品牌訊息以實現我方目標。

但實際上，網路時代的每個訪客，還是有自己的自由意志，如果吸引力或期待感不夠大，不見得會乖乖往我方規劃目標前進。因此，有一派「遊戲化」（Gamification）的理論，倡導借用遊戲裡「任務」設計的觀念，想辦法用各種手段讓訪客逐一完成各類大小任務，給予適當「獎勵」，再慢慢完成目標轉換，成為顧客。

遊戲化設計（Gamification）

- 遊戲化設計是指一種在非遊戲的領域中，採用遊戲設計元素和遊戲任務導向或獎勵機制，讓使用者能有更強動機來解決問題，並增進往設計者目標邁進的動機。

但若很不幸地從網站路徑分析發現，訪客和我方的互動走得跌跌撞撞，一直沒按照原來我方設想完成「任務」或往「目標」前進，展現出低轉換率時，不妨自問以下問題：

- 客戶開發是不是出了什麼問題，造成他們的期待與實際結果不一致？

- 這些訪客來到這裡的期望到底是什麼？我們有真正解決他們手邊的問題嗎？

- 還是網站或 App 的內容夠不夠好？誘因不夠吸引他們？

- 還是訪客的使用體驗很差？是不是有可能他們不小心迷路了，盡了洪荒之力依然到不了目標？

如果組織的時間與資源足夠，也可以考慮從更具脈絡的「顧客旅程」（Customer Journey）檢視出發，逐一檢視顧客在和品牌數位接觸點的互動過程當中，究竟有何因素造成實際感受落差不符合期待。

一般，顧客旅程檢視的基本用法，就是從造訪前、中、後三個簡單的階段進行深度的探討與思考，甚至可以實際線下去訪問真正的顧客，了解背後的真正原因，大致思考方向如下。

1. 造訪前的顧客期望（怎麼來？）

   可由他們是如何抵達數位接觸點來做初步辨別。他們找到網站是使用哪個搜尋引擎、什麼關鍵字？或點擊哪個廣告？還是因為在社群網站聊了什麼或看到了什麼？

2. 造訪中的流暢性與易參與性（做了什麼？）

   內容是否容易取用？網頁是否容易瀏覽？內容是否精彩？重點資訊是否容易搜尋？是否容易與品牌互動？

3. 造訪後的使用者體驗（怎麼評價？）

   訪客是簡單完成任務，還是因無法完成任務而懊惱的離開？造訪接觸點之後，若想與品牌進一步溝通聯繫了解細節，或者因消費訂閱等問題而打算尋求客服支持時，是否都一樣簡單容易。

不論是用什麼方法找到「顧客期望」與「我方規劃」的落差，網站分析工作最終應該都是透過數據的意涵與解析，盡量拉近「顧客期望」與我方「商業目標」的距離；而網站終極的優化目標應該是：因為滿足了「顧客期望」，而正好也達成我方的「商業目標」。有關於對「顧客」或「人」的研究，我預計在第三周深入向各位分享這一部分的細節。

三個評估品牌聲量與品牌價值轉換的作法

亞曼達也想問古魯一些有關於行銷、品牌和關鍵字數據分析等相關的問題：

亞曼達

> 敝公司的品牌說大不大，說小不小。我對品牌的聲量量化數字非常有興趣，也想知道變化情況。該怎麼做才可以透過品牌與非品牌關鍵字來實際來了解品牌聲量？

古魯答覆：目前我使用過三種不同的方法，來分析品牌關鍵字（Branded Keywords）在網路上的聲量指標，以及品牌關鍵字（Branded Keywords）與非品牌關鍵字（Non-Branded Keywords）對官網流量與轉換的影響。

1. Google Trend

如果品牌夠大，搜尋量夠多，第一選擇當然是 Google Trend。不但有歷史數據，可以自行輸入品牌關鍵字，檢查是否隨著時間有所提升；同時也可以和競爭者品牌做比較，快速了解彼此的聲量落差。如果雙方都有主力的產品或服務，更可依品牌關鍵字帶產品服務再進行比較。不過 Google Trend 算是比較巨觀型的品牌聲量觀察，如果不是很熱門的關鍵字，不見得可以看到相關數據。

2. SEO 自然搜索廣告

類似 Google Analytics 的網站數據分析工具，都可以和 Google Search Console 綁定，在工具裡觀察 SEO 相關的報表；當然，也可直接進入 Google Search Console，了解有多少訪客透過品牌關鍵字來到官網，以及其他的數位接觸點。可按月統計透過品牌關鍵字進入官網的訪客比例，了解品牌聲量的消長情況。GA4 報表目前已支持綁定 Google Search Console，直接在 GA4 觀察 SEO 相關報表。

3. Google Ads 付費關鍵字廣告

許多人認為，品牌關鍵字如果在自然搜索 (SEO) 已經是第一名，應該不用浪費錢再做 PPC Google Ads 關鍵字廣告。不過有報告顯示 (其實報告大部分來自 Google)，比起 SEO 自然排名，訪客更喜歡點擊品牌關鍵字付費廣告，因此可以享有較高的轉化率。

另外，繼續投放關鍵字廣告，還可透過各類廣告文案更新，保持訪客對品牌的新鮮感；最後，也可透過 PPC 的 Google Ads 關鍵字報告，了解點擊品牌的訪客占所有廣告點擊的比例，這是了解品牌聲量的第三個方式。

Google Analytics 也可以針對品牌和非品牌關鍵字做分群比較分析，可以很容易得到這個比較結果。有時也會把 SEO 與 PPC 兩種搜尋的品牌關鍵字流量與轉換比例做個比較，再擬定這兩種不同行銷管道的後續行動方案。

兩大重點直接陳述，實現和高管的數據高效溝通

珍妮佛也有想到另一個自己重要的實務溝通困擾：

要以什麼方式，才可以更有效和總經理與公司內外部利害關係人有效溝通？

珍妮佛

古魯顧問彷彿知道珍妮佛過去所遭遇的困擾，因此分享自己的想法給團隊知道。古魯說道：網站分析團隊一般例行工作包括處理數據收集、精煉、分析與產生洞見。但是很悲哀的是，大部分的工作與細節可能都是 CXO 或總經理層級沒有興趣的部分，他們最感興趣可能只有以下兩部分：

1. KPI 指標追蹤

2. 數據產生的商業洞見

上述兩部份對於高管進行進度追蹤、企業策略模擬、未來趨勢預測與行動方案決策，才有實質的幫助。

因此，當分析團隊在「網站評估計畫」討論會議後，基於團體共識設立了 KPI 指標之後，就有義務把這些 KPI 指標設置到網站數據分析系統（如 GA）之上。通常來說，這些系統也會提供儀表板或資訊主頁的功能，讓分析團隊把最重要的關鍵指標（Key Metrics），一次呈現在儀表板或資訊主頁上，讓數據分析團隊與高管或利害關係人有一個共同討論的基礎；否則，期望他們自己去閱讀系統裡面個別的細部數據報表，幾乎是不可能會發生的事。

另一個面向來看，不同的利害關係人或許對不同的數據情報也各有所愛。數據分析團隊若行有餘力，也可依據不同團體所個別關注的面向，建立對應的儀表板或資訊主頁來方便他們來閱讀。有時甚至可以利用其他商業智慧（BI）工具輔助（如：Looker Studio、Tableau 等），把數據情報以更具彈性與更多元化的視覺方式呈現與分享，達到適切與深度溝通之目的。

除了 KPI 指標追蹤之外，高管或利害關係人有時更想知道的是商業洞見；因為洞見不是數字，而是經過數據分析精煉之後的現象陳述。因此，建議至少一個季度應該要有一次洞見分享會議。甚至比較重要的洞見表達，應該以故事化的敘事方式呈現，故事可以有效的吸引大家的注意力，拉近距離，也更容易傳達數據背後的意義所在。故事的內容最好包括現況檢視與未來趨勢分析。優秀的分析團隊都應該具備把 KPI 簡報轉換成一則則簡單明瞭故事的能力。各位不知道如何進行轉換陳述也沒有關係，我將接著和各位分享如何說一個精采的數據故事。

2-11

說個好故事，有效表達
分析結果與商業洞見

古魯提到為數據說一個故事，這是過去珍妮佛和凱文從來沒有想過與嘗試過的做法，所以團隊都很好奇的進一步請教顧問，究竟該用什麼方式，為數據說一個動人好聽的故事。

古魯接著說道：過去我們對數據分析的印象，可能就是一堆 GA 報表、Excel 試算表、戰情儀表板，甚至熱力圖等等，實際上，上述的項目，當然都是數據分析重要的呈現媒介。但一位稱職的網站分析師或資料科學家，可能不只是交代數字與報表，而是應該有能力進一步實現有效溝通。所以，把數據分析結果轉化為一個好聽的故事，絕對是進階數據分析師不可或缺的能力，分析師也可以說必須扮演一個好的「數據說書人」的角色。

而「說一個好聽的數據故事」目的其實很簡單，就是為了給數據一個「得到發聲與關注」的管道，有效地把團隊辛辛苦苦發現的洞見，向手中掌握權力、有能力改變與實際分配資源的高管或利害關係人進行有效溝通，實現數據驅動決策與改變現狀的目標。

為何分析師那麼辛苦，還需要具備說故事的技巧呢？經過心理專家分析有以下兩個原因：

- 人們天生會質疑對生活沒有直接影響或關係的數據。

- 人們都會抗拒改變。一份數據,甚至好幾百份數據都無法扭轉這個天性。

對大部分人來說,無法與日常工作或生活背景產生連結的數據(Non-Context based data),就只是一堆無意義的數字,因此必須利用故事來勾起他們的興趣與慾望,藉此透過情感連結,賦予數據真正積極的意義。

富比世曾經發表一篇文章,提到要能夠有效的「說一個數據的故事」,可由數據、視覺化與敘述能力等三大要素來構成。而要素兩兩間彼此的交集,也各有不同的意義,以下說明之。

- 數據 x 視覺化 (= 啟發 Enlighten):視覺化可以幫助數據更容易被看見,但當數據多的時候,他們產生的規律或差異,很難在文字或表格中被突顯,視覺化的資訊圖表更有助於數據對聽眾的「啟發」。

- 數據 x 敘述能力 (= 解釋 Explain):陳述數據裡頭到底發生了什麼情況?(一般是觀察不符合常態趨勢的異常)或數據揭露了什麼可能的現象或洞見?該洞見對商業的意義又是什麼?考量商業情境,做出假設與理性判斷,尋找可能的因果關係,再用最簡單的語言去「解釋」最重要的數據價值。

- 視覺化 x 敘述 (= 締結 Engage):敘述加上視覺化,就是電影或是故事書的體驗模式,有助於吸引一般人的目光,情感上容易「締結」目標受眾,有助於受眾融入情境,並理解故事背後想要表達的意涵。

最後,而當三者交會在一起時,目的就是為了「改變」。

數據 × 視覺化 × 敘述能力 (= 改變 CHANGE)。

融合上述「說一個數據故事」的三大元素，其實就是想影響底下的聽眾，從理性轉為感性，最終產生改變的動機與付諸行動。能經由行動方案產生實質改變，不正是一開始做數據分析的初衷嗎？

圖 2-8：說故事三大要素：由數據、
視覺化與敘述能力構成 來源：Forbes

　　因此，能對高管與利害關係人把研究的數據報告，講成一個個動人的故事，陳述改變可能實現的好處或利益，才是網站分析最後的臨門一腳。要不前面投入的許多分析苦功，若大家因為枯燥無聊的陳述而紛紛打起哈欠，感到興趣缺缺，進而忽視數據背後想表達的意涵，那可真是功虧一簣呀。

　　「說一個數據故事」很難嗎？我們來看美國的獨角獸企業 Spotify，如何簡單的說一個數據的故事，真的可以很簡單。

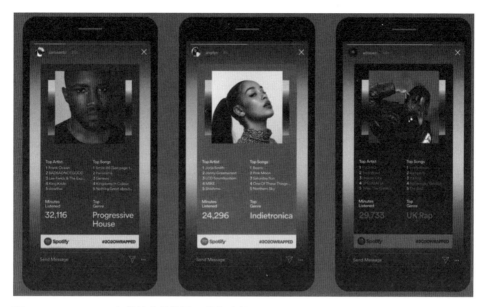

圖 2-9：Spotify 2020 年終給會員的電子郵件 來源：Spotify

2020 年年終之際，全球最大的音樂串流公司 Spotify 發給每位會員一封電子郵件，只說了一個簡單的故事：

「在這一年，您花了 XXXXX 分鐘在 Spotify 上聽音樂，您最喜歡的藝人與歌曲前五名為……」

雖然只是一個簡單的統計數據陳述，但這個簡單的說書，卻完整的交代了服務價值與會員參與的關係，比簡單的傳一封純文字的感謝函顯得更有力量。希望這個 Spotify 的例子，可以幫助大家往後把數據轉成一個有趣的故事或陳述，能夠更有想法與信心。

往後當要說出：「42% 的人放棄購物車…」前，不如稍微做個改變，改變為「42% 的購物者，在決定結單前，可能在填寫運送或付款方式時，因為不知道如何選擇付款方式，或有過多的物流選擇而感到一陣頭痛，所以乾脆放棄了。」

是不是更有感？雖然裡面可能加上分析師的假設。（當然，產生上述論述必須透過測試與實驗來確認。）

　　最後以一句話當作本小節結論：「人們對數據天生就會質疑，對故事卻總是無法抗拒。」

　　提到怎麼說故事，又把艾比感性的靈魂給重新啟動了。想到過去公司非常重視 Google Analytics 的數據，但是對於顧客研究與顧客旅程等議題，似乎沒有太多著墨。這一部分卻是她的信仰與興趣，因此非常期待下一周顧問的分享。

/2-12

第二周任務

第二周作業

古魯

古魯顧問第二周分享的重點是透過「網站評估計畫」來連結商業目標與決定網站指標。這是一個精實的專案,因此,顧問照例出了第二個作業給珍妮佛團隊,那就是:

> 請做出 A 公司「網站評估計畫」。擬定 A 公司商業目標下三大戰略該追蹤那些網站指標,並同時擬定實現這些指標所對應的行動方案。

顧問並預告下周會分享的主題是「人的研究」。過去看似井水不犯河水的「數據分析」與「顧客質化量化分析」,居然在古魯顧問的專業下可以一併討論,團隊實在都太興奮了,也非常期待下周的分享。

會議結束前,珍妮佛同樣的決定在周間某一天,和團隊展開第二周的衝刺計畫會議(Sprint planning meeting),決定團隊該如何完成古魯顧問交付的第二周作業。

衝刺計畫會議（Sprint Planning Meeting）工作分配

故事（Story）：完成 A 公司的「網站評估計畫」。擬定 A 公司商業目標下三大戰略該追蹤那些網站指標，並同時決定實現這些指標所對應的各個行動方案；行動方案若有需要，應該依據不同目標對象進行設計。

團隊在第二周的衝刺計畫會議中，決定了第二周的任務分配。

任務一（Task 1）：

傑瑞　珍妮佛

由傑瑞和珍妮佛先根據之前的會前會，擬定 A 公司的「網站評估計畫」草案；接著邀請總經理尚恩與主要的利害關係人部門主管開一個小會，進行目標與 KPI 確認計畫。本任務在展示檢討會議（Demo Review Meeting）時交付展示最終計畫，此次面向的客戶就是總經理與利害關係人部門主管。

任務二（Task 2）：

亞曼達　凱文　德瑞克

由凱文、德瑞克與亞曼達盤點過去通用 GA 所設定的指標，決定哪些繼續適用，而哪些不再適用。GA4 有哪些新的指標設計，應該納入「網站評估計畫」，成為新的追蹤指標。

任務三（Task 3）：

傑瑞　珍妮佛　亞曼達　艾比　凱文　德瑞克

依據任務一與任務二的結果，「Digi-Spark」團隊另外召開一個會議，腦力激盪如何把任務一的計畫填上任務二所盤點出來的項目，完成最終版的完整 A 公司「網站評估計畫」，可以在第三周交給古魯顧問檢視。大家有共識這將是初版，未來將會依據實際運作情況進行調整。

第 **3** 周

網站分析從找到
「對的客人」與其動機開始

"People don't want a quarter-inch drill. They want a
quarter-inch hole."

" 人們其實不是想要一隻 1/4 吋的電鑽，他想要的是一個
1/4 吋的洞。"

美國經濟學家兼哈佛商學院教授 Theodore Levitt

「Digi-Spark」專案來到第三周，第二周的作業遠比第一周多
很多，甚至還得抓緊時間和非專案的同仁溝通，但在古魯看
到團隊交出的第一份「網站評估計畫」之後，感到非常滿
意。當然，這份計劃底層的行動方案細節，就得詳談該對什
麼樣的顧客區隔，思考進行什麼樣的行動方案來實現指標。
而在決定做什麼樣的事之前，我們必然得先了解誰是「對
的客人」、「他們真正的動機」以及「我們能解決他們什麼問
題」開始。

3-1

透過「訪客區隔」定義「對的客人」

　　古魯顧問在第三周的一開始，就先做本周結論：「沒做訪客區隔，就不算真的做網站分析。」

　　為什麼訪客區隔在網站分析中這麼重要？因為訪客分群或區隔就是利用「類似訪客行為」將訪客再做細分，否則只看「全體訪客」的數據，往往只看到一個平均值，在分析的意義上不大。例如：如果把廣告吸引訪客戶扣除老訪客，只關注新訪客的行為，可能比看全體訪客的數據更有意義。

　　在找出不同訪客區隔之前，一般基於商業情境或公司業務型態，應該要對「設定哪幾個型態的訪客區隔」有基本的想法；之後，再探討這些訪客區隔可能有何目的、期望與需求。

　　有時，為了想挖掘出有發展潛力的某類型的客人，甚至網站或 App 會透過改變內容或結構，去製造一些特別能夠產生訪客區隔的訊號 (signal)，用來辨識訪客與對訪客上標籤 (tagging)。

　　例如：房屋仲介行業把「買屋」和「賣屋」在官網上用目錄標籤分開，就可以有效的區隔兩種不同的客人；而瀏覽「投資人關係」或「人才招募」網頁的訪客，較可能是投資人或求職者，在透過事件設定追蹤之後，他們可能就是房仲行業比較不是這麼關心的一類客人。

　　而對於企業較感興趣的區隔，可以通過設計互動誘餌（engagement bait）去和他們製造後續更多互動的機會，如：訂閱電子報或白皮書下載等單元；接著，可再往下追蹤，在訂閱電子報埋藏「繼續閱讀」的按鈕，追蹤後續高價值訪客的回訪情況。

　　區隔又經常與維度進行交叉分析，期望找出更具深度的洞見。例如：不同年齡層的訪客與流量來源交叉分析，期望找出幾個不同廣告管道，對應不同年齡層的客人，是否有不同的 ROI。區隔也經常與目標價值一起進行分析，因為想找出目標價值最高的訪客區隔，那些區隔才是我們的金牛（cash cow）。依照之前提到的價值設定，看是依「網站目標虛擬價值」或「電子商務實際價值」來對各類訪客區隔做價值的排序，就可以找出目標價值最高的訪客區隔。跟著，後續執行其他進階行銷應用，也就更有所本了。

3-2

利用條件滿足與順序滿足的邏輯，一步步找到眞正的 VIP

德瑞克覺得設計訪客互動誘餌（engagement bait）來產生區隔訊號（Signal）這些手法真的過去想都沒想過，因此想問比較實作面的問題：

> 如果就 GA 平台目前的功能，有哪些訪客區隔的手法呢？

德瑞克

古魯笑著答道：訪客區隔的切分方法，常常是大家最頭痛的問題，若以最粗的方式區分，可以分為兩種：

- 特徵區隔：依據地理位置、瀏覽器、來源流量位置等訪客特徵來區隔
- 行為區隔：依據觀看內容、到達網頁或網站上特定單一動作或連續動作等訪客行為來區隔。

除了可在上述兩種區隔尋找簡單的單一區隔條件，進行區隔外；有時還可以進行更進階的 (A+B) 式複合條件區隔，也就是所謂的條件滿足或順序滿足的進階區隔方式。

1. 條件滿足

條件滿足是利用（且 | 或；AND | OR）的模式，把不同的單一區隔條件給串聯起來。

範例 A：訂閱電子報的訪客 或 下載白皮書的訪客

範例 B：首次造訪官網 且 送出諮詢表單的訪客

2. 順序滿足

順序滿足則是把單一區隔條件變成步驟，依據事先設定步驟完成者，被挑出來成為一個新的區隔。顯而易見的，順序滿足是一個窄化與嚴格篩選訪客的區隔模式；如果是大流量的網站，可以更有效地找到更精確的目標族群。

範例：按以下順序同時滿足（九月到訪 >> 十月訂閱電子報 >>
十一月下單購買）的訪客

GA4 就非常重視後面這一種複合的順序滿足區隔的操作模式，甚至可利用同群（Cohort）或漏斗（Funnel）探索分析去找出符合某個特定行為的超小區隔（範例：1111 促銷後，鎖定 11 月 8~13 號，放棄購物車 (abandoned shopping cart 事件) 的群體），直接設定為目標對象，進行加強行銷推廣的後續動作。

也由於複合順序滿足區隔可以將目標對象定義得異常細微與精準，因此，可再與廣告平台（如 Google Ads）介接，將該區隔目標受眾包拋轉至廣告平台，進行再行銷廣告或預測類似族群的廣告投放，這一塊是 GA4 勝出通用 GA 非常多的地方。這一部分，我將在第八周談到 GA4 廣告、自訂目標對象時再深入討論。

3-3

鎖定 VIP 後，透過行銷科技（MarTech）三招來擴大戰果

聽到廣告與行銷的議題，亞曼達眼睛又亮了起來，這些精準定義目標對象投放廣告的手法日新月異，所以想問有關訪客區隔與行銷應用的問題：

亞曼達

> 當我們透過進階的訪客區隔找出 VIP 群體後，想快速擴大該族群的數量，有哪些行銷科技（MarTech）的手法可使用？

古魯表示前幾周有提到，我們可透過設定「網站目標虛擬價值」或「電子商務實際價值」，來進行顧客價值定義。而 GA 也提供了訪客效期價值（CLV）的量化指標，來幫助我們定義高價值的客人。

當我們在找出貢獻度最高的顧客區隔之後，也等同發現了邁向成長的第一批高質量、高貢獻的鐵粉，如果想接著擴大戰果，直接的想法，當然就是尋找與這批高價值顧客區隔「背景類似」的受眾來進行擴散。一般進行擴散的方法有三種：再行銷（Remarketing）訊息溝通、興趣相似（look-like）族群擴散、機器學習（ML）預測目標族群擴散。

⭐ 再行銷訊息溝通（針對原鐵粉群）

好不容易觸及了這群高質量、高貢獻的鐵粉族群，當他們真正被廣告吸引，拜訪了我們的數位接觸點，理論上應該會有高轉換率與高效期價值。

所以最基本的行銷應用當然就是利用再行銷（Remarketing / Retargeting）訊息溝通。所謂的再行銷（Remarketing），就是一種向已造訪過訪客，進行再次訊息溝通與互動的廣告模式。因為這一群人非常特定與精準，且對品牌已有基本印象，常常可能只差臨門一腳，所以再行銷是近期主流的廣告模式，可利用低預算創造較大的轉換率。

而目前 Google 廣告提供的再行銷方式也有多種：多媒體廣告再行銷（Remarketing via Google Display Network）、Youtube 影片再行銷、以及搜尋廣告再行銷名單（Remarketing Lists for Search Ads, RLSA）；若和 CRM（客戶關係管理）做實名結合，取得訪客 Email 名單，也可以用 Email 進行顧客名單再行銷。搜尋廣告再行銷名單（Remarketing Lists for Search Ads, RLSA）則因為是「再行銷名單」結合「顧客需求關鍵字搜尋」，所以非常精確，廣告預算走得也慢，是非常不錯的一種長尾經濟型廣告投放模式。

⭐ 興趣相似族群擴散（以原鐵粉群興趣做為基礎的相似擴散）

在通用 GA 裡面，一旦定義了一群特定鐵粉，透過這群鐵粉的興趣為基礎取樣，再定義「興趣相似類別」或「潛在目標消費者區隔」兩類相似族群。

透過「興趣相似類別」來擴散，可以找到和鐵粉類似的生活型態、熱愛事物或習慣的受眾，簡言之，「興趣相似類別」是從「生活習慣類似」著手。透過「潛在目標消費者區隔」來擴散，則可以找到和鐵粉有類似產品服務購買意願或傾向，並正在積極收集相關資料的這群人，簡言之，「潛在目標消費者區隔」是從「採購品牌產品習慣類似」下手。

機器學習預測目標族群擴散（以原鐵粉群行為做為基礎的機器學習預測擴散）

　　當把高價值鐵粉設定為 GA4 的目標對象之後，只要該鐵粉群體數量超過 1000 人，GA4 也可以自動運用機器學習來預測分析，亦即根據這個目標對象預測使用者未來的行為。GA4 有三個預測指標，分別為：購買機率、流失機率與收益預測。根據這些預測指標，Google 可尋找至少符合一項條件的目標對象來建立「類 VIP 的目標對象」，這樣就可以透過人工智慧機器學習模式，找到或許連我們自己都不知道是誰的「潛在 VIP 目標對象」來進行廣告投放。當然，到底 GA4 的機器學習預測找到的受眾品質到底好不好，還是可以在 GA4 後續的報表在進行績效驗證。有關精彩的 GA4 的人工智慧與機器學習新功能，我會在往後幾周深入介紹。

誰是 VIP 當中的 VVIP？
訪客效期價值（CLV | LTV）
運用的秘密

在聽完顧客區隔與廣告擴散模式之後，亞曼達心中的廣告小世界暫時得到了滿足。而珍妮佛忽然想起以前 CDO 傑瑞曾經和她討論過，是否知道哪個分群有最大的「效期價值」或「生命週期價值」，廣告應該考慮從這一部分客人開始進行擴散。亞曼達當初不太清楚這個「效期價值」的概念，所以趕緊趁這個機會，一起請教顧問：

珍妮佛

> 定義完 VIP，並透過廣告擴散之後，傑瑞曾提到要觀察他們的訪客效期價值 CLV，這個效期價值是什麼？在商業上的應用又是什麼？

古魯表示「效期價值」已經慢慢進入較深的知識。通用 GA 與 GA4 報表都非常強調訪客效期價值 CLV（Customer Lifetime Value），原因是：做生意的方式和過去已經發生了極大的改變。現在企業的普遍期待是：既然花下了大筆行銷費用和資源，爭取到一些忠誠 VIP，當然不希望跟這群顧客只做一次生意，或等到他們終於偶然想到你，才回頭購買。在訊息量爆炸的今天，大多數企業都希望主動和顧客維持長期維持穩定關係，並持續敦促回購，這個「長期」的定義甚至最好是一輩子，因此有了訪客效期價值 CLV（Customer Lifetime Value）這個名詞。

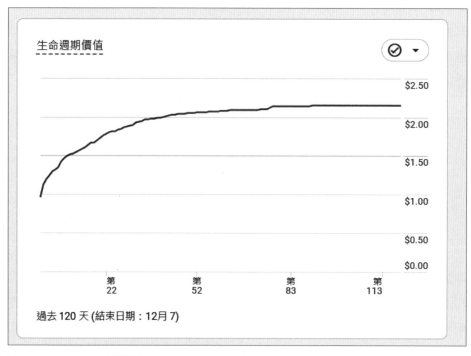

圖 3-1：GA3 / GA4 示範帳號 Google Merch Shop 的 CLV

CLV 有時也會被寫為 LTV（Lifetime Value，目前 GA4 是用 LTV），計算方式最簡單的概念是每個用戶（購買者、會員、使用者）在未來為某產品服務所帶來的收益總和的平均值。CLV 這個名詞雖然很新，但其實已故台塑集團經營之神王永慶先生在早年賣米的時候，可能早就已經體會這個道理了，所以會去計算客戶米缸見底的可能時間，和顧客保持良好長期的關係，因此可賺到顧客只向他買米的終身效期價值。

哈佛商學院 HBS 已故知名創新課程教授克里斯汀生（Clayton Christensen）也曾經提出一個用途理論（Jobs-To-Be-Done, JTBD）。用途理論的觀點是：顧客實際上不是購買產品或服務，而是為了完成某些任務（Jobs）而雇用（Hire）了產品或服務。購買產品或服務是大雇用（Big Hire），購買之後能持續的使用是小雇用（Small Hire）。真正能創造與體現顧客滿意的，其實是持續的小雇用，代表他們覺得產品服務真正解決了問題，並且創造價值，品牌與顧客的關係因此有了長期的價值延伸。CLV 的大小，就是品牌與顧客長期關係價值延伸的一個量化指標。

另外，CLV 可以幫助判讀整體獲客成本是否划算，所以會和每位客戶獲取成本 CPA（Cost Per Acquisition）放在一起看，因為隨著廣告費用的水漲船高，獲取一個顧客的成本逐漸攀升。像一般 B2B 產業（B2B 指主要客戶為企業的產業，如台積電）獲取每個客人的平均成本從 $200 ~ $2000 都有；B2C 產業獲取每個客人的平均成本可能也從 $10 ~ $35 不等（B2C 指主要客戶為一般消費者的產業，如可口可樂）。如果沒有和顧客維持長期生意的關係，使得 CLV > CPA，基本上就很容易變成是賠錢的生意。所以，利用 CLV / CPA 這個複合計算指標來判斷目前兩者的關係，長期 < 1 的話，就必須進行策略的調整。CLV 另外一個常見的用法是：檢視獲客管道的 CLV 排序，觀察哪種獲客管道帶來最高 CLV 的顧客。

CLV 也會根據產業而有不同的曲線形式，以互聯網三種產業舉例說明。

- 訂閱產業（NETFLEX, Spotify）：顧客每個月繳交固定的月費，所以一般 CLV 是一條斜率固定的斜線。

- 電商產業（Amazon）：通常顧客加入初期，可能有特定需求，所以有較強購買力，CLV 較陡；後面消費會漸趨於隨機，所以 CLV 會趨於水平飽和。

- 公有雲或儲存服務產業（AWS, Google One, DropBox）：這類服務初期因為在熟悉產品服務的用法，所以貢獻產值不大，會貼近水平。一旦熟悉使用方式，並且知道如何「雇用」之後，會隨著習慣而有用量的增加，一般過了一個關鍵轉捩點之後，CLV 常會形成指數成長。

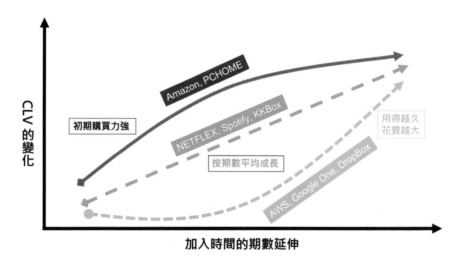

圖 3-2：以三大互聯網產業舉例的 CLV 曲線

以上面三大產業為例，CLV 的曲線大不相同；所以 CLV 除了必須和同業做基準（Benchmark）比較之外，曲線是否會隨時間演進，形成趨於飽和、線性成長或指數成長，也會影響到獲客成本投入的策略。所以，一般公司高層會想把 CLV 依據內部顧客區隔再做分群比較，找出 CLV 含金量較高的客戶分群，逐漸放棄價值較低客戶的策略。

珍妮佛在古魯的解釋後，終於知道傑瑞要她比較顧客「效期價值」的背後意圖。

3-5

「量化分析 + 質性調查」雙管齊下，深入挖掘顧客行爲動機

　　講到此時大家都露出滿意的微笑，只有 UX 專員艾比似乎表情較為凝重；古魯觀察出艾比的心思，於是說道：「艾比，你關心的 UX 與數據的主題，我接下來要開始說了喔。」艾比因為心思被看透，露出尷尬的苦笑。

　　古魯說道：「前面談了許多數據與顧客等議題，但我必須承認 GA 類的量化數據分析工具，在優化上有它的極限存在，若不搭配訪客質性調查，常常很難挖掘出真相。」

　　我這裡再次藉用網站分析大神 Avinash Kaushik 曾在他的著作《Web Analytics 2.0》裡提出一個非常精采的網站分析洋蔥圖來解釋這一部分，洋蔥圖架構如下：

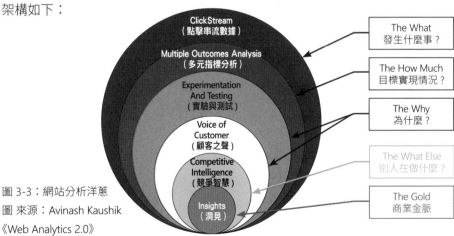

圖 3-3：網站分析洋蔥
圖 來源：Avinash Kaushik
《Web Analytics 2.0》

許多的網站分析都停留在外面兩層，就是追求「發生了什麼？」(點擊數據記錄，The What) 以及「目前實現情況如何？」(網站目前實現進度，The How Much)。這兩者都是針對過去已發生的事情來做檢討，但當我們發現目前情況和預計目標有所落差，打算進行使用者體驗改善或優化時，外面者兩層的工作並沒有辦法告訴我們該往哪裡去的答案，這也是 Google Analytics 最明顯的弱點之一。

因此，我們得採用其他工具與方法論，再往裡頭走兩層，「實驗與測試」與「質性調查」兩個方法都有助於了解實際的顧客之聲 (Voice of customer)。簡單講，「實驗與測試」是讓顧客或使用者利用點擊行動來揭露他們的偏好；「質性調查」則是透過實體世界或網上訪問、觀察，來了解顧客實際的動作與行為背後的動機，甚至在顧客展現一個不如預期的行為或動作時，有機會直接問「為什麼？」這才能得到「The Why」的真正答案。

質性研究其實已經來到艾比使用者經驗 (UX) 或顧客體驗 (CX) 的領域了，但 UX / CX 其實融入互聯網與數據的應用應該也已經超過 10 年了，在許多大型的互聯網公司，UX 研究員甚至已經是基本配備。

質性研究的目的就是想辦法把自己放到顧客鞋裡，要了解顧客的腳到底多大，想了解鞋子到底合不合腳，常用的顧客之聲收集方法如下：

- 問券、回饋收集 (線上、線下)

- 顧客行為觀察 (線上、線下)

- 實際個別訪談或焦點團體 (線下為主)

- 非侵入式觀察法 (線下為主)

UX 研究還有非常多不同的研究方法論，這邊只列出幾個常用的；當收集到顧客的質性數據之後，基本上就有機會對前一階段的「The What」的疑問，得到真正的解答，深入了解顧客的行為、動機、痛點、心情與感受等感性數據。

完成了上述質性研究的調查，結合原來「The What」的量化數據，才算是一個完整的網站分析循環。回顧到一開始，提到 Avinash Kaushik 定義網站分析當中的第一點，就是這個意思呀。

(1) 網站分析就是對自家與競爭者網站數據進行質化與量化的分析。

當然，這句話的後半段提到，除了分析自己的網站之外，也應該對主要競爭對手的網站進行類似研究，就是上面洋蔥圖的「The What Else」，別人做了什麼？

Avinash Kaushik 認為這外面五層洋蔥剝下來之後，才有機會找到數據分析真正的金礦所在 (The Gold!)：洞見。我個人覺得 Avinash Kaushik 的這個網站分析洋蔥圖非常經典，不僅能當作一個網站分析執行流程，也可以變成一個檢查清單 (Check List)，成為邁向挖掘洞見金礦道路上的明確指引。

質性數據調查常用的
思考架構：LIFT 思維模式

古魯顧問終於聊到了艾比的主場，艾比想了解更多質性數據調查的具體作法，所以，又接著問了下面的問題：

> **可否舉實例說明，獲取質性數據的「實驗與測試」、「質性調查」，一般該如何進行？**
>
> 艾比

古魯答道：前面提到有趣的質性數據調查方法，相信是艾比所關心的主題，雖然這部分已超出一般數據分析的領域，我還是願意順道多分享一些細節。

「實驗與測試」部分：

- 測試方式：可分為「直接面對面測試」與「遠端使用者測試」兩種。

- 測試流程：大約如下五步驟：

1. 決定測試目標　　→　　**2.** 選定測試對象　→　　**3.** 擬定測試計畫　→

4. 執行測試研究　　→　　**5.** 分析測試結果

- 測試策略：如何構思與發想好的測試方案呢？可採用近期廣為使用的「LIFT 思維模型」進行構思。LIFT 模型的原理就是基於使用者可能遭遇的問題當作基礎，提出假設的方向，期望因此解決使用者所面臨的難題，從而提高轉化率。

「LIFT 思維模型」

提出影響顧客轉換的六大假設 (三大類) 方向有：

- 產品本質 (@)：價值主張 (建立產品基本價值主張)

- 推動因素 (+)：相關性 (+，提供相關與符合期待的內容)、清晰性 (+，明確的訊息與引導)、急迫性 (+，製造急迫感，促進採取行動)

- 阻礙因素) (-)：焦慮 (-，降低被騙或失敗的焦慮)、分心 (-，減少干擾，單一選擇)

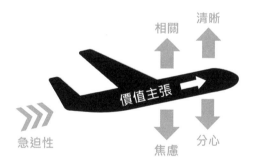

圖 3-4：提高轉換的 LIFT 模型思考架構

☼「質性調查」部分：

問卷、回饋收集（線上、線下）

- 線上：利用顧客線上質性數據收集工具（如：Survey Monkey、Survey Cake、Qualaroo、iPerception 等）的線上問卷，即時了解顧客回饋。

- 線下：可先設定量化分析的 VIP 顧客區隔，邀請他們接受訪談。詢問的內容可以包含：造訪目的（動機與意圖）、是否符合期待（需求完成度）、旅程體驗分數（整體滿意度）、淨推薦分數（NPS, Net Promoter Score）等。

淨推薦分數（NPS, Net Promoter Score）

- 淨推薦分數（NPS /Net Promoter Score）是一種定量的顧客質化分析方法論，透過詢問顧客是否願意對品牌或產品進行推薦的意向，了解顧客的忠誠度。顧客回應選項共有 11 個等級，範圍從 0 到 10，數值越高代表推薦意願越強烈。將回應分為三大群：回答 0–6 分為批評者；回答 7–8 分為被動者；回答 9–10 分為推薦者。而 NPS = 推薦者 % - 批評者 %，NPS 業界的低標是 20 分；超過 50 分則算是表現優秀。

顧客行為觀察（線上、線下）

- 個別線上使用者：先找到官網熱門的前五大到達頁面或五大高價值頁面，利用 HotJar 或 Mouseflow 類瀏覽行為錄製工具鎖定這些頁面，觀察訪客行為。

- 群體線上使用者：利用 Hotjar 的熱力覆蓋圖（Heatmap），了解整個官網被點擊、滑鼠移動或特定事件發生的分布情況。

- 線下使用者：安排使用者測試專屬房 (Usability Test Room)，在提示與無提示之下，觀察使用者操作網站或 App 的情況。若有特定主題是特別想問的，可以就藉由提示問題，了解顧客真正想法。

後續工作

質化與量化的分析之後，可以做哪些後續工作呢？這邊也舉幾個可能方向。

- 盤點整合：可將「訪談的定性分析結果」與「網站定量分析的目標對象群」進行盤點整合與進階評比，了解每一族群的使用情況，持續進行分群的體驗優化。

- 比對再定義：可將「訪談資料結果」與「網站數據分析的目標對象」比對，了解網站行為與訪問結果是否彼此符合。有必要的話，也可依據訪談結果，再定義更精確的子目標對象族群，進行更精準的子目標對象廣告投放，獲取更多的深入定性分析樣本。

- 優化溝通：可依據測試結果，設計更貼近個人化的溝通，包括：「站外廣告個人化」與「站內個人訊息客製化網頁」兩種溝通。(目前許多內容管理系統 (CMS, Content Management System)，已經可以依據不同目標對象自動生成對應個人化網頁)

內容管理系統 (CMS, Content Management System)

- 內容管理系統是協助企業管理數位內容的自動系統。整個團隊都可以使用這系統來建立、編輯及發布內容，根據團隊不同角色，提供不同的管理權限。它就像是儲存企業數位內容的一個中心點，有些還提供協同合作內容管理的各種自動化程序或依據訪客客製化的功能。

第三周任務

第三周作業

古魯

古魯顧問第三周分享的重點是「人的研究」，包括了：如何去做訪客區隔、找到 VIP、量化各類訪客價值與透過設計量化質化調查，了解他們的行為動機等。照例，古魯顧問在第三周提出了和本周主題相關的作業讓團隊練習。

> 請依據 A 公司的「網站評估計畫」，找出前三大顧客區隔樣貌，並算出對應的量化指標，進行優先排序；最後，針對最高價值顧客群進行質化調查。

顧問並預告第四周會主題會開始正式進入「GA4」，並介紹 GA4 在 2020 年橫空出世的原因與背景，還有 GA4 相較於通用 GA，提供了哪些全新的功能。

目前團隊開始覺得有點壓力，但下周終於可以通過顧問的講解，來理解看似難懂的 GA4，大家同樣引領期待。

針對顧問第三周的作業，團隊也決定了第三周的衝刺計畫會議的時間，並打算在會議中決定第三周作業的分配方式。

衝刺計畫會議（Sprint Planning Meeting）工作分配

故事（Story）：依據 A 公司的「網站評估計畫」，找出前三大顧客區隔樣貌，並算出對應的量化指標進行優先排序；最後，針對價值最高顧客群進行質化調查。

團隊在第三周的衝刺計畫會議中，決定了下面的任務分配。

任務一（Task 1）：

凱文　傑瑞　珍妮佛

由凱文蒐集目前 GA 數據的主要客戶樣貌；並會同傑瑞、珍妮佛的市場經驗與定稿的「網站評估計畫」，定義前三大顧客區隔。本任務在於展示檢討會議（Demo Review Meeting）時交付三大顧客區隔描述(Customer Profile Definition)，此次面向的客戶是總經理、業務副總與海外子公司總經理。

任務二（Task 2）：

德瑞克　亞曼達　艾比

由德瑞克、亞曼達與艾比去找出前三大顧客區隔的量化指標。找得到的就直接列出；找不到的，可說明問題或困難在哪裡。本任務較繁複，且需有任務一的結果，因此給予的時間為 3 周。

任務三（Task 3）：

艾比

依據任務一與任務二的結果，由艾比設法邀請幾個「Digi-Spark」團隊設定的最高價值顧客群，來進行面對面的質化調查練習，並產出質化報告，也提供一個可能的改善建議觀點。本任務需要較多的設計與執行，而且要有任務一與任務二的結果，因此給予的時間為 4 周。

memo

GA4 在「多裝置、跨平台、重隱私」時代誕生的意義

"GA4 exploration is trying to gain deeper insights about your users and their journeys."

"GA4 的探索分析，是為了得到使用者與他們數位旅程更深層的洞見！"

GA4 Release Notes

結束前三周的數據分析心法分享後，分析團隊對於要真正開始學習 GA4 的期待也不亞於第一周。且因為古魯顧問前三周紮實的網站分析心法提示，對學好 GA4 也更有信心了。第四周的 GA4 背景簡介的課程即將展，古魯針對一路不斷改版的 GA4 開始進行完整說明。

4-1

Google Analytics
演進史概說

Google 從 2005 開始推出免費的 Google Analytics 給網站管理員與網路行銷人員使用以來，歷經了多次的演進過程。

- 2005 年

    Google 2005 年先併購了一家做網站分析的 Urchin Analytics 公司後，推出第一版 Google Analytics, GA1，採用了 utm.js 的架構。GA1 本質上還是一種非同步的網站記錄，也就是看不到即時的數據。

- 2009 年

    2009 年，Google 做了一個技術架構上的改變，改把 GA 改建構在雲端，推出了 Google Analytics 2.0, GA2。一般也稱 Classic GA，採用 GA.js 的架構，這一版仍然是採用非同步的技巧，但可以更正確的收集與追蹤網站流量數據，避免過去常常發生數據落差的問題（廣告端與 GA 報表端）。

- 2013 年

    Google 經過了四年的累積，時間來到 2013 年，推出了非常重要的 GA3 版本，也就是通用 GA（Universal GA），採用了 analytics.js 的架構。

這一個版本，我個人認為是一個非常重要的里程碑，它揭示了資源（Property）和點擊（Hit）數據收集（tracker）的概念，把 GA 由網路分析工具升級成為數據匯集中心（Data Hub）。

- 2017 年

利用資源（Property）和點擊（Hit）數據收集的概念很不錯，但當 GA 普及性更高，許多跨國大型企業也開始利用 GA 來收集全球官網或電商網站資訊時，發生了許多不便，設定也相對複雜，尤其是做跨國或跨網域數據收集的時候。因此，在 2017 年，Google 更新了 GA 第三版架構，推出 gtag.js，微調了原來數據收集（tracker）的概念，改利用 config 命令的技術，來提升原本通用 GA 跨網域或跨國收集數據的一些限制，並且一併統一了 Google 付費行銷平台 GMP（Google Marketing Platform）的數據收集編程模式。

但計畫趕不上變化，當移動互聯網與跨裝置顧客旅程與行為成為主流之後，Google 不得不趕緊購併了一家在手機開發與數據分析做得很不錯的新創公司，叫做 Firebase，加速自己在網站與手機數據分析策略地圖上整合的進度。在整併兩家公司中間過渡期，也提供 GA 用戶 App + Web 資源的設定功能，可做一個暫時跨網站與 App 數據收集與資料暫時儲存的地方。

- 2020 年

2020 年底，Google 把過渡期間的 App + Web 資源正式整合完成，推出了 GA4 版本。但或許推出過於倉促，2020 上線的時候，感覺這版 GA4 勉強算一個 beta 版，很多原來 GA3 既有的功能（如廣告歸因、Google Console 等），GA4 beta 版竟然尚未出現。於是，早期 GA4 使用者紛紛臆測，到底最終會不會出現原來通用 GA 所涵蓋的所有功能，所以加深了許多企業導入 GA4 的疑慮。

所以，大多數人最保險的做法就是：採用 GA3 + GA4 並行的方式。也因為兩者採用不同的量測 ID（Measurement ID），所以許多人覺得目前導入 GA4 的目的，是幫助企業先收集與累積網站與 App 的數據，等待未來 GA4 更加穩定之後，才有夠多的歷史數據，可以來跑出更豐富的各類報表內容。

- 2021 年

2020 年的 beta 版果然沒有維持很久，2021 年七月底，GA4 又做了一個小改版，把之前未納入的廣告歸因模式（Attribution model）正式推出，並提供了來自貴族企業付費版 GA360 裡面，許多更具彈性的自訂探索報表功能。

- 2022 ~ 2023 年

2022、2023 年，GA4 又陸續微調了一些功能，包括了：

正式採用數據驅動的人工智慧歸因模式為主要的廣告歸因模式。原來廣告歸因模式（Attribution model）是採規則驅動模式（Rule Based Attribution），目前利用數據驅動模式（Data Driven Attribution）的機器學習模式，幫助廣告投手更容易找出廣告成效歸因。

另外，把原先設定選單的五個有關事件與目標對象設定的功能，給移到管理的「資源設定」、「資料顯示」子選單之下。

2023 年 7 月宣布正式下架通用 GA 之後，也在自動提示與管理單元中，提示用戶協助遷移了哪些項目與後續該如何進行完整遷移等。

圖 4-1：登入 GA4 會提示有關系統遷移的警示，並可察看系統提供的變更記錄

2023 年 10 月，甚至改版了整個管理選單的內容與介面呈現排列，改以五大單元的方式呈現。

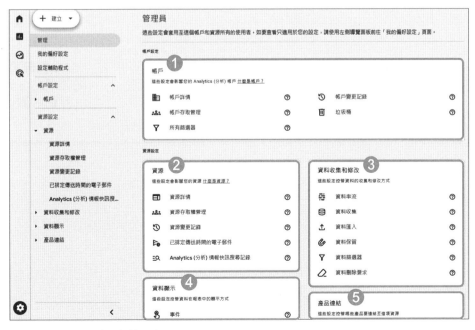

圖 4-2：GA4 呈現的全新管理介面

但 GA4 是不是會再演進下去呢？我的答案是肯定的。從 GA 版本演進的軌跡可以發現，在不同的時間點，都因為外在環境改變、使用者需求改變或新技術（例如：AI / ML）的出現，引發了這些改版的歷程；而涵蓋的面向也從原來純粹的網站數據分析，慢慢包括了：訪客數位足跡、顧客生命周期與智能廣告投放等面向。可以說唯一不變的就是變，持續關注 Google 消息的發布，是稱職網站數據分析師必須堅持的工作，當然，也增加了學習上的一些障礙。

圖 4-3：Google Analytics 產品的歷史　來源：Google

4-2

GA4 為何誕生於
此時此刻？

經過多年的演進，若光從純「網站」分析的角度來看，通用 GA 其實真的已經非常好用了。但影響 Google 在這個節骨眼推出 GA4 的背景原因，歸納大概可以從下面四個趨勢視角來討論。

- **消費端裝置行為的改變**：根據 Cisco Internet Report 報告顯示，美國每個人在 2020 年，平均持有 8.4 個裝置；在 2023 年，更將提升至每個人持有 13.4 個裝置。這邊講的裝置除了手機、平板之外，可能還包含：智慧手錶、智慧語音助理等。因此，品牌透過跨平台形式與消費者溝通，變成一個重要的新常態。GA4 的目標，是想把消費者所有跨平台的行為彙總在一起來看，以便產生一個更完整的顧客數位旅程。

- **個資隱私意識的興起**：數位廣告這一兩年最大的爭議就是：消費者個資隱私與個人化便利之間尺度拉鋸的戰爭。廣告業者，如 FB、Google 等平台商總是想辦法收集使用者資料，並賣給廣告主，個資隱私變成消費者端關心的議題。消費者想擁有更大的個人資料透明度與控制權，並且想在個人資料如何被使用的面向上，擁有更多的選擇權與決定權，而不是無條件的被平台商濫用個資。因此，IP 匿名化、數據儲存期間設定，都是相關對應的措施來配合這個新趨勢。

- **全球隱私法規的改變**：另一個促成 GA4 誕生的催化劑就是全球消費者個資隱私法令的改變。政府端也十分重視消費者個人隱私的問題，因此這兩年，歐洲推出了 GDPR 法案，美國推出的 CCPA 法案，都是嚴格的限制了廠商收集使用者資料的範圍，並針對違反規定者，訂立了非常嚴格的罰則。甚至第三方瀏覽器端，如：Safari 和 Firefox 等，也都透過技術更新，增加了使用者控制自己個人資料與網上行為被收集的功能選項。

- **人工智慧浪潮的興起**：在生成式 AI（Generative AI）ChatGPT 興起爆紅之前，分辨式 AI（Discriminative AI）也已經應用落實在許多不同的領域多年了。因此，GA4 導入了通用 GA 所沒有的人工智慧與機器學習的辨別與預測的能力，讓數據分析師可以專注心力在尋找洞見與判斷有用的訊息之上，而不是被龐大繁雜的數據所羈絆。而預測的功能，更非人腦所能夠實現的，也透過人工智慧的科技來實現。

上述四個重要的趨勢改變，影響了 GA4 的根本設計。

針對第 1 項的部分，部分公司會覺得自己的客人多數都還是停留在美好舊時光（good old days），大多數還是用電腦來瀏覽公司官網（真實現象是否如此，當然也是可以用 GA 的裝置總覽報表來知悉。），公司也沒有發展其他新的數位接觸點來和顧客互動。當通用 GA 還能使用時，他們就還可以選擇繼續使用通用 GA（GA3）來當作公司收集數據的平台。但通用 GA 在 2023 年六月下架之後，他們只得被迫往 GA4 的方向移動。而若是企業發現有跨平台、跨裝置行為的客人已佔大多數，可能他們前幾年就開始導入 GA4 了，這將會是一個比較完整的顧客數據收集選項。

針對第 2、3 項的趨勢阻擋，它必須有效的繞過這些使用者的疑慮與不同的法規的限制，同時讓想觀察消費者數位足跡的廣告主，仍然可以在消費者匿名的情況下，去了解消費者跨平台的行為與足跡，因此這是我認為這個版本推出最重要的關鍵所在。

GA4 是具有通用 GA 外殼，但擁有 Firebase 靈魂的全新數據分析工具

另外，若各位曾閱讀 GA4 的文件，會發現一直出現一個叫 Firebase 的名詞，究竟 GA4 和 Firebase 有什麼關係呢？

Firebase 是一家成立於 2011 年的新創，一開始就定位為一個行動和網路 App 開發者平台，是一個可同時支援 Android、iOS 及網頁 App 的後端服務平臺（Backend as a Services，BaaS），並提供即時資料庫，有效縮短 App 開發人員開發 App 的時間，讓 App 開發者，可以更專注在優化前端部署。Google 在 2014 年併購了 Firebase，強化它在移動端程式開發的布局。

而 Google 在 2016 年的 I／O 大會，開始進一步將 Firebase 與 Cloud Platform、AdMob 和 Google Ads、通用 GA 等 Google 產品開始進行整合。

而 Firebase 原本核心的數據分析功能（Firebase Analytics），有預設多達 500 多種事件類型，還提供無上限的事件記錄。同時，還支援自訂事件以及使用者屬性，並提供各種視覺化的儀表板（Dashboard）等功能，Google 就把這些功能內化成新版 GA4 的靈魂，並把原本通用 GA 所專注面向從工作階段、網頁等，轉到使用者行為與行銷活動成效分析等面向，並徹底實現跨平台使用者數據收集的理想。

原本 2020 年 beta 版的 GA4，Firebase 和 GA4 似乎還有點各自表述的感覺，這一部分在 2021 年小改版界線幾乎已經完全消失，原本 Firebase Analytics

的精神，正式成為 GA4 的主軸。接著，參考圖 4-4，用最簡單的方式比較通用
GA 與 Firebase 數據分析的強弱與差異性。

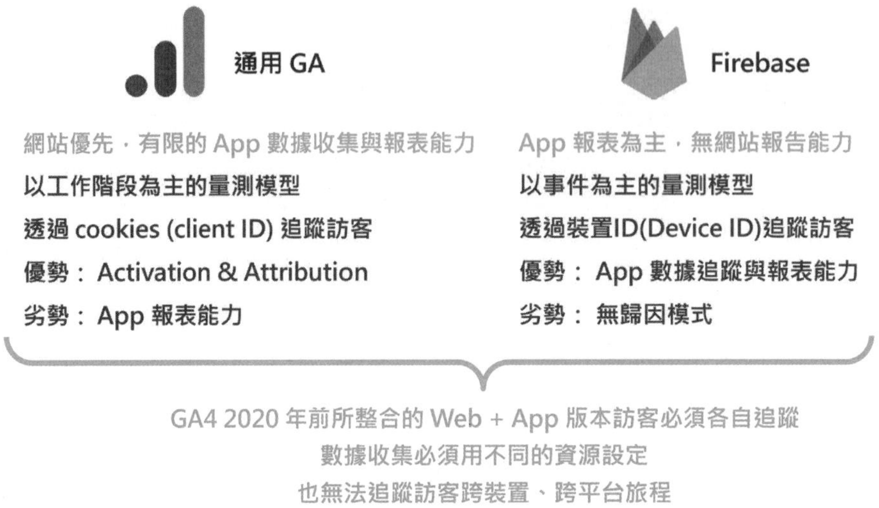

 通用 GA

網站優先，有限的 App 數據收集與報表能力
以工作階段為主的量測模型
透過 cookies (client ID) 追蹤訪客
優勢：Activation & Attribution
劣勢：App 報表能力

 Firebase

App 報表為主，無網站報告能力
以事件為主的量測模型
透過裝置ID(Device ID)追蹤訪客
優勢：App 數據追蹤與報表能力
劣勢：無歸因模式

GA4 2020 年前所整合的 Web + App 版本訪客必須各自追蹤
數據收集必須用不同的資源設定
也無法追蹤訪客跨裝置、跨平台旅程

圖 4-4：通用 GA 與 Firebase 數據分析的差異比較 來源：Google

參考圖 4-5，Firebase SDK 上，可以同時開發 iOS 或 android 的 App 專案，
只要將專案和 GA4 進行連接，兩種不同 App 專案的數據串流，都可以被 GA4
所收集。

圖 4-5：Firebase Analytics 在手機數據串流的開展 來源：Google

4-4

GA4 數據收集多元化：談三大資料流與兩個數據收集建構元素

接著，我分享一個重要的基礎概念，就是 GA4 的資料串流（Data Stream）數據收集架構與主要建構元素。

雖然，GA4 可以收集來自網站以及 App 的數據，但是很顯然的，這些數據是來自不同的資料源，一個是網站，一個是 App，所以必須針對網站與 App 進行不同的設定，去收集這兩個不同的資料串流。當然，如果 App 同時有 iOS 與 Android 版本，在 App 端甚至還有兩個不同的資料串流了，以此類推。參考圖 4-6，GA4 Flood-It! 的示範帳號，就是同時收集三種資料串流。

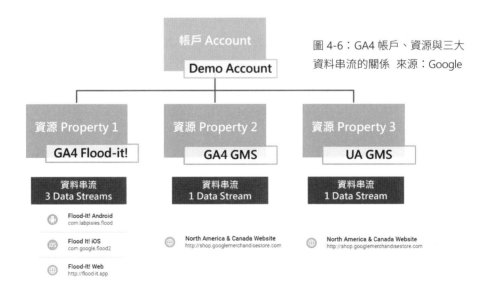

圖 4-6：GA4 帳戶、資源與三大資料串流的關係 來源：Google

先以網站與 App 兩大類來分，數據收集設定的方式就不太一樣。

參考圖 4-7，GA4 針對網站數據的收集，是透過兩個代碼（tag）來進行，分別是：設定代碼（configuration tag）與事件代碼（event tag）。

設定代碼是記錄訪客旅程的主線，包含了 GA4 的評估 ID（Measurement ID，就是 G-XXXXXXXXX 那一串），如果有使用者 ID（User ID, 品牌自己產生辨別使用者的代號）產生，也是放在設定代碼裡。

至於，事件代碼則記錄了訪客在旅程裡發生的每一件事，透過事件 ID 來記錄，GA4 定義了四類事件類型，其中有兩類事件在 GA4 是內建，並不需要特別寫程式就可收集；另外有兩大類事件需要透過自行建立事件後才會開始收集。參考圖 4-8，你會發現，如果有用過 GTM 來進行 GA4 設定，也是提供了設定代碼與事件代碼兩個選項。有關 GTM、詳細的四大類型事件解說與設定，這邊就先省略，因為目前先了解架構就好，免得各位會開始暈頭轉向，所有的細節會在第九周實作的單元，再詳述。

設定代碼Configuration Tags:
初始化與 Google Analytics 的溝通

configuration tag 的功能是
建構一個訪客旅程的主線程

事件代碼 Event Tags:
把訪客事件傳送給 Google Analytics

event tag 的功能是
記錄線程上訪客旅程的每一個事件

views a page

adds to cart

visits site

user authenticates

submits a form

圖 4-7：網站的兩種代碼：設定代碼與事件代碼　來源：Google

圖 4-8：對應 GTM 裡定義的兩種 GA4 代碼：設定代碼與事件代碼 來源：Google

GA4 針對 App 數據與事件的收集，則是得先在 Firebase App 開發平台開啟一個專案，一旦專案建立之後，都可以把 App 的專案代號（Project ID），透過 Firebase 或 GA4 的介面把專案和 GA4 建立連結，連結建立之後，App 所產生的數據與事件，就可以送到 GA4 開始進行收集了。

圖 4-9：App 端則透過 Firebase 專案綁定進行數據收集 來源：Google

另外，如果從數據收集的資料結構來看 GA4，GA4 因為具有 Firebase 的靈魂與精神，和通用 GA 大不相同。通用 GA 是採工作階段與使用者的核心概念來記錄與收集數據，而 GA4 則是採事件與使用者的核心概念。

基於上述新概念，對應到 GA4 兩個數據收集的資料結構建構元素 (Building Blocks)：事件屬性 (Event Attributes) 與使用者屬性 (Custom User Properties)。

事件屬性 (Event Attributes)

事件屬性只有兩個重點，帶頭的是事件名稱 (Event Name)，用來描述事件的型態；跟著事件名稱的就是事件參數 (Event Parameter)，事件參數與參數值就像是事件名稱的雙胞胎小孩，一個事件可以有好幾組雙胞胎小孩，每一組雙胞胎都代表一個關於該事件的屬性資訊。過去通用 GA 所熟悉的許多維度，在 GA4 都改用事件參數來定義，例如：訪客從哪來？點擊了那些產品、貨幣別或目標價值等等。因此，相信各位可以理解 GA4 的自由度將比通用 GA 大出許多。

使用者屬性 (Custom User Properties)

前幾周提過，了解訪客並關注他們的行為是 GA4 一項重大改變與最重視的事情。因此，規劃透過給訪客加上屬性 (attributes) 或標籤 (tags) 來實現這個目的。簡單的可以把它理解成：當一個訪客來到網站或 App，他開始產生了一些行為或展現喜好，如果這個行為或喜好是有意義的，我們想記錄保留下來的，就透過程式把這個行為或屬性上標籤 (tagging)，傳送給 GA4 做紀錄。

可以想見，使用者的標籤具有時間性，因此，屬性很可能一段長時間保持不動，也可能會依時間變化有所變動。這些變動都是可以透過上標籤，在 GA4 裡記錄這些變動。例如：訪客是否登入、會員的級別等，都可設定為使用者特性，這些特性通常是依據商業情境來設定的，肯定是與公司的業務型態具有高

度的關聯性。如利用這些使用者標籤來建立自訂維度，或做區隔看報表時，將會更有感覺。有關自訂維度指標的作法，我們會在第九周分享，這也是 GA4 比較進階的知識。

最後，容我再次強調一下 GA4 的兩大建構元素：

- 事件屬性（標籤）記錄訪客行為
- 使用者屬性（標籤）記錄訪客屬性

這就是 GA4 兩個最主要的建構元素，並不困難，是不是？先有這些基礎觀念，對後面我們在進行實作時，所有的工作將事半功倍。

4-5

GA4 的兩大報表系統：
資產庫（Library）與
探索（Explore）

從前一小節 GA4 的兩大數據收集建構元素來看，GA4 的特性就是能夠提供較大的彈性給企業自訂，這一部分的理念，在報表系統也是一樣的。甚至我個人覺得開放的彈性實在是太大了，若是剛接觸 GA4 的分析師，可能甚至會不知道從哪裡開始著手。

大體上，GA4 的報表系統可從兩個大方向來解釋：一個是資產庫（Library）；另一個是探索（Explore）。

資產庫（Library）

如果打開 GA4 的報表選單，就可以發現兩個預設的報表，分別是：生命週期報表（App 預設則是遊戲報表）與使用者報表，這應該是 Google 擔心使用者完全不知從何開始，至少先提供兩個重要的報表給初階的分析師閱讀。當然，這兩個報表可以正好對應到兩個建構元素，事件與使用者數據收集之後的報表開展，第六周我會講這兩個報表的細節。

　　而在兩大報表下面，有一個資產庫 (Library) 的選項，就是讓使用者來定義自己關注的報表；可以從零開始，也可以利用一些 Google 提供的報表集合模板開始。目前 GA4 提供六種不同的模板，除了上面提到的生命週期報表與使用者報表之外，另外還有遊戲 (跨 iOS 與 Android)、應用程式開發人員、業務目標與 Search Console 可選擇。

　　在集合單元的下方，還有一個報表單元 (或報表中心，Reports or Report Hub)。它的用途是當不想從集合的角度切入，而想從單一特定總覽報表 (overview report) 或詳細報表 (detail report) 角度切入時，也可以在這裡點擊「+ 建立新報表」來建立特定報表。在 GA4 中，詳細報表是針對單一主題，提供深入分析資料的報表，內含兩張圖表和一個選定維度與指標所組成的表格，由分析師自行依主題決定；而「總覽報表」則是指彙集幾張上述詳細報表中所定義的摘要資訊卡之後，形成的概括摘要資料。有關於「+ 建立新報表」的細節，會在第六周 GA4 實作單元再做詳細的說明。

　　通常，這些報告可以搭配不同的訪客區隔來進行比較與解讀，將更有機會發現一些可能的洞見，有關於訪客區隔是另一個很有趣的主題，同樣會在第八周談自訂區隔與目標對象做深入剖析。

探索 (Explore)

　　另一個可以用來做「目標對象探索」與「區隔比較」的強大報表系統，就是探索這個區塊。

　　探索這個報表系統比起資產庫有更強大的功能，它可以將分析過程中所找到深具潛力的訪客區隔，直接推送到 Google Ads 廣告系統，針對這一群人來做再行銷 (Remarketing) 或受眾擴散廣告，這個主題我們第三周提過，也是 GA4 從付費 GA360 版本所帶進來的進階功能。

同樣的，在探索這個報表系統，Google 可從七個技巧的範本庫當中選擇，最差不至於從零開始。七個技巧當中，除了任意形式 (Free form) 是由分析師直接透過區隔、維度與指標產生報表以外，剩下六大技巧都是非常實用的分析模型，也包含了許多有趣的商業分析思維，這六大技巧分別是：

- 漏斗探索 (Funnel)
- 路徑探索 (Path)
- 區隔重疊 (Segment Overlap)
- 使用者多層檢視 (User)
- 同類群組探索 (Cohort)
- 使用者生命週期 (User Lifetime)

在第七周 GA4 實作階段，會再和各位多談談這些技巧的具體商業意涵與應用時機。

除了技巧模板之外，在範本庫裡，Google 還提供了其他兩大類綜合性模板供分析師選擇。一是從產業下手的模板，包含了最常見的電商 (EC) 與遊戲 (Gaming)；另一則是從跨產業實際用途下手的三大主題模板，包含了：獲客 (Acquisition)、轉換 (Conversion) 與使用者行為 (User Behavior)。

產業模板單元可參考第七周圖 7-18；三大主題模板單元可參考第七周圖 7-17。三大模板分析的主題如下：

1. 獲客：是指行銷活動如何吸引與獲取客戶的成效分析。

2. 轉換：是分析訪客在數位接觸點裡的目標轉換行為。

3. 使用者行為：是分析訪客的瀏覽動線。

　　有了這些模板，相信即使是 GA4 的新手，也可以先從模板裡慢慢建立分析報表，從範本裡了解這些分析模型套用在商業上的真正意涵。GA4 兩大產業應用與三大用途範本介紹，也將在第七周探索單元一併說明。

　　GA 從 2005 年到現在有一件事情沒有變過，就是把收集到的數據，利用維度指標交叉分析所產生的報表，產生視覺呈現，若再搭上前面提到訪客區隔，即可交織成一個個可能的商業洞見，進而搭配對應的行動方案。通用 GA 給的預設報表較多，彈性較小；而 GA4 的報表系統設計，顯然是把報表這部分的彈性給放大了；換言之，理論上運用純熟的話，應該會有更多精采的報表組合產生；但相對的，入門學習的複雜度與門檻也變高了很多。

　　最後值得一提的就是用戶數位足跡歸戶的問題。這是 GA4 報表系統在整併 Firecase Analytics 之後所新增的功能，它可以幫助我們做到跨裝置、跨平台收集與追蹤同一個訪客的行為與數位足跡。

　　這樣的系統要能成功，一定要能夠有效辨識這些來自不同裝置與不同平台的工作階段（事件），並把他們分配給同一個訪客，而不要把這些工作階段（事件）給單獨或重複計算。這個強大的功能叫做：去重複化（De-Duplicated）。GA4 怎麼能夠神奇的實現這個功能呢？當然就是靠它的報表識別（Reporting Identity）機制來實現。有關於報表識別（Reporting Identity）又是另一個有趣的小主題，我會在第十周 GA4 進階管理設定的單元再詳細介紹。

4-6

GA4「人工智慧與機器學習」的 AI 應用

前面談到 GA4 誕生背景時，有一個重要的趨勢就是納入「人工智慧與機器學習」，現在就讓我來展開 GA4 在人工智慧與機器學習的具體實踐。

GA4 的「人工智慧與機器學習」主要實踐在六個不同的應用面向。

- 自然語言搜尋：忽然想尋找某個報表或洞見，但不知道報表在哪；或想了解趨勢的變化是什麼（例如：七天後可能取消訂閱的顧客），只要在 GA4 的搜尋框進行自然語言陳述，GA4 有很大的機會可以直接提供答案。而這邊曾經詢過的搜尋關鍵字或詞語，會在管理單元的資源設定產生記錄，方便再次引用，我們會在第十周提到這些管理的細部設定。

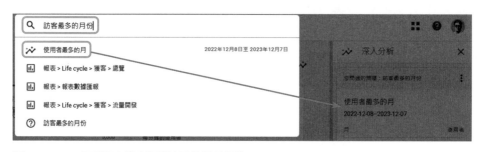

圖 4-10：GA4 可利用自然人類語法尋找洞見報告

- 異常偵測：如果某項數據或指標，忽然大起大落（例如：某國家或某產品忽然營業額大減），GA4 可以自動發現並進行主動提示。

- 自動產生的「深入分析」(或稱洞見，Insight)：當分析師被許多不同的數據給絆住時，GA4 可以自動找到並分析可能錯過的機會或趨勢，甚至是那裡有新的商機。

- 過濾機器人假流量：現在網路有許多流量並不是真人，GA4 可以有效的過濾這些虛假流量，降低報表失真的可能性。

- 數據驅動分析廣告歸因：歸因是在討論訪客若在網站或 App 上完成購買，可能會先經歷多次搜尋並點擊數則廣告；那麼，轉換功勞該歸給訪客最後點擊的廣告，還是曾經曝光過或點擊過的其他廣告呢？以數據驅動為準的歸因模式，會根據每個轉換事件的資料分配自動計算轉換的功勞，也就不會像以前一樣，由人工決定歸因模式，比來比去之後，陷入最後還是不知道哪個廣告有較大功勞的窘境。

- 智能預測目標對象：通用 GA 所沒有的智能目標對象預測功能，GA4 可以自動利用 Google 機器學習的專業知識，分析已收集數據，來預測使用者未來可能的行為，衍生更豐富的預測指標。這些預測指標是透過收集結構化事件數據，瞭解既有客戶之後，再進行預測，產生預測群體後，可再針對這些預測目標對象進行再行銷或其他類型廣告。

GA4 人工智慧機器學習的三種目標對象預測與兩種應用

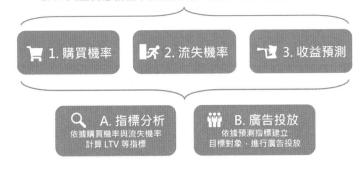

圖 4-11：GA4 利用機器學習的預測指標在效期價值與目標受眾的分析上 (來源：Google)

通用 GA 的時代，「人工智慧與機器學習」的技術尚未十分成熟。所以，GA4 套入該技術到數據分析，上述六大應用，實在是 GA4 勝出通用 GA 的一大亮點，也期待未來會有更多人工智慧的新功能可以幫助我們簡化數據分析的工作。

第四周任務

第四周作業

古魯

這周古魯顧問分享了 GA4 誕生、數據收集結構與設計意涵,最精彩的還是人工智慧與機器學習的創新數據分析應用,這些都是原來團隊在通用 GA 無法想像的變化。

在第四周結束前,古魯還是無情地出了一份本周作業給團隊;不過因為第三周的作業負擔比較大,考量到大家還有手邊例行工作要進行,所以第四周的作業不跑衝刺計畫會議,僅需大家在線上回答古魯的幾個問題,以確認本周分享的內容有所吸收。

古魯給大家的線上題庫如下:

- 請說出至少兩個 GA4 在 2020 年推出的背景因素。
- GA4 是 Google 收購哪一家公司後衍生的新產品?該公司的產品本來的用途為何?
- 請說出 GA4 的兩大報表系統分別是什麼?
- 請說出 GA4 收集數據的兩大基本元素是什麼?
- 請說出至少三個 GA4「人工智慧與機器學習」的 AI 應用。

古魯並預告第五周會徹底比較 GA4 與大家所熟悉的通用 GA,請大家帶著一顆愉快的心來繼續深入了解,溫故知新。

GA4 vs 通用 GA：
設計理念與架構比較

"Improving your website comes down to understanding the two key factors I define that determine success—visitor expectations and the user experience."

" 我定義網站會不會成功只有兩個關鍵因子，訪客期待和使用者體驗。"

Google 分析大神、《Successful Analytics》作者 Brian Clifton

第五周顧問會議準時開始，上周的作業對大家來說都是一碟小菜，很快的大家都提交給古魯，古魯也對大家的答案十分滿意，平均分數 95 分，是非常優秀的成績。

本周一開始，珍妮佛總監進行了簡單的開場：「古魯顧問，上週 GA4 誕生意涵十分精采，也讓我們對 GA4 的設計架構有了初步的了解；因為我們同仁過去都已經使用通用 GA 有一段時間了，相對來說，大家也很想從您的觀點來了解這個新推出的 GA4 和過去的通用 GA 究竟有哪些主要的差異？請顧問這一周為我們好好地 PK（比較）一下兩者的設計理念、架構、功能差異與優缺點等，太感謝啦！」

古魯顧問點點頭，馬上開始了第五周的分享。

數據收集，改由「人」當主角｜從網站核心蛻變爲使用者核心

第三周我們花了一些時間，談了很多艾比關心研究「人」的方法論等議題，可不是我故意炫耀這些知識，而是 GA4 推出後，分析情境所關注的主角，本來就已經改為以「使用者為中心」的思維，這是相對於通用 GA 是以「網站為中心」的思維來比較的。

在 Google 把 Firebase 納入 GA4 之後，GA4 就走向以「訪客」與「事件」為中心，透過各種訪客辨識的新技術，做到跨裝置、跨平台事件與旅程追蹤的思維模式，並且配合 Firebase 的架構，以事件的資料結構收集所有數據，以符合跨平台數據收集的功能擴充，我們在上一周有大略提到。

回顧過去，通用 GA 的視角相對比較單純，是以網站為主，並且把訪客相關數據置放在各類網頁事件中，比較偏向是從企業視角出發，來觀察所有訪客在網站之上發生的工作階段與行為。

因此，在顧客旅程、數位足跡與生命周期等這些面向上，是無法依據單一用戶行為進行歸戶的方式來產生對應報表。另外，GA4 把事件當作數據收集基本架構的另一個優勢是：可以把各種訪客的行為，實現更大的碎片化（fragmentation）與更細緻的精細度（granularity），衍生的優勢就是可以抓到更精

準的區隔，除了有利洞見觀察，也可轉為更精準的訪客定向廣告投放。最後，GA4 的許多維度指標都已經加入了 App 的視角，這些新的維度指標對傳統通用 GA 網站分析師也會感到十分陌生與挫折。

以上說明，約略可知兩者設計出發點已經大不相同，分析師的思維模式也要跟著轉換。常常有些過去熟悉通用 GA 的分析師，硬要把通用 GA 的概念拿去套用 GA4，除了可短暫透過類比方式理解 GA4 皮毛之外，我實在看不到什麼其他的好處；如果把這種類比法用在教學，更容易混淆學生的學習，這也是為何我一開始先分享 GA4 誕生意涵之目的所在，了解原創精神，才能抓到學習精髓，而不人云亦云。

5-2

帳戶結構升級為多裝置相容：從「多網站」到「多數位接觸點」的資源帳戶結構設計

　　通用 GA 的帳戶架構大家應該都很熟悉了，參考圖 5-1 左半邊，最上面是帳戶，底下可能是不同網站的資源，例如：資源 1 是企業官網；資源 2 是企業的電商網站，資源就是實際儲存數據的地方。在資源之下，除了原始收集的數據之外，一般也可以依據實際的需要，建立不同數據篩選機制的資料檢視（View），例如：常用的公司內部 IP 流量篩選資料檢視，或是只看 SEO 自然流量的資料檢視等。也可根據部門別，建立每個部門感興趣的數據資料檢視，這在通用 GA 是一個還滿重要的功能。

　　而 GA4 的帳戶架構，參考圖 5-1 右方，最上面同樣是帳戶，帳戶之下雖然還是叫做資源，但是這個資源和通用 GA 的資源概念不太一樣。因為之前提過，GA4 是做跨平台數據收集，所以同一個資源，必須儲存來自不同資料串流的數據。也因為這層關係，在通用 GA 的資料檢視（View）概念在跨平台資料串流收集之下，變得意義不是這麼大。因此，在 GA4 的帳戶架構裡，是沒有資料檢視（View）的設計。但過濾內部 IP 流量的機制在 GA4 還是有所保留，只不過是在另外的地方設定，我將在第十周一些數據的進階管理單元將說明，如何在 GA4 濾除內部 IP 流量。

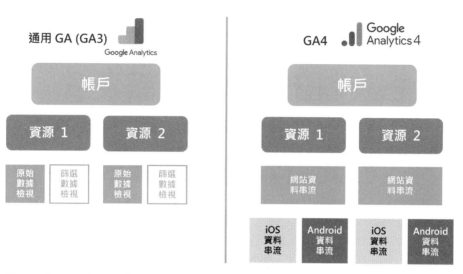

圖 5-1：通用 GA 與 GA4 的帳戶結構比較 來源：Google

以貴公司目前對外營運的兩個主要數位接觸點（官網 + 電商）來看，GA4 帳戶結構可如下圖 5-2 方式呈現，右邊電商這個數據資源，同時收集來自公司電商網站與電商 App 的資料串流數據。

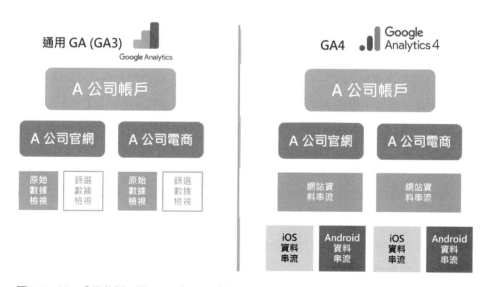

圖 5-2：以 A 公司為例，通用 GA 與 GA4 的帳戶結構比較 來源：Google

5-3

多資料流數據形塑報表多元化：從單一網站報表到多元資料流探索報表

不管是通用 GA 還是 GA4，都擺脫不了一個本質，那就是「收集數據、產生報表」。但在報表生成的概念本質上，已經有了極大的差異。

通用 GA 的 AABC 四大網站預設報表

通用 GA 偏向把一兩百個 Google 網站數據分析應該重視的預設報表給定義並準備好，分析師可以依據 AABC 四大報表主軸：目標對象 Audience、客戶獲取 Acquisition、行為 Behavior、轉換 Conversions，一個個依序展開解讀。甚至過去很多分析新手，原來對通用 GA 與網站報表還不太熟悉，反正通用 GA 把這些預設報表都準備好了，看久了也就懂了，初期不碰自訂報表，也不影響大體上的使用。等慢慢熟悉 AABC 基本預設報表之後，再開始利用通用 GA 的「自訂報表」功能，依據多層檢視、無格式資料表或訪客分佈圖等不同形式深入展開，算是提供給 GA 新手一個比較友善的學習曲線。

但 GA4 直接把整個報表產生的概念與基本門檻深化了。當什麼都不做時，數據分析師只能看到「生命週期」、「使用者」與「業務目標」三個預設的報表集合 (預設三大報表將在第六周詳細解釋，可先參考圖 6-3)；如果切換到 Flood-It! Firebase 報表時，可以再多看到一個預設的「遊戲報表」與「應用程式開發人員報表」。

Flood-it!

- Flood-it! 是一個簡單的益智填色遊戲，在網站、iOS、Android 上都有這個 App。由於它正好橫跨三個平台，可以方便觀察以一個遊戲開發商的角度，行動 App 的報表究竟關注哪些面向的數據。(GA4 將 Flood-it! 當作手機的示範帳戶，解釋跨平台遊戲的數據情況。這一部分將在第六周詳細解釋，可先參考圖 6-8)。

還有其他的預設報表嗎？很抱歉，沒了！GA4 是把設計與產生其他報表的權力，完全下放給數據分析師，這對於許多剛接觸網站數據分析的小白與過去熟悉通用 GA 的人，反而會覺得不知所措，簡直是一個惡夢。

GA4 資產庫 (Library) 與探索 (Explore) 兩大報表系統

GA4 的資產庫 (Library) 則是類似通用 GA「自訂報表」功能的大幅擴充，也借用 Firebase 資訊卡的意念，讓數據分析師自行組織各類集合報表，也可從許多總覽 (Overview) 報表與詳細 (Detail) 報表來進行自訂組合，這也是 GA4 整合了 Firebase Analytics 報表的具體改變。

GA4 資產庫 (Library) 就已經有點複雜了，GA4 還從原來必須付費的 GA360 中，把「探索」單元給「借」出來。之前每年要 15 萬美元的「探索」報表功能，現在能夠在 GA4 上免費使用，實在也得感謝 Google 的大器。當然，報表與自訂維度指標的數量，GA4 還是設定了一些限制。GA360 在若干自訂項目、儲存項目的數量以及與 Google 平台其他產品介接的多樣性上，還是較 GA4 有更大的彈性，否則對 GA360 付費的客人，實在說不過去。不過以 GA4 目前提供的免費使用數量上限，對於大多數企業來說，應該也夠用了。

原本 GA360「探索」報表提供之目的是讓數據分析師可以大膽的利用「區隔」、「維度」、「指標」等元素，搭配七類不同的分析技巧（模型），組合出更多專業分析視角，並發展各類商業洞見。但大前提是分析師得先充分理解這些分析模型的意涵與商業應用。不擔心，我將在第七周會再為各位補充這一部分。

另外，在報表儲存的面向，每當 GA4 產生一個新的探索報表，也不需要數據分析師手動儲存，而會自動放在報表中心（Explore Report Hub）。所以當新手在測試探索分析功能時，報表中心也會產生許多雜亂的測試報表，這並沒有關係。這個 GA4 探索報表中心原本儲存設計的理念是：探索報表一旦生成，數據每天還是持續收集並產生變化，分析師隨時都還可以將數據套用到任何一個既有探索模型，來了解即時的數據變化與趨勢走向，這就是所謂 Ad-hoc 報表的概念。

最後，讓我把兩者報表系統用一句話來總結通用 GA 與 GA4 的報表差異，那就是 GA4 只剩下通用 GA 的軀殼，其實精神與核心都是 Firebase Analytics 與 GA360。因此，習慣看通用 GA 報表的人，一開始會非常的不習慣，因為整個視覺呈現改變很大。從 GA4 的報表呈現也可以觀察到，基本上是由一張張的資訊卡所組成（這也是 Firebase 的元素），當然圖表視覺的多樣性因此而豐富了許多。

另外，就是指標部分多了很多行動應用所關心的元素，也會造成熟悉通用 GA 以網站為主報表老手的不習慣。

坦白說，如果從純粹「網站」數據分析的角度來看，不管 App 行動應用的話，通用 GA 報表架構，AABC 的確已經是非常完整而漂亮了。

- 目標對象 Audience：訪客基本屬性報告

- 客戶獲取 Acquisition：訪客如何來到網站的管道報告

- 行為 Behavior：訪客在網站的行為報告

- 轉換 Conversions：訪客如何完成預期商業目標的轉換報告

熟用上面四大報表，搭配訪客區隔，已經可以挖掘各類精彩洞見，並展開必要的行動方案。有許多公司尚未發展移動方面的數位接觸點或應用，或者訪客裝置分布仍大多來自電腦的話，的確在 2023 六月底前，或可繼續使用通用 GA，配合公司數位發展多管道化的進程，再慢慢導入 GA4；但在通用 GA 於 2023 年六月底下架之後，這些公司還是得做數據的遷移與習慣新的 GA4。有關通用 GA 遷移到 GA4 的作法，我會在本周最後帶到。

至於像各位過去熟悉通用 GA 以網站為主報表老手，怎麼慢慢的來理解 GA4 各類報表呢？這邊提供一個小秘訣。

其實 Google 提供了行動應用的示範帳戶，Flood-it! (Flood-it! 示範帳戶將在第六周詳細解釋，可先參考圖 6-8)。可透過觀察這個遊戲 App 示範帳戶的數據，逐步了解 App 的報表呈現。除了之前提到不同的營利模式之外，它也非常重視使用者參與、互動、留存、效期價值、黏著度、ARPU 等另類指標。觀察這些行動 App 報表，可以讓過去熟悉純粹「網站」數據分析的操盤手，開啟一些新的視野，轉換為數位接觸點多元化的全方位分析師。

反過來看，如果原本純粹只做 App 的企業，有沒有真正去關注 App 的數據，來做為改善 App 的使用體驗、用戶留存或提升營收的參考呢？我曾訪問了幾家 App 委外開發廠商，目前有關注 App 行動數據報表的廠商比例意外的還非常低，大多還是憑直覺來做版本的改變，尤其是企業端 App，這倒提供了以數據為導向企業佈局勝出的好機會。

數據收集基本單元，由「事件」一統江湖 | 從「工作階段」到「事件」的數據收集

之前大概有點到一下，通用 GA 的量測模型是以網站工作階段與網頁瀏覽角度出發，所以通用 GA 的量測模型基本上是以「工作階段 (Session)」為主。換言之，就是在該工作階段期間，收集使用者所有的網頁瀏覽、事件、交易等點擊數據。

數據收集模型

相對來講，GA4 可能為了遷就 Firebase Analytics 的事件收集模式，所以把網站端的量測模型也改成以「事件」為出發的量測記錄方式，也就是所有的互動都是利用事件 (Event) 為單位來記錄。也因為這樣的改變，以往許多報表的屬性與維度等資訊，就得利用多個事件參數的方式來夾帶，這可能是 Google 團隊最後找到的妥協模式，但卻也是一般熟悉通用 GA 的分析師剛開始接觸 GA4 會感到比較頭痛的地方。

通用 GA 以「工作階段」與「點擊」為主的資源數據量測模型	GA4 以「事件」為主的資源數據量測模型
Pageview | 網頁瀏覽	Event | 瀏覽事件
Event | 事件	Event | 一般事件
Transaction / EC | 電商交易	Event | 交易事件　接下頁

通用 GA 以「工作階段」與「點擊」為主的資源數據量測模型	GA4 以「事件」為主的資源數據量測模型
Social｜社交媒體活動	Event｜社交媒體事件
Exception｜例外事件	Event｜例外事件
App / Screen View｜應用程式螢幕瀏覽	Event｜手機螢幕瀏覽事件
User Timing｜使用者時間	Event｜使用時間事件

　　在數據收集模型方面，以一個訪客進行一個網頁訪問為例，通用 GA 的數據收集如下頁圖 5-3 左，當一個訪客登入，並在第一個工作階段，發生了一次網頁的瀏覽，在通用 GA 會把網頁主題、訪客狀態以及其他的數據，都記錄在 PageView 這個點擊 (hit) 的資料結構當中；

　　相對來看，GA4 的數據收集模型則如下頁圖 5-3 右，如第四周所述，GA4 是由兩個建構元素所構成：使用者屬性（User Property）與事件參數（Event Attributes）。訪客狀態的數據直接記錄在使用者屬性的資料結構中，方便後續追蹤該訪客所有的旅程與任何狀態的改變；而網頁瀏覽等相關的資訊，就用事件屬性的參數來進行數據收集，並且把訪客與事件的數據收集徹底分離。這個數據收集模型的改變，是 GA3、GA4 兩者非常根本的差異，衍生到後面許多延伸主題，甚至實務操作面不同的走向。

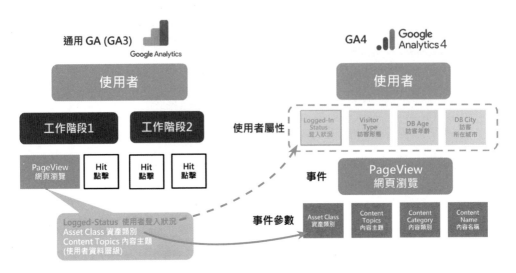

圖 5-3：通用 GA 與 GA4 的數據收集模型比較 來源：Google

事件的資料結構

以「事件」這個在通用 GA 和 GA4 都十分重要的數據收集單元來說，因為基本量測模型由「工作階段」改為「事件」，所以他們收集的資料結構定義，也產生較大的差距，從固定階層架構變成更具彈性的「鍵、值」結構延伸設計。

原通用 GA 資源事件的資料結構規範得比較固定，採階層架構，分為三個層級：事件類別、事件動作、事件標籤。實際上，如果大家曾在通用 GA 設定過事件的話，可以知道，這三個欄位不見得每次都用得上，所以偶爾會隨便填寫一些沒有意義的文字。

而在 GA4 的資源當中，則打破了這個較固定的階層架構，也不再限制最多只能利用三個事件維度去描述一個事件，想帶甚麼額外的資訊，都可以利用（參數 + 值）的方式，一直帶下去，增加了很多彈性（同樣是新手懼怕，老手喜愛的改變）。

參考圖 5-4，我以一個最常見的潛在客戶表單提交事件為例，比較一下兩者事件收集資料結構的差異。

通用 GA (GA3) Google Analytics	
	指標 Metric
Hit 點擊	Event
Category 類別	Lead Submission
Action 行動	Referrer
Label 標籤	High Potential Value
Custom Dimension 自訂維度	June 2020

在通用 GA，所有的數據分類被限制以階層式架構實現。

類別 >> 行動 >> 標籤

此種階層式架構有時太過死板，有時不見得需要那麼多的參數

GA4 Google Analytics 4	
	指標 Metric
Event事件	Lead Submission
Parameter 參數1	Referrer
Parameter 參數2	High Potential Value
Parameter 參數3	June 2020
Parameter 參數4	Viewed demo
Parameter 參數N	…

GA4 取消了階層式架構，傳遞參數也不限制

類別 >> 行動 >> 標籤 三個

對事件屬性的描述可以有更大彈性

圖 5-4：通用 GA 與 GA4 的事件資料結構比較 來源：Google

對工作階段的定義

最後，要談「工作階段」這個計算使用者活動基本單位的定義改變。

「工作階段」翻成白話就是使用者和數位接觸點互動的「次數」；如果在一段時間裡，使用者持續和同一個品牌接觸點互動多次，也只算一個「工作階段」。所以，對於何時該重新認定一個「工作階段」，GA4 從嚴定義。GA4 利用若干新的技術，不會因為彈出廣告、網頁廣告、促銷活動或超過半夜而重新計算一個「工作階段」，所以一般 GA4「工作階段」總數會比通用 GA 略低，但就實務上來看，GA4 的數字應該是比較接近真實的。

另外，因為 GA4 強調與使用者互動，所以「工作階段」這個指標又衍生了一個強化指標叫：「互動工作階段」，只要使用者符合「持續超過 10 秒」、「曾發生至少 1 次轉換事件」或「至少 2 次網頁或畫面瀏覽」之一，都會加計為「互動工作階段」，而「互動工作階段」是 GA4 的「參與」報表會列出的積極指標。

行銷人員的好消息，GA4 不需寫程式就可自動收集 若干基本互動事件

　　在過去，行銷人員可能想追蹤按鈕點擊、影片播放或檔案下載等虛擬網頁的事件，起因於許多虛擬網頁的事件也會被行銷人員或分析師設定為衡量互動的重要指標。

　　所謂虛擬網頁的意思，可能很多人還不是很清楚，我再深入解釋一下。這必須從當初 GA 數據收集的設計談起。早期 GA 設計是每當一個網頁載入瀏覽器 (也就是所謂的一個 Page View)，GA 才開始收集相關數據。但有時候，載入網頁之後，我們對使用者在同一網頁上的一些其他小動作也有高度興趣，例如：影片觀賞、檔案下載、頁面上下捲動等行為，但因為這些在同一網頁操作的動作，並沒有觸發網頁載入機制，所以 GA 基本上是不會追蹤並記錄這些事件。為了彌補這個缺陷，當初通用 GA 設計了虛擬網頁載入的方式來追蹤這些事件，以彌補追蹤缺陷。但要追蹤的話，必須透過撰寫程式或操作 GTM 來實現。我相信過去亞曼達和德瑞克一定合作了許多這一部分的工作。

GTM, Google Tag Manager

- GTM, Google Tag Manager 是一個網站代碼的管理工具，方便工程師或行銷人員可以快速更新埋在網站或 App 的追蹤程式碼和相關程式碼片段 (在網站或 App 上統稱為「代碼」)。只需要在網站或 App 專案中新增一小段「代碼管理工具」GTM 的程式碼，爾後，就可以透過 GTM 提供的網頁式使用者介面，輕鬆且安全的設定評估代碼與部署事件等網站分析等細節，不必請工程師找出原始網頁來加入該段代碼。

　　而 GA4 或許發覺追蹤這些虛擬網頁幾乎是每個行銷人員或分析師都有興趣的，所以在事件的設計上，特別定義了一種「加強型評估事件」，自動貼心幫大家收集這些常用的虛擬網頁事件；因此，不需要做複雜的設定，即使是行銷人員也可自行透過簡單的設定來追蹤一些常見的虛擬網頁事件，以了解更多使用者在網頁上的各種互動行為。「加強型評估事件」就是 GA4 定義四大事件類別其中一類，我將在第九周完整闡述。

5-6

更多元化的電子商務營利模式｜從「加強型電子商務」到「多元營利模式」的觀念轉變

　　任何企業存在的目的就是為了營利，因此，營利指標也是大多數老闆最重視的。所以接著，我們來聊一下許多人關心的電子商務機制。

　　通用 GA 各位都已經使用得十分熟稔，知道營利的部分就是啟動「資料檢視」下的「電子商務設定」，配合電子商務網站使用 GA 給定的程式片段（利用 gtag 規範語法傳送，這邊不細談），把電子商務相關的交易訊息，透過程式送到通用 GA 來作記錄，兩邊互相搭配之後，就可以在通用 GA 轉換的電子商務選單，產生對應的電商報表。如果使用一些雲端的電子商務平台，如：Shopify，大都已經內建 gtag 程式，可以自動傳送交易記錄到通用 GA，省了不少撰寫程式與傳送數據的功夫。

　　那麼，GA4 做了什麼改變呢？由於加入了手機 App 的應用，傳統電子商務降了一級，成為營利模式的三分之一；另外兩塊，就是移動 App 兩個最重要的商業模式：「程式內購買」(In-App Purchases) 與「發布商廣告」(Publisher ad)。「程式內購買」是透過顧客訂閱或購買 App 內其它產品服務來營利；「發布商廣告」則是透過 App 內置廣告版位，讓其他廣告主可以在 App 內投放廣告來實現營利。

　　從後面這兩種營利模式可以想見，就是 Firebase Analytics 的貢獻了，一旦透過之前說明的方式，將 Firebase 專案和 GA4 建立連結之後，如果有「程式內購買」與「發布商廣告」的事件發生，就會把相關的營利結果，給傳送到 GA4 的營利報表當中了。如果你是多元應用的商家，就可以在「營利」(Monitization) 這個單元，一次瞭解公司整體數位資產的「變現」能力。

　　接著，讓我們深入了解一下電子商務報表的部分。初次看到 GA4 傳統電子商務報表的人，都會有點失望，感覺 GA4 預設的電子商務報表呈現，好像還不如通用 GA 詳盡。所以先說結論，GA4 電子商務報表目前到底能不能取代通用 GA 的進階型電子商務呢？目前可能還有點困難，估計可能還要一些時間更新改版，才能慢慢取代通用 GA 的進階電子商務。

　　GA4 電子商務報表雖然已上線，但仍然有不少傳統電商從業人員關注的功能尚未推出；但如果公司營利來自手機 App，GA4 則已經提供足夠多的資訊，可以了解營利情況。

　　那麼，除了等待 GA4 的電子商務功能成熟之外，現在還可以做什麼呢？畢竟電子商務還是 GA4 示範帳戶與報表的兩大產業之一，GA4 也為了未來的延展，在四大事件類別之一的「建議事件」中，針對電子商務規範了許多預設行為事件名稱與參數，現在可以先做初步的熟悉，未來當 GA4 準備好時，才能產生更多元化的電子商務報表。

　　另外，與上述談到報表系統類似，通用 GA 的進階型電子商務對初學者肯定是比較友善的，例如：它把「購物行為」與「結帳行為」都做了具體的定義與規範，不需做任何設定，就可以產生許多預設的電商報表。

- 通用 GA「購物行為」依工作階段劃分，分為：

1. 所有工作階段　　　　　　　→　2. 有瀏覽產品的工作階段　→

3. 有放進購物車的工作階段　→　4. 有結帳的工作階段　　　　→

5. 發生交易的工作階段 …… 等五個步驟

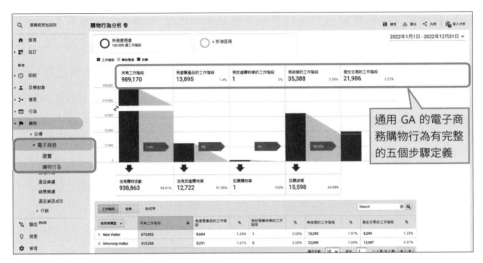

圖 5-5：通用 GA 預設購物行為依工作階段劃分五步驟

- 通用 GA「結帳行為」也依工作階段劃分，分為：

1. Billing and Shipping　→　**2.** Payment　→　**3.** Review　→

4. 發生交易的工作階段 …… 等四個步驟

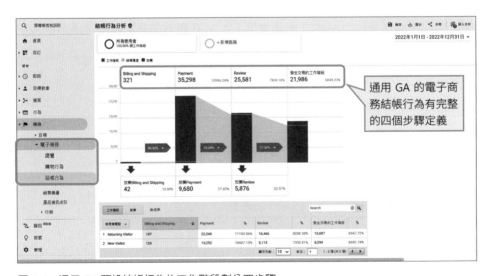

圖 5-6：通用 GA 預設結帳行為依工作階段劃分四步驟

　　GA4 則取消了上述預設的購買與結帳步驟，取代的是為電商的幾個主要階段行為命名，並且開放了彈性。分析師可以依照自家電商網站結帳流程與實際發生的行為事件來自訂流程。例如：行銷人員可以自行決定是否使用「瀏覽購物車內容（view_cart）」當作結帳的第一步驟，也可自行決定是否要加入「添加物流與付款資訊（add_shipping_info & add_payment_info）」在流程中，只有「開始結帳（begin_checkout）」事件，才是完成結帳流程預設的必要條件。

　　電子商務是 GA4 的建議事件，因此，不論事件名稱與搭配參數，GA4 都已經事先定義好了。當傳遞這些預先定義好的事件名稱與搭配參數到 GA4 時，GA4 就可以辨識是要開始進行電子商務事件行為的數據收集，配合對應的參數與值，最後完整體現在 GA4 的電子商務報表上。

表 5-1：GA4 電子商務定義的事件名稱與商品陣列參數說明。

* 註：商品陣列參數指在 Items{} 商品陣列裡，用來描述商品的各類參數。

事件名稱	事件參數	商品陣列參數名稱	參數說明
view_item 查看商品時	currency、items、value	**affiliation**	與個別商品相關的聯盟行銷合作夥伴（如果有的話）
view_item_list 查看產品 / 服務清單時	items、item_list_name、item_list_id	**coupon**	與個別商品相關的優待券名稱 / 代碼（如果有的話）
select_item 從產品 / 服務清單中選取商品時	items、item_list_name、item_list_id	**discount**	與個別商品相關的折扣（如果有的話）
add_to_wishlist 將商品加入願望清單時	currency、items、value	**item_brand**	商品品牌
add_to_cart 將商品加入購物車時	currency、items、value	**item_category**	商品類別

接下頁

事件名稱	事件參數	商品陣列 參數名稱	參數說明
view_promotion 在網站或應用程式 上查看促銷活動時	items、promotion_id、 promotion_name、 creative_name、creative_ slot、location_id	item_category2	商品的第二個類別 階層或其他分類
select_promotion 選取促銷活動時	items、promotion_id、 promotion_name、 creative_name、creative_ slot、location_id	item_category3	商品的第三個類別 階層或其他分類
view_cart 查看購物車時	currency、items、value	item_category4	商品的第四個類別 階層或其他分類
remove_from_cart 從購物車中移除 商品時	currency、items、value	item_category5	商品的第五個類別 階層或其他分類
begin_checkout 開始結帳時	coupon、 currency、items、value	item_id	商品 ID（必填）
add_payment_info 結帳流程期間提交 付款資訊時	coupon、currency、 items、payment_type、 value	item_name	商品名稱（必填）
add_shipping_info 結帳流程期間提交 運送資訊時	coupon、currency、 items、sh IP ping_tier、 value	item_variant	其他商品詳細資料 / 選項，如商品子類、 專屬代碼或說明
purchase 完成購買時	affiliation、coupon、 currency、items、 transaction_id、sh IP ping、tax、value	price	商品價格
refund 收到退款時	affiliation、coupon、 currency、items、 transaction_id、 shipping、tax、value	quantity	商品數量

剛提到，GA4 把傳統電子商務變成「營利」的三分之一。在它看來，App的程式內購買與發佈商廣告也是另類電子商務，所以設計上，利用事件當作最大公約數，採用一致的數據收集作法，只要依據預設事件名稱與參數來拋轉數據，就可在「營利」底下的對應報表呈現相關電商數據。只要數據累積完成，分析師可以利用「資產庫」底下的各種報表設定，選取有興趣的資訊卡，自訂電子商務報表。

光從電子商務這件事上，同樣可以發現通用 GA 與 GA4 在數據收集與報表呈現上的邏輯大大不同。通用 GA 偏向固定的步驟與格式報表，優點是初學者不需做太多設定，就可以瀏覽許多相關的電商報表；缺點當然就是缺乏彈性與自訂調整的能力。而 GA4 則相反，優點是對於已經有想法，比較熟悉各種事件名稱與參數的分析師，擁有非常大的彈性，可以設計出與商業情境更貼近的報表；缺點當然就是有點複雜，不利初學者，必須先把一堆事件與參數名稱定義的文件熟讀參照之後，才能慢慢駕馭它。以下提供通用 GA / GA4 電子商務事件行為名稱與物件參數對照表，給大家參考。

表 5-2：通用 GA / GA4 電子商務事件行為名稱對照表

GA4 事件行為名稱	通用 GA 事件行為名稱	行為說明
view_item	detail	使用者查看某個項目時
view_item_list	impressions	使用者查看項目 / 產品清單時
select_item	click	使用者選取清單中的項目時
add_to_wishlist	NA	使用者將項目新增至願望清單時
add_to_cart	add	使用者將項目放進購物車時
view_promotion	promoView	使用者看到促銷活動時
select_promotion	promoClick	使用者選取促銷活動時
view_cart	checkout（step1）	使用者查看購物車時
begin_checkout	checkout（step2）	使用者開始結帳時

接下頁

GA4 事件行為名稱	通用 GA 事件行為名稱	行為說明
add_shipping_info	checkout（step3）	使用者提交運送資訊時
add_payment_info	checkout（step4）	使用者提交付款資訊時
purchase	purchase	使用者完成購買時
refund	refund	退款核發時
remove_from_cart	remove	使用者從購物車中移除項目時

表 5-3：通用 GA / GA4 電子商務商品物件參數對照表

GA4 事件參數名稱	通用 GA 事件參數名稱	參數說明
affiliation	NA	與個別商品相關的聯盟（合作夥伴 / 供應商，如果有的話）名稱或代碼
coupon	coupon	與個別商品相關的優待券名稱 / 代碼（如果有的話）
discount	NA	與個別商品相關的折扣（如果有的話）
item_brand	brand	商品品牌
item_category	category	商品類別
item_category2	category	商品的第二個類別階層或其他分類
item_category3	category	商品的第三個類別階層或其他分類
item_category4	category	商品的第四個類別階層或其他分類
item_category5	category	商品的第五個類別階層或其他分類
item_id	id	商品 ID（必填）
item_name	name	商品名稱（必填）
item_variant	variant	其他商品詳細資料 / 選項，如商品子類、專屬代碼或說明
price	price	商品價格
quantity	quantity	有使用者互動的商品數量

分眾行為捕捉的行為定向廣告設計｜從簡單「訪客區隔」到進階「目標受眾」設計

　　第三周曾一開始和各位提過，訪客區隔不論是在尋找報表洞見，或廣告精準投放上，都是數據分析上一個重要的手段。

　　通用 GA 的訪客「區隔」(分群) 是我非常欣賞的一個功能，它是建構在「管理」、「資料檢視」下的「區隔」。可以透過客層、技術、行為、工作階段與流量來源等不同的面向來進行各類可能的訪客區隔，再搭配報表，觀察不同訪客區隔有何不同的指標展現，再從當中找到一些從全體訪客報表無法察覺的特殊洞見。通用 GA 也提供更複雜的進階訪客區隔，可以從複合的「條件」或「順序」組合中，找到更精確的訪客區隔，我們在第三周也分享了這些訪客區隔與切分的進階手法。

　　通用 GA 的「區隔」還有一個優勢，就是「區隔」一旦建立，就可以跨報表選用，也可以和原來 22 個系統內建區隔交叉運用，非常方便。這一個跨報表使用區隔的功能卻在 GA4 消失了，GA4 報表上方的「新增比較項目 +」雖然和通用 GA 的「新增區隔」類似，但每個報表都得重新進行「新增比較項目 +」各種維度條件的選取，這是目前 GA4 比較不友善的地方。

建立區隔還有一個目的，就是可將區隔直接拋轉到 Google Ads，針對特定高潛力訪客區隔徹底研究，並進行廣告精準投放。這一部分在通用 GA 與 GA4 均可實現，前提是必須完成 GA 帳戶底下的「Google Ads 連結」設定，如何連結節這些外部系統，我會在第十周帶到。

GA4 也把「訪客區隔」和「目標對象」的概念分開，「訪客區隔」對應到報表檢視，「目標對象」則對應到廣告投放。值得注意的是在「探索」單元的分析編輯器裡，自訂「訪客區隔」時，會看到非常類似「管理」、「資源設定」、「資料顯示」的「自訂目標對象」的介面，但兩者目的性還是有些差異；前者主要為了找洞見，後者主要為了精準投放廣告，但 GA4 設計為前者可以拋轉變成後者，意在當你發現了一個有潛力的「訪客區隔」，可以馬上和他們溝通，所以是有趣方便的設計。

「目標對象」的定義在選單「管理」、「資源設定」、「資料顯示」的「目標對象」單元中。GA4 有三種新增目標對象的模式：（註：新增目標對象需要有編輯權限，示範帳號無法進行。）

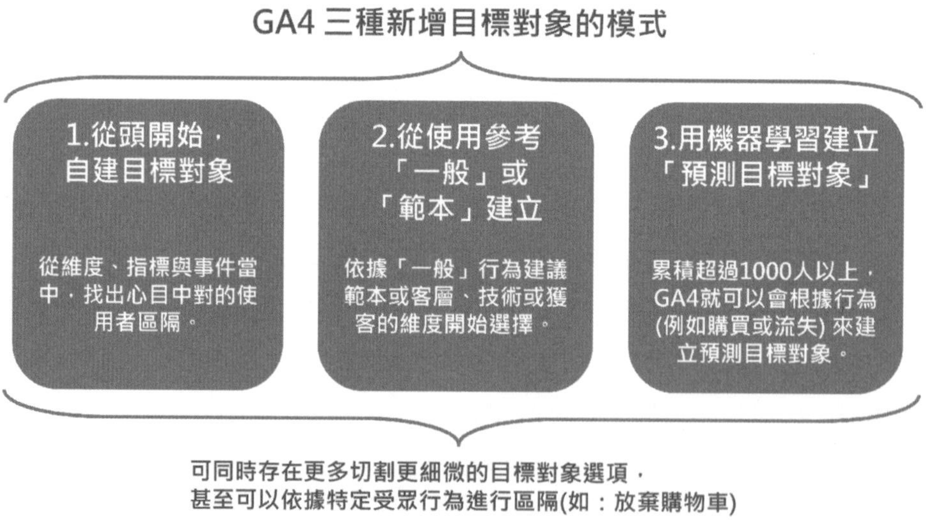

GA4 三種新增目標對象的模式

1.從頭開始，自建目標對象	2.從使用參考「一般」或「範本」建立	3.用機器學習建立「預測目標對象」
從維度、指標與事件當中，找出心目中對的使用者區隔。	依據「一般」行為建議範本或客層、技術或獲客的維度開始選擇。	累積超過1000人以上，GA4就可以會根據行為(例如購買或流失) 來建立預測目標對象。

可同時存在更多切割更細微的目標對象選項，
甚至可以依據特定受眾行為進行區隔(如：放棄購物車)

圖 5-7：GA4 三種新增目標對象的模式

1. 從頭開始，自建目標對象：如果已經非常知道該依據什麼樣的條件設定目標對象時，就可以自行從維度、指標與事件當中，找出心目中理想的目標對象。

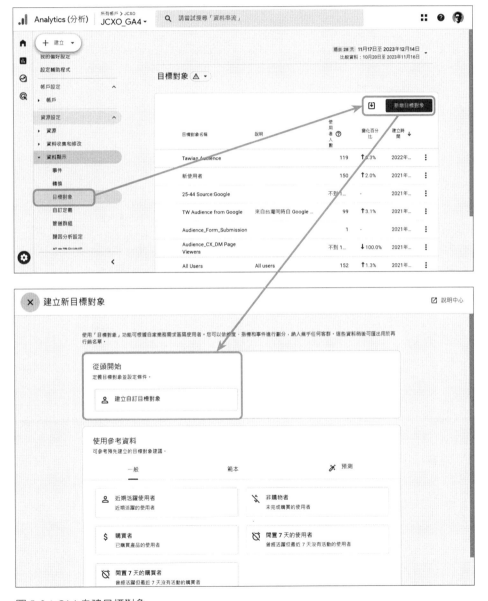

圖 5-8：GA4 自建目標對象

2. 從 GA4 建議的目標對象模板開始：GA4 目前依據「一般」行為（是否購買或近期活躍用戶等屬性開始）或「範本」的客層、技術或獲客方式建議的模板開始。

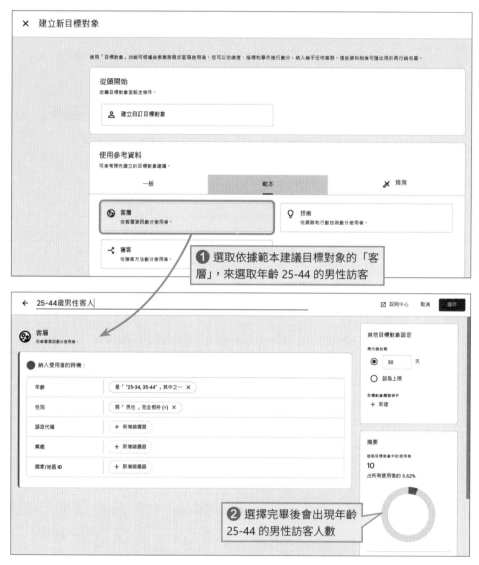

圖 5-9：從 GA4 建議的目標對象「範本」之一「客層」來建立目標對象

3. 從 GA4「人工智慧與機器學習」建立「預測目標對象」：當 GA4 在廣告再行銷的池子裡，累積超過 1000 人以上的數據之後，GA4 就可以根據行為（例如購買或流失）來建立可能的預測目標對象。

圖 5-10：GA4「人工智慧與機器學習」建立「預測目標對象」

　　GA4 因為是以事件為主要的系統設計，所以也可以在建立目標對象後，順便啟動一個事件，這是非常有趣的「目標對象觸發事件」模式（Audience trigger event model）。爾後，若有訪客符合該條件，加入該特定區隔時，系統就會觸發該特定事件，並可在事件清單中查看相關數據。

圖 5-11：GA4「目標對象觸發事件模式」

　　上述三種目標對象建立的操作細節，會在第八周，廣告與自訂目標對象實作單元再細談。

5-8

GA4 全新功能大放送：
人工智慧與數據匯出

要談 GA4 有，而通用 GA 沒有的功能，主要是「人工智慧」與「數據匯出」兩大塊。

「人工智慧」的部分，我們在第四周的最後有了完整的說明，這邊便不再重複。但在 Google 官方的文件中提到，GA4 未來可能有更多功能還會升級成為具有人工智慧與機器學習的能力，目前知道的規畫包括：

- 智能顧客區隔模式：透過統計數字去找到造成異常訊號的族群。
- 智能目標受眾選取：顆粒度更小的受眾，導引至更精準的定向廣告投放。

「人工智慧」可以幫助我們解決很多原來需要手動與人工的項目，透過機器學習的科技，逐步往自動化前進。

再來看看「數據匯出」的部分。過去的通用 GA，其實是沒有辦法做數據匯出的。如果想要把數據匯出，就得訂閱付費的 GA360 來實現。但 GA360 一年的年費約 15 萬美金，許多中小企業無法負擔這個費用，即使負擔得起，也不見得願意想在數據分析上花費如此龐大的費用。

GA4 終於把這個數據匯出的功能給解鎖了，GA4 把原來 GA 360 數據匯出的功能，在「管理」-「產品連結」下給提供出來，多了一個「BigQuery 連結」。若啟動之後，可以去建立一個新的匯出專案代號，把從多元資料串流所收集的數據，匯出到 BigQuery 的資料庫專案裡，由此建立一個跨平台數據流量的資料庫。

那麼，建立一個在 GA4 之外的流量數據資料庫有什麼好處呢？

舉兩個實際的應用：

1. 多數據源疊合

可以和原本既有的 CRM，再做深度的結合，把網站流量的用戶 ID 和真正 CRM 用戶做實名綑綁，可以深入了解 CRM 顧客實際網上採購行為或瀏覽動線為何。這個把匿名行為實名化的過程，有助於勾勒可能的顧客人物誌 (persona) 與畫出顧客旅程地圖 (customer journey map, CJM)。CRM 只是多種數據源的其中一種，既然已經能把網站數據資料匯出，就有機會和其他更多的數據源，做各類系統性或功能性的結合，透過多資料源數據疊合來綜合研判，對大型商業智慧 (Business Intelligence) 等級的資料分析來講，都有加分的效果。

客戶關係管理系統 (CRM, Customer Relationship Management)

- CRM 是一種企業用來記錄現有客戶及開發潛在客戶之間互動關係的管理系統。一般是透過業務同仁進行數據的輸入，讓業務主管可以從客戶的歷史積累和分析當中，增進企業與客戶之間的關係，從而進行銷售預測、最大化企業銷售收入和提高客戶留存。

> **商業智慧 (Business Intelligence)**
>
> - 商業智慧是結合數據收集、數據工具、報表視覺化、商業分析、戰情儀表板等，以便協助組織做出更多依據數據出發，敲定重大商業決策的系統工具。

2. 數據源隔離

流量數據匯出到 BigQuery 資料庫裡，也就是把原來 GA 數據收集與報表呈現兩個好兄弟給隔離開來。這麼做一般有三個常見應用：

- 強化數據報表視覺展現：雖然數據報表視覺呈現是 GA 系統的基本功能之一，但對於許多商業應用，希望針對收集的數據，做更進一步深入剖析與視覺化分析，利用類似 Tableau 或 Looker Studio 等工具，進行更生動的視覺規劃，呈現給 CXO 階層判讀，而不是給 CXO 階層直接看原始的 GA 報表。

- 深度查詢或整合其他後台報表：可以利用更複雜的 SQL 指令，去查詢許多想更深入探討的問題，或與原來企業既有的後台報表整合。

- 建立隔離數據源的檢視：針對不是事業核心的同仁，隔離一些較敏感的數據資料後再產生報表，建立數據報表檢視分級的制度。

5-9

該看跳出率還是
參與度？

　　過去在通用 GA，許多人最喜歡看的網站或網頁質量的一個負面指標：跳出率（Bounce Rate），在 GA4 一開始改版後居然找不到了，造成許多舊通用 GA 人非常不習慣，雖然後來 GA4 從善如流，把這個負面指標還是恢復，但必須透過自訂的方式給加到報表中才能看到。

　　如果我們從前面一路講 GA4 架構來看，對於這個改變，卻也不必太意外。因為 GA4 收集的是一個訪客跨平台、跨裝置與品牌互動參與的過程，所以甚至連工作階段的邊界都已經很模糊了，取而代之的是以顧客為核心的顧客旅程，所以觀察從「網站」觀點為主體的跳出率指標，似乎意義沒有以前那麼大

　　GA4 為了記錄完整的顧客旅程，「工作階段」的定義也略有改變。GA4 若因有廣告活動發生在工作階段期間，並不會建立新的工作階段，因此該工作階段也不算跳出了；但通用 GA 卻會因為廣告活動而建立新的工作階段，視為跳出。也因此，GA4 的工作階段數一般會低於通用 GA 的工作階段數。

　　跳出率另一個被取消的原因也是和手機 App 應用普及有關。各位可以發現，為了配合手機方便瀏覽的關係，現在很多網站都採響應式網站設計（RWD, Responsive Web Design），網頁呈現都是從頭拉到尾都的單頁式網頁（SPA, single-page Application），訪客如果已經在第一頁，就已經取得所需的資訊，之後離開網站，能代表該頁面品質不好嗎？更不用說 App 的應用。所以把跳出率

當成重要互動品質的參考指標，就很值得商榷。因此，GA4 改用參與度（互動率, Engagement Rate）來替代通用 GA 的跳出率，並不值得大驚小怪。

GA4 強調的是顧客數位旅程的互動、參與，所以再往下深究 GA4「互動參與」指標如何計算。英文可以用 Engagement Rate 來代表，計算百分比的時候採用參與度；計算次數或時間長度的時候採用互動性。

GA4 定義要成為互動的工作階段，至少必須符合以下一個條件：

- 與網站或 APP 互動持續超過 10 秒
- 曾至少發生一次轉換事件
- 瀏覽兩個以上網頁的事件

根據 GA4 互動工作階段的新定義，GA4 新增了下面幾個新指標：

- 互動工作階段數（Engaged Sessions）
- 參與度（Engagement Rate）＝ 互動工作階段數 / 工作階段數
- 每位使用者平均互動工作階段數（Engage sessions per user）＝ 互動工作階段數 / 使用者人數
- 平均參與時間（Average engagement time）＝ 使用者在網站、APP 上處於活躍狀態的時間長度

在 GA4 上，還可以發現更多與使用者互動有關的新指標，例如代表使用者和品牌黏著度（stickness）的指標：DAU / WAU / MAU 等，這些是計算按日、按周、按月活躍用戶數的重要指標；對於遊戲或訂閱服務產業的營運，這幾個指標都會異常重視。

最後，轉換應該是最重要，也是我們最關心的使用者互動了，因為他們代表訪客成功轉換成潛在客戶或真正顧客，和品牌建立了更深的關係。後面會在第九周 GA4 事件與轉換單元，詳細討論這一部分。

5-10

原通用 GA 的資料檢視（View）功能為何消失了？

通用 GA 的帳戶架構層級是三層，最上面是帳戶，接著是資源，根據資源所收集的原始數據，可以依據實際的需要，建立多個基於不同篩選規則的資料檢視（View）。

而 GA4 的帳戶架構只有兩層，最上面同樣是帳戶，帳戶之下只有資源。因為 GA4 資源的概念是做跨平台數據收集，針對異質的資料串流，資料檢視（View）的意義變得不是這麼大，例如：內部 IP 篩選對來自公司員工手機的流量就無法規範。

另一方面，如之前提到的，也因為 GA4 在報表產出的功能上做了很大的提升，所以，可能背後設計的原因是希望透過資產庫或探索等強大的報表自訂功能，來實現過去通用 GA 資料檢視（View）的目的。

「資源」可能是公司的網站、App，甚至是裝置 (例如：POS 或 KIOSK)。因此，一個「帳戶」可以包含多個資源與應用程式

GA4 提供更智能的搜尋

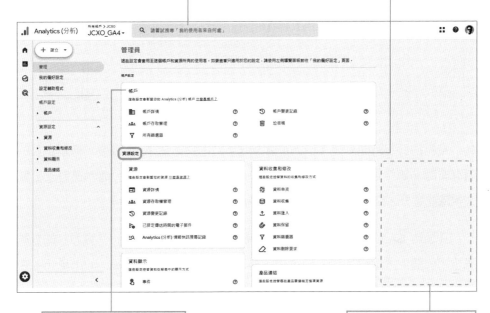

「帳戶」是 GA4 最上層存取點一般就是一個公司或組織

原來通用 GA 的「資料檢視」，在 GA4 已經取消了

圖 5-12：GA4 的帳戶管理結構只有兩層

　　Google 的官方文件裡，並沒有對取消通用 GA 資料檢視 (View) 作更多的解釋，也可以接著看下去會有甚麼新的發展。

5-11

通用 GA 與 GA4 的資料保留時間有何不同？

　　資料的保留時間就是 Google 會為收集到的網站或 App 數據，保留多長的儲存時間。雖然現在網路儲存空間越來越便宜，但是量大了，成本還是十分驚人。除此之外，還有前面提到的個人隱私問題，也是影響的要素之一。

　　在通用 GA，想要去更改資料保留時間，主要是在「管理」、「資源」的表單底下，一個叫「追蹤資訊」的選項，該選項有一個「資料保留」的小單元，在這個小單元下，使用者與事件資料保留期間，最長可以設定「不會自動過期」。所以理論上，在通用 GA 可以讓數據永久保存。但如果沒有更改這個選項，一般通用 GA 預設的資料保留期是 26 個月，另外還有 14 個月、38 個月與 50 個月其他三個選項。

　　GA4 的「資料保留」在哪邊設定呢？是在「管理」、「資源設定」、「資料收集與修改」之下，有一個「資料保留」的設定。但 GA4 的資料保留期間就沒有「不會自動過期」這個選項，目前只有兩個選項：2 個月或 14 個月。因此，GA4 最長能保留資料的時間就是 14 個月。換言之，到了第 15 個月，GA4 就把之前第 1 個月的資料給清除了。如果想保留超過 14 個月的資料，該怎麼辦呢？有花錢和不花錢的作法。前者就是付費買 GA360 服務，後者就是期限快到時，把資料匯出到 BigQuery。當然，把網站分析數據匯出到 BigQuery 做備份，並不是一個匯出的積極目的，進行多元數據疊合才是。

5-12

通用 GA 如何
遷移到 GA4？

最後，我想有一個問題一定是你們所關心的課題，就是如何把原來貴公司的通用 GA 資源設定轉到新的 GA4 呢？Google 也知道這是一個大多數原來使用通用 GA 企業都會遭遇到的困難，因此特別在原來通用 GA 管理資源的第一個項目，新增了一個「GA4 設定輔助程式」的選項，可以幫助原來使用通用 GA 的企業升級成 GA4。要提醒的是：這個升級只會幫忙遷移通用 GA 的資源「設定」，而不會遷移通用 GA 所有的「歷史數據」。所以之前 Google 提早要大家建立 GA4 資源來收集 GA4 專屬數據的目的也在此。

圖 5-13：通用 GA4 的「GA4 設定輔助程式」

在遷移的過程中，一般企業有兩個情況：「完全尚未開始建立 GA4 資源」和「已自行另建立 GA4 資源」兩種。

1. 完全尚未開始建立 GA4 資源：可以選取上面框框的「建立 GA4 資源」的選項，接著系統會問你要自動或手動埋設「評估 ID」（Measurement ID），正常會選取手動；之後進入 GA4 系統端的「設定輔助程式」當中，你再根據通用 GA 資源中的設定，決定哪些要搬遷到新的 GA4 資源。

2. 已自行另建立 GA4 資源：先前已自行另建立 GA4 資源，可以選擇「連結 GA4 資源」的選項，則系統會將該 GA4 資源連結至原通用 GA 資源，系統會從通用 GA 資源中複製尚未在 GA4 資源中標示為完成的所有設定，例如目標和目標對象等。

而在這段新舊交接期間，每當你首次進入 GA4 的時候，GA4 上方也會跳出黃色訊息的提示，可以點擊「瞭解詳情」，進一步知道 Google 對於數據遷移的政策與規範。你也可以在 GA4「管理」單元底下「資源設定」的「資源變更記錄」當中，選取你所關注的日期範圍，瞭解這段期間 Google 主動從通用 GA 搬遷到 GA4 的變更記錄，我們在第十周會分享有關「管理」單元的所有細節。

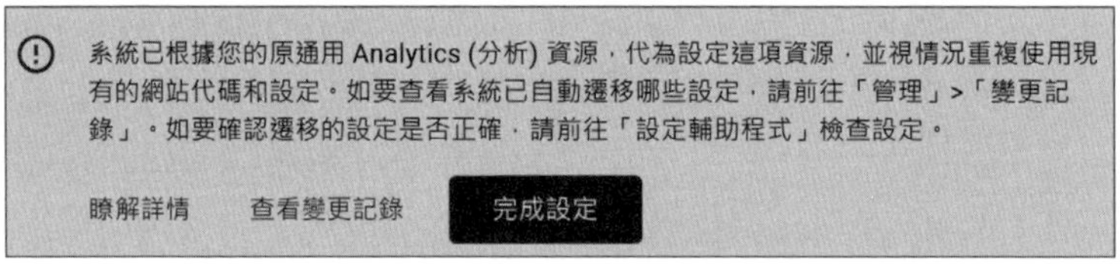

圖 5-14：GA4 的遷移變更提示

另外，在 GA4「管理」單元底下還有一個「設定輔助程式」的功能，來稽核原來通用 GA 資源的三大類設定（「開始收集資料」、「自訂資料收集和顯示功能」與「連結 Google Ads」）的七個基本的資源相關的設定，是不是要由通用 GA 匯入或已經自行在 GA4 完成。若是你覺得已經完成，可以選擇左邊的勾勾「標示為完成」的選項，上面的綠色進度表就會往前走一格，提示完成搬遷的進度。

圖 5-15：GA4 的設定輔助程式遷移變更提示

GA4 的「設定輔助程式」除了上述七個基本選項之外，還提供了五個進階的遷移選項，包括：管理使用者、匯入資料、連結至 BigQuery、設定 User-ID 與使用 Measurement Protocol 等進階工作，這五個工作的細節可參考設定下方的文字說明或點擊「瞭解詳情」。

圖 5-16：GA4 的設定輔助程式的五個進階設定

遷移這部分的工作，就我的經驗來說，若原來通用 GA 設定不複雜者，或許可以在這些輔助程式的幫助之下，可在一定的時間內完成遷移；但如果原來的通用 GA 設定是有跨網域、複雜的目標設定、大量的訪客區隔，甚是高度複雜的「加強型電子商務」數據收集設定者，可能需要另外設立子專案來處理遷移這一部份的工作，高複雜性的遷移細節，我這邊就不再深入。

談一下遷移工作的結論。

由於通用 GA 和 GA4 本質上在資料收集與數據模型設計上有很大的不同，想要 100% 完全自動的遷移，基本上是有難度的，部分手動遷移顯然不可避免。因此，我提供一張圖表來概括「GA4 從無到有啟動」與「通用 GA 遷移到 GA4」的六個工作檢查清單，希望有助於各位未來想進行遷移的工作，有一個可以循序漸進步驟的依據。

圖 5-17：GA3 遷移 GA4，或從零開始啟動 GA4 的檢查清單 (** 代表必須手動與高度複雜的遷移)

5-13

第五周任務

第五周作業

由於「Digi-Spark」專案的範疇，也涵蓋到了 A 公司的電子商務發展，搭配之前使用的通用 GA，遷移的工作也是馬上會面臨的課題。所以小組成員都聚精會神的聆聽古魯分享 GA4 與通用 GA 的差異與遷移相關的議題；當然，GA 全新的電子商務規劃與遷移的部分，更是重點中的重點。也在會議結束後，團隊交頭接耳的討論未來公司電子商務網站該如何轉移原通用 GA 的既有設定，以及如何在 GA4 設定原有目標對象、追蹤交易與網路行為等數據。

第五周結束前，古魯顧問同樣出了一份作業給珍妮佛團隊。

古魯

請依據上述遷移步驟，規劃 A 公司從通用 GA 遷移到 GA4 的初步遷移計畫。

接下來五周（Week 6~10），古魯會帶大家進入 GA4 實作的階段，唯有自己親手操作，才能真正熟悉如何使用。所以，古魯請大家帶著筆電和動手學習的心來繼續參與接下來的課程。

衝刺計畫會議（Sprint Planning Meeting）工作分配

故事（Story）：規劃 A 公司從通用 GA 遷移到 GA4 的初步遷移計畫。

團隊在第五周的衝刺計畫會議中，決定了下面的任務分配。

任務一（Task 1）：

傑瑞　　德瑞克　　凱文

由於遷移的工作較為重大，將由 CDO 傑瑞來主導。其中，使用者、事件、目標與目標對象四個項目，由傑瑞、凱文與德瑞克依據顧問提供的清單工作，盤點原 A 公司通用 GA 需要遷移的項目，依據上述四大類別列出所有項目。本項任務預設面向客戶是 CDO 傑瑞。

任務二（Task 2）：

珍妮佛　　亞曼達　　艾比

有關於剩下的兩個遷移項目，電子商務與廣告，就交由珍妮佛、亞曼達與艾比來進行盤點，找出 A 公司原通用 GA 的電商與廣告設定。亞曼達也馬上想到，第一周所產出的 STAG 文件，可以有效地縮短盤點的時間與精力，在和大家分享之後，得到大家感激的掌聲。本項任務預設面向客戶是 CDO 傑瑞、珍妮佛與 A 公司的電子商務總監。

第 **6** 周

分析小白起手式：
GA4 預設報表基本解讀

"if statistics are boring; you've got the wrong numbers."

" 如果你發覺統計數字變得無聊，你可能找到不對的數字。"

美國統計學家 愛德華·塔夫特 Edward Tufte

第六周和古魯顧問的約會很快到來。「Digi-Spark」小組成員帶著
筆電一起進入大會議室。古魯顧問發覺怎麼場地和前幾次不太
一樣，改在訓練教室了？原來，除了「Digi-Spark」小組成員之
外，公司其他部門同仁對 GA4 實作也有深厚興趣，所以傑瑞、
珍妮佛在和總經理討論之後，開放了第 6 ～ 10 周的課程，讓更
多人有機會參加 GA4 實作練習。

另外，古魯和傑瑞確認了 A 公司通用 GA 遷移到 GA4 的情況，
傑瑞表示一切順利，已經開始收集官網數據到 GA4 的資源中
了，同時也完成大約 85% 的通用 GA 相關設定遷移了；接下來
GA4 實作的內容，將可以在新建好的 GA4 資源上進行。於是，
第六周的 GA4 實作課程，就在傑瑞的開場之下，正式開始。

6-1

先連結練習示範帳戶：電商(GMS)與手機遊戲App(Flood-it!)

GA4 提供了兩個示範帳戶：電商 Google Merch Shop(GMS)和遊戲 App Flood-it!，供初學者進行練習與報表判讀，為何會需要有示範帳戶呢？

原因是早期沒提供示範帳戶的時候，許多人想熟悉 GA 或做練習的時候，都得透過自行架設的網站來測試收集數據與檢視報表呈現，但可以預見的，收集的數據一般過少，無法有效觀察數據變化與學習各類報表意涵。或許 Google 也發覺到這一點，所以特別設計了示範帳戶 Demo Account 的概念。

除此之外，使用 GA 的重度用戶，很多是從事電商或遊戲 App 的公司，所以 Google 也特別提供了這兩個產業的 GA 示範帳戶，Google Merch Store 與 Flood-it! 遊戲，讓 GA3 / GA4(以下通用 GA 就用 GA3 表示) 使用者或新手，可以很容易的在有真實數據的情況下，去觀察一些數據變化與報表意涵，這兩者的數據與報表都是真實世界下 Google 真正在營運的服務，因此觀察的是即時而真實的服務營運數據與報表呈現。

簡單說明一下這兩個示範帳戶是實體世界的什麼服務。

Google Merch Shop(以下簡稱 GMS) 是 Google 把自己販售紀念品的電商網站 GA 給開放，讓大家了解一個電商網站的 GA 帳戶可能會有那些數據與報表。GMS 是從 GA3 開始，只要建立了自己的 GA 帳戶，就可以連結 Google 所提供的 GMS 示範帳號閱讀權限，這讓很多老師上課時和學生溝通也方便了許多。

GMS 的示範帳戶是電子商務網站的典型數據，包括以下類型：

- 流量來源數據：網站使用者來源的相關資訊，包括自然流量、付費搜尋流量，以及多媒體廣告流量等相關數據。

- 內容數據：網站上使用者行為的相關數據，包括使用者瀏覽的網頁網址，以及使用者與網頁內容互動的方式。

- 交易數據：在 GMS 商店上發生的交易相關數據。

GA4 既然強調涵蓋移動 App 應用，所以另外提供一個叫 Flood-it! 的 App 遊戲示範帳號，Flood-it! 是一個簡單的覆蓋上色益智遊戲，玩家必須在規定的步數內將整個遊戲畫面刷成同一個顏色。Flood-it! 有網站版本，也有手機 App 版本，手機 App 也包括 Android 與 iOS 兩個版本，因此，正好涵蓋了 GA4 所有的資料串流形式。

Flood-it! 的示範帳戶是經典的遊戲報表，包括以下類型數據：

- 計算指標（Calculated metrics）：從現有指標計算得出的複合指標，包括每位活躍使用者的平均收益和平均參與時間等指標，也包括依據 Google Play 推薦主要績效指標所計算出的「買家轉換」和「收益活動訊號」等。

- 事件數據：使用者與內容互動的相關數據，包括完成關卡和關卡重設等事件。

- App 的營利電子商務數據：應用程式內購買與廣告營收等相關數據。

建議各位可以特別去觀察一下遊戲 App 的數據與報表，到底和網站有什麼不同，透過 Flood-it! 示範帳號去了解是一個非常有效的學習方法，也可以大約觀察到原生 Firebase Analytics 的介面與報表概念。

存取兩個示範帳戶也很簡單，只要點擊以下網址，按照指示，登入你的 Google 帳號，Google 就會把兩個示範帳號和原本的 GA 帳號給綁定（參考圖 6-1）。

https://analytics.google.com/analytics/web/demoAccount

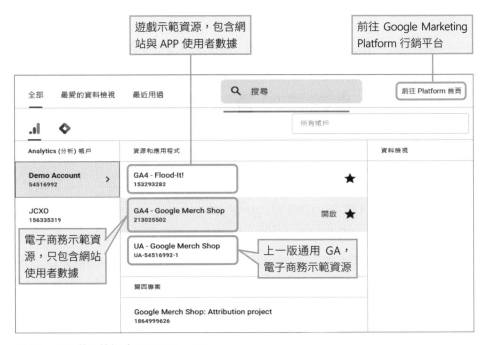

圖 6-1：GA4 的示範帳戶 GMS & Flood-it!

　　在連接完示範帳戶之後，古魯顧問將帶團隊一一走過 GA4 選單中的「首頁」與「報表」的每一個部分。

6-2

GA4｜首頁（Home）

GA4 的首頁是一個 Google 依據分析師個人喜好行為所產生的資訊摘要頁面；方便分析師透過該頁面監控流量、即時情報、瀏覽分析結果以及取得網站和 App 的相關的個人化建議與商業洞察建議，是一個綜合入口頁面。而且，每當分析師持續使用 GA4 的同時，首頁會調整並提供更貼近個人需求的內容，也會提示你最近存取過那些功能（參考如下頁圖 6-2）。

首頁最上方提供總覽資訊卡與即時情報；總覽資訊卡提供了四個關鍵指標「使用者」、「事件計數」、「轉換」與「總收益」的圖表，供分析師快速切換查閱；即時情報的資料則顯示當下發生的活動。資訊卡會顯示最近 30 分鐘內（每分鐘）的使用者人數，範圍涵蓋最多 5 個活動來源國家／地區。上述兩者也可點右下角的連結，進入「報表」選項的「報表數據匯報」與「即時」兩個報表的細項。上述這兩個報表的意義，基本上是想要讓公司的高階主管在最快的時間內，抓取所有最重要的戰情匯總報告。

「近期存取」(Recently Accessed) 則會顯示最近在 GA4 資源中存取過的內容並提供連結。舉例來說，如果近期存取過「管理」頁面，那麼「近期存取」部分的資訊卡就會顯示。「個人化建議」部分就會開始納入經常查看的資訊卡。舉例

來說，如果我常定期查看「工作階段」與「使用者分佈」的資訊卡，GA4 就會顯示該兩張資訊卡在這裡。「洞察和建議」當中，「洞察」則會顯示透過人工智慧找到網站或應用程式中的異常變更、新趨勢和洞察分析；「建議」則會顯示有助取得實用且準確資料的專屬建議。

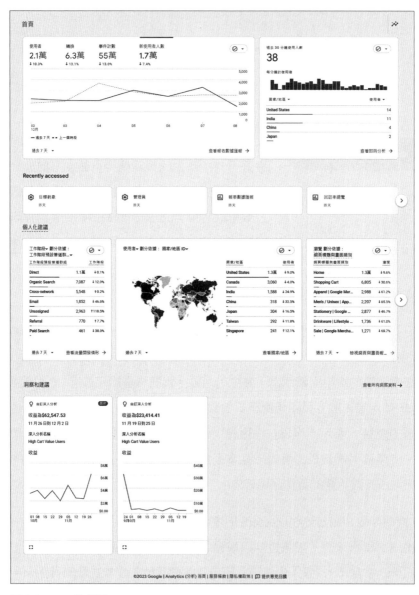

圖 6-2：GA4 的首頁

6-3

GA4 報表｜報表數據匯報 (Reports Snapshot)

看過「首頁」的資訊之後，我們來到「報表」的第一個選項，「報表數據匯報」。

每位分析師都可以根據自公司實際戰情分析的需要，去組合自己想要看的資訊卡，任何總覽報表都可以設為報表數據匯報，但最多只能選擇 16 張資訊卡。想自訂或修改報表數據匯報（Reports Snapshot），可以利用右邊小鉛筆 🖉 圖標的「自訂報表」來實現 (必須有編輯權限才會出現鉛筆圖標，若觀察示範帳戶不會出現)。

報表數據匯報（Reports Snapshot，參考圖 6-3）是一段較長時間的整體情況，可設定關注的期間範圍，亦可在右上方的時間區塊，自行設定。

分享這份報表　　自訂報表

編輯比較項目　　深入分析

在 GA4 的每張報表的右上角，都有四個小圖示；除了「自訂報表」之外，其他三個的功能分別是：

- 編輯比較項目 ：當分析師想為一組資料產生一個對照組，可以點擊這個選項，透過維度的選取來建立一個全新或編輯一個既有的比較項目；舉例來說，比較應用程式和網站資料時，可為不同的地理位置或客層建立一個比較項目，各組比較項目的資料會以不同顏色標示。若想建立一個全新的比較項目，也可直接點擊報表上端的「新增比較項目」 新增比較項目 ＋ ，則意思是一樣的。

- 分享這份報表 ：分享報表的功能是讓分析師可以定期發送該報表給你指定的收件者名單，名單中的收件者本身必須有該資源的存取權；一旦設定該報表分享之後，便會出現在「管理」選單中的「已排定傳送時間的電子郵件」中，分享報表清單當中。

- 深入分析 ：可從許多情報快訊資訊卡中選一項自己感到興趣的分析議題。這也是 GA4 人工智慧與機器學習應用其中的一部分，它會自動從累積的數據當中，找出比較特別或異常的指標，在這邊呈現，前面「首頁」談到的「洞察」版面便是指這一塊。你也可以直接在 GA4 上方的搜尋框用文字的方式尋找既有分析議題，達到同樣的目的。

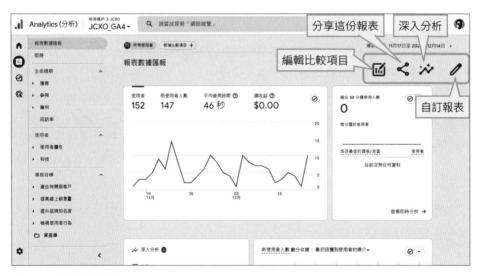

圖 6-3：報表數據匯報

編輯比較項目

分享這份報表

深入分析

自訂報表

圖 6-4：報表數據匯報四項功能的開展

6-4

GA4 報表 | 即時報表
(Real time)

即時報表（Realtime）是顯示公司數位接觸點現在即時情況的儀表板，運用「即時」報表，可隨時掌握 App 或網站中發生的變動。資訊卡的排列方式會清楚顯示使用者如何進入轉換程序，以及使用者在程序中的所有行為，即時報表的資訊卡內容主要包含了：

- 過去 30 分鐘內每分鐘的使用者人數

- 按來源、媒介或廣告活動劃分使用者：使用者來自哪些管道

- 按目標對象或使用者屬性劃分使用者：使用者的身分或區隔

- 按網頁標題或畫面名稱劃分使用者：使用者與哪些內容互動

- 按事件名稱劃分事件計數：使用者觸發哪些事件

- 按事件名稱劃分轉換：使用者完成哪些轉換

即時報表（Realtime，參考圖 6-5）主要用途是：當公司在做重大促銷或限時活動時（例如：1111 購物節、秒殺、限促等活動時），會想要了解即時的最新戰報，以便隨時做戰術與戰略的調整。其中比較有意思的是上方的全球地圖報

表，只要點擊其中一個特定國家的閃爍圓標，GA4 會自動把它變為「新增比較項目 +」，和整體使用者數據來做比對，這邊也蘊含了最基本的「顧客分群比較」數據分析概念。

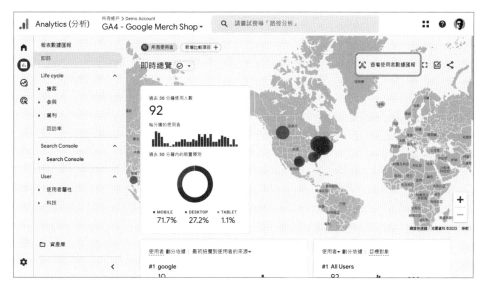

圖 6-5：即時報表

在即時報表（Realtime）的右上方，藏了另一個有趣的「查看使用者數據匯報」，查看使用者數據匯報 如果想要了解特定個別使用者的狀況，只要點擊這個圖標，就有幾張比較有趣的資訊卡，參考圖 6-6，包括了：使用者依時間序的數位足跡與他所觸發的事件列表。

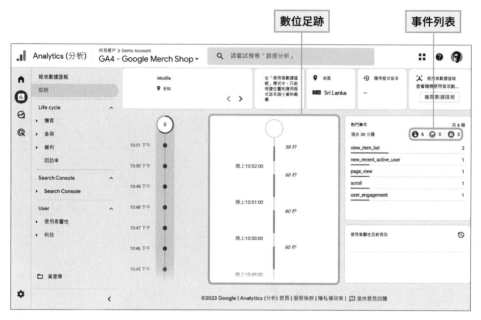

圖 6-6：即時報表的「查看使用者數據匯報」

使用者的數位足跡就是那個當下還正在網站上的訪客,他們觸發了那些事件或轉換;而觸發的熱門事件列表,就是把數位足跡當中熱門的轉換或事件給一一列出來。

藍色手指圖標代表一般事件數量;綠色的小旗子代表轉換事件數量;紅色的小蟲是錯誤事件數量。如果對事件細節內容有興趣,還可以直接點擊感興趣的事件,它就會帶出該事件所有附帶的「參數」和「參數值」。如果能夠理解第五周提到的 GA4 事件數據收集與資料結構,這邊就是另一個驗證該結構的地方。

一般而言,綠色的轉換是我們比較關注的資訊,想看看到底訪客做了那些轉換,又是如何實現轉換的。

6-5

GA4 報表｜生命週期 (Life cycle) 報表｜電商網站 (GMS)AEMR 四小報表

Google 在釋出 GA4 這個版本之後，就在 Release Note 裡面講了一句話，提到 Google 希望「Gain deeper insights about your users and their journeys」，意思就希望 GA4 這個版本的推出，可以讓數據分析師從 GA3 企業官網為出發的視角，轉到專注訪客與顧客的視角，觀察他們的旅程或數位足跡，也嘗試從顧客旅程去探索更深層的訪客類或轉換類洞見。

當然，這一部分的轉變，在未來投放廣告上，也有非常大的幫助。檢視顧客的生命週期，可對每個單一顧客有更深入的觀察，而不只是一個數字或集合體而已。也是從 GA3 量化觀察轉到 GA4 質化研究的一個巨大演進。

GA4 把生命週期報表主要分為 4 大塊 (容我用 AEMR 代表四大塊)：

1. 獲客 (Acquisition)

提供企業透過那些來源、媒介與廣告活動來獲取訪客 (打哪來 ?)。一般導流的管道有大家所熟知的 cpc、organic (SEO)、referral、email、affiliate 等，獲客報表會透過不同的來源、媒介或廣告活動維度，提供量化的獲客指標數據，這一部分由於 GA3 有類似的報表，大家可能比較熟悉。

2. 參與 (Engagement)

　　按事件、轉換與網頁瀏覽情況，提供訪客的參與度相關數據 (做什麼事?)。亦即當訪客透過任何上述「獲客」方式獲取後，一旦來到官網或 App，會在上面產生一些互動行為，例如：看了那些網頁、那些影片、下載那些檔案，甚至是 App 滑過多少畫面比例等，GA4 會一律用事件來記錄這些行為。分析師可以將某些比較重要的事件可設定為「轉換」事件；訪客發生的事件與轉換情況，也是參與報表比較重視的情報；當然，類似 GA3 所熟悉的基本網頁與畫面瀏覽等互動，也放在這裡，他們都被定義為訪客參與品牌的關鍵數據。

3. 營利 (Monetization)

　　按三種不同的商務模式 (電商、App 購買、廣告) 所呈現的營利數據與購物結帳漏斗分析 (賺多少?)。GA4 除了電子商務之外，還納入了另外兩種營利模式。「應用程式內購買」(In-App Purchase) 與「發布商廣告」(Publisher ad)。前者就是一般手機 App 的獲利模式，一次性購買 App 或免費使用 App 但內購升級服務；「發布商廣告」則是大家所熟悉的，利用免費 App 和 Google 合作 Google AdSense、Google Display Network 等廣告版面刊登來營利，如有其他廣告主於該 App 內投放廣告，也算營利的部分。以前兩種購買的營利模式來說，訪客一旦跨過了這個點，就變成顧客了，相對來講，是更重要的 VIP 訪客。因此，在定義訪客區隔或目標對象時，常常會以採購 (purchase | in_ app _purchase) 等特定事件，把訪客和真正的顧客給分離出來，對他們做再進行差異化的行銷或其他更深入的溝通活動。另外，在 2023 年底，GA4 又加了兩張預設報表到營利集合報表中，分別是「購物歷程」與「結帳流程」，其實這兩張報表是拿 GA4 資產庫所提供的「自訂詳細報表」中一個主要範本「結帳流程」來改的 (可提前參考 6-9 章節的內容)，所以我估計是 Google 發現要大家自訂這些營利相關報表似乎有些困難，所以再把這個範本變成兩個新的預設報表，讓以電子商務為主體的新手分析師，不需動手就可以看到購物與結帳的漏斗分析，似乎有點向通用 GA 靠攏的趨勢，讓我們繼續觀察未來是否會有更多類似的作法，把範本轉為預設報表的情況出現。

4. 回訪率（Retention）

　　按新使用者與回訪者的訪問數量、留存參與變化與生命週期價值顯示的數據報表（留多少？）。訪客一旦完成了首次採購，成為首購顧客，在顧客離開之後，品牌當然希望過一陣子，顧客可以再次回來造訪、互動並參與，持續與品牌締結更深的關係，甚至最好發生再次採購行為，實現持續營利的機會。因此本報表幫忙追蹤這些回訪參與的行為，看品牌接觸點是不是有足夠的黏性與產生足夠的營利能力。其中，生命週期價值的意思是：一個顧客從第一次採購直到他離開或退訂，和單一品牌互動採購的總金額（Lifetime Value,CLV | LTV）。這個量化指標非常的重要，也會和行銷決策產生重要關聯性。在第三周珍妮佛曾經問過這個指標，我還專門介紹過，希望各位記得。關注回訪的情況是矽谷許多新創非常重視的指標，時時觀察顧客回訪率與其他各種留存指標，冀望洞悉訪客或顧客在數位接觸點上的效率性與活動性，所有留存指標的相關內容，都會在最後一塊回訪率（Retention）區塊呈現。

　　因此，客戶獲取（Acquisition）、參與（Engagement）、營利（Monetization）與回訪率（Retention），AEMR 這四個階段的顧客旅程核心概念，構成了非常重要 GA4 數據分析與洞見發展的詮釋模型：那就是「從顧客角度出發，關注顧客完整生命週期，檢視最終效期價值，是否達成我方原始期望」。參考圖 6-7。

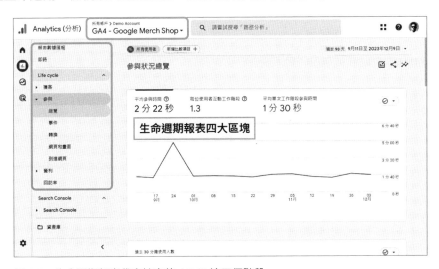

圖 6-7：生命週期報表代表訪客的 AEMR 這四個階段

GA4 報表│遊戲報表、 應用開發人員│ 手機遊戲 App

當前面在看示範帳戶 GMS 的時候，預設的兩大報表是「生命週期」和「使用者」。但如果你把示範帳戶切換到 Flood-it! 的時候，會發現預設報表變成三個，除了「使用者」報表是一樣之外，Flood-it! 其他兩個預設報表是「遊戲報表」與「應用程式開發人員」報表，這也是展現了之前一再提到，GA4 應該分別從網站與 App 兩個不同的視角來閱讀報表，並引用不同的維度指標進行解讀。

Flood-it! 的「遊戲報表」(參考圖 6-8) 乍看之下和 GMS「生命週期報表」很像，都是由客戶開發 (Acquisition)、參與 (Engagement)、營利 (Monetization) 與回訪率 (Retention) AEMR 四階段組成，但是「遊戲報表」一般是用來追蹤更多與遊戲相關的指標，讓遊戲運營商可以去了解在遊戲獲取客戶的漏斗上，可發展哪些的洞見與提出行動改善方案。一般要建立「遊戲報表」，至少要有一個來自 Android 或 iOS 的 App 資料串流。

再仔細深入閱讀 App 與網站 AEMR 報表會發現，還有兩個地方不太一樣：

1. 順序：「遊戲報表」把回訪率 (Retention) 放在第二位，表示是比較重視的指標，例如：活躍用戶或 DAU / WAU / MAU 等這些重要的留存指標。

2. 子選項：「遊戲報表」只有參與 (Engagement) 有三個子選項，不像 GMS「生命週期報表」是只有回訪率 (Retention) 沒有子選項。

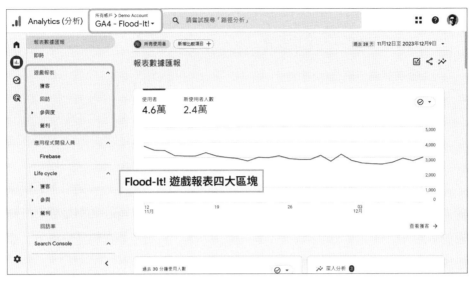

圖 6-8：遊戲報表

　　此外，Flood-it! 還多了一個「應用程式開發人員」報表，也就是原 Firebase 報告。這個報告很顯然的，是為 App 開發人員所設計的。當 App 開發人員把 Firebase 和 GA4 串聯在一起的時候，App 開發人員可以從這個報表觀察 App 使用者的一些行為，主要的資訊卡如下：

- 過去 30 分鐘的使用者人數

- 最新應用程式版本和穩定性

- 使用者留存指標觀察（DAU / WAU / MAU）

- 使用者活動（依同類群組劃分）

- 按網頁標題和畫面類別劃分的瀏覽量

- 按事件名稱劃分的轉換

接下頁

- 每位使用者的平均購買收益

- 發布商廣告曝光

- …

細節各位可以自行參考 Flood-it! 的 Firebase 報告，就不一一列出。之所以要列出部分 Firebase 報告資訊卡的原因，是讓大家看一下 App 和網站觀察所側重的重點真的有比較大的差異，不論在數據判讀、指標定義與洞見分析上，都應該採用和網站不同的思維來細細觀察。

雖然上面提到了 Flood-it! 和 GMS 主要報表的差異性，但是，在如果在資產庫（Library）自建報表時就會發現，其實這些報表都是 GA4 預設好的一個報表集合體（Collection）；理論上，都可以在資產庫自行修改這些預設報表的組成和內容，甚至去增加定義其他想專注觀察的新報表集合。有關於這一部分，我會在本周最後帶領各位在資產庫（Library）自訂報表操作的單元當中再做詳述。

6-7

GA4 報表｜使用者（User）報表

回到網站和 App 都會有的使用者報表的面向（參考圖 6-9），GMS 和 Flood-it! 倒是沒有太大的差異。都有「客層」和「科技」兩個主題，底下再定義相關的總覽報表（summary report）與詳情報表（detail report），這兩類報表的細部操作，同樣在本周最後資產庫（Library）自建報表的單元再一併解釋。

圖 6-9：使用者報表

使用者屬性

定義各種不同維度使用者的數量（他是誰？）。主題會根據使用者在網路上瀏覽和購物時所展現出行為與屬性，來區分使用者的年齡、位置、語言、性別與興趣等項目。我們在第五周曾經提到，GA4 數據收集，改由「人」當主角，因此必須有一個機制去幫同一個人在不同裝置產生的數據進行歸戶，這個在 GA4 是採用「Google 信號」的機制來完成。因此，一般建議在「管理」、「資料收集和修改」下方，「資料收集」選項當中，啟用「Google 信號資料收集」。如此一來，可以有效的取得更全面歸戶後的客層和興趣等資料；此外，GA4 也會從使用者的 IP 位址取得位置相關的位置數據，強化了地域的屬性標籤，有關這個報表識別資訊與 Google 信號的細節，我會在第十周 GA4 進階管理設定詳細說明。

> 註：因為歐洲隱私法規趨嚴的關係，Google 信號這個機制於 2024 年 2 月下線。爾後，企業主要得透過 Device ID 或 User ID 來進行歸戶。

科技

使用者和品牌數位接觸點互動的裝置相關數量資訊（他用什麼裝置？）。資訊內容會依照使用者所使用裝置的各種技術維度顯示流量數據與人數資訊。將網站或行動應用程式埋入 GA4 追蹤碼之後，系統就會自動收集這些資料。一旦掌握目標對象是透過哪些裝置存取與瀏覽內容，行銷層面，可以大致分析商品服務的用戶使用電腦與 App 分布的比重，作為廣告投放預算分配的依據；技術層面，也可當作調整產品服務走向的技術依據，了解目前版本使用情況與規劃未來發展藍圖。一般來說，App 開發者比網站會更重視這些數據。

6-8

GA4 報表 | Search Console(SEO) 報表

在 GA4 裡面有一個隱藏版的預設報表，就是「Search Console」報表，他是一個提供「自然流量」(Organic Traffic) 導入情況的報表，一般也是追蹤 SEO 結果的好工具；但這個報表比較特殊，必須有下面三個前提，才會產生對應的 Search Console 報表。

Search Console 報表的前提

1. 網站已經建立了 Google Search Console 的連結，並已產生了若干自然搜尋的數據。

https://search.google.com/search-console/about

2. 在 GA4 的「管理」、「產品連結」選項當中，完成「Search Console 連結」。(詳見第十周主題，一般需要 24 - 48 小時才會把 Google Search Console 的數據轉過來成為報表。)

3. 你必須有帳戶的編輯權限才會產生；也就是說，如果你使用的是示範帳戶 GMS 或 Flood-it! 的話，你將無法看到這個報表選項。

一旦完成上述工作之後，你就能分析自家網站自然搜尋相關的數據。例如：查看網站在搜尋結果中的排名、找出帶來點擊的查詢；或了解這些點擊促成了哪些使用者行為。例如：使用者透過那些關鍵字進入官網？進入後是到哪些到達網頁？那些關鍵字的參與度特別高？當中又有多少人完成轉換等。

Search Console 提供的兩種報表

GA4 的「Search Console」會提供兩種報表：

1. 查詢：顯示已連結 Search Console 的關鍵字搜尋和相關的 Search Console 指標，如：曝光、點擊次數與排序等等。你可按照 Search Console 維度進一步查看相關數據（和 Search Console 當中數據相同，只是搬到這邊一起看）。

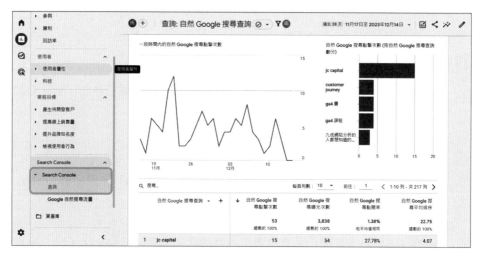

圖 6-10：Search Console 搜尋查詢報表

2. Google 自然搜尋流量：顯示到達網頁 + 查詢字串等相關的指標，也可按國家 / 地區或裝置類別等不同維度深入查看對應的自然搜尋流量數據。

圖 6-11：Search Console Google 自然搜尋流量報表，以國家／地區為維度

　　Search Console 會保留過去 16 個月的關鍵字自然搜尋等相關資料，因此，GA4 中的報表也對應之。

建立第一份自己的 GA4 資產庫自訂報表

上面談到 GA4 的幾個預設報表，或許大家對於想調整預設報表或甚至自訂報表可能開始躍躍欲試，下面我就和大家分享如何建立第一份自己的 GA4 資產庫標準報表。

GA4 的資產庫 (Library) 本質上就類似通用 GA「自訂報表」，只是將彈性與功能進行大幅擴充；當然，主要也是借用 Firebase 資訊卡的意念來包裝這個新形態的報表，讓數據分析師可自行組合各類總覽報表與詳細報表等資訊卡，集結為各類集合 (Collection) 報表。同樣的，這個功能的啟動必須有「編輯」報表的權限；如果在示範帳號下，因為沒有「編輯」報表的權限，所以會看不到「資產庫」這個選項，必須要建立自有帳戶或資源才能看到，我想貴公司這一部分沒有問題 (如圖 6-12)。

在打開「資產庫」選單後，可以看到「集合」和「報表」兩個區塊，意思是分析師可以利用一個集合來設定大型主題報表或先根據特定用例來建立個別的總覽或詳細報表。

從頭建立一個　　　　編輯一個既有的　　　　建立一個各別的總
自訂集合報告　　　　預設集合報告　　　　　覽報表或詳細報表

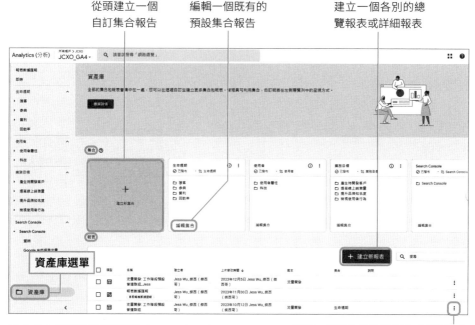

圖 6-12：標準報表（資產庫）Source：Google　　　　編輯一個既有的總覽報表或詳細報表

資產庫自訂報表主要元素層次說明

在表「資產庫」當中，上述自訂報表的層次關係有點複雜，剛開始想自訂報表的分析師非常容易混淆，以下我把「資產庫」報表的層次關係整理說明一下；我們就以預設的「生命週期」報表為例，「生命週期」是一個「集合」報表的概念，底下的「獲客」、「參與」、「營利」與「回訪率」叫做「集合」概念下的「主題」；在每一個主題之下，我們通常會把第一張報表定義為「總覽報表」，由許多「摘要資訊卡」組成，形成一個該主題下概觀儀表板的概念（例如：「參與狀況總覽」）；「總覽報表」之下，可以有許多張「詳細報表」（例如：「事件」、「轉換」等），而「詳細報表」就是用選定的維度指標所組成的數據表格，以及兩個呈現該數據表格的視覺圖表所合組而成。在「詳細報表」中，還可以針對該數據表格所選定的維度指標，來建立長條圖、圓餅圖、折線圖…等不同視覺呈現的自訂「資訊卡」。這些自訂的「資訊卡」又可以為「總覽報表」所選用，

形成該主題的重點資訊視覺呈現。上面複雜的從屬關係，我用下面這張圖表一次說清楚。

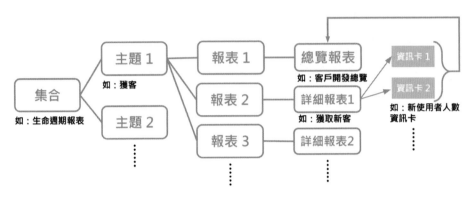

圖 6-13：資產庫自訂報表元素的層次關係 Source：Google

以下針對 GA4 資源對每個元素的限制，略作說明。

● 集合：集合可理解為是一個大檔案夾。集合底下有不同主題的報表群，必須有編輯權限才能夠建立集合，而每個資源最多可包含七個集合。GA4 預設報表中，「生命週期」和「使用者」是即是報表選單中的預設的集合報表。

● 主題：主題可理解為是某個特定分析主題或某個分析視角的匯總，但其實就只是一個標題文字定義。主題可視為集合報表下一層的小檔案夾，每個集合最多可包含五個主題。舉例來說，「參與」就是生命週期集合中的一個主題。

● 報表：就是該主題之下具體的報告內容，用來呈現該主題的重要情報。而情報可分為概觀與微觀，概觀用總覽報表表示；微觀則用詳細報表表達每一個小主題。每個主題最多可包含十份報表，總覽報表只能有一個。

⚙ 建立集合報表

建立「集合」的方式如下。在集合的區塊當中，可以點擊「+ 建立新集合」，來建立自己的集合報表；你可以利用六個目前 GA4 預設集合報表的模板來改；也可以建立全新的集合與主題，再利用已經存在的「總覽報表」與「詳細報表」來組合。組合完之後，記得透過儲存與發布的過程，來將完成的集合報表給正式上線，不然是不會出現在左方選單當中。

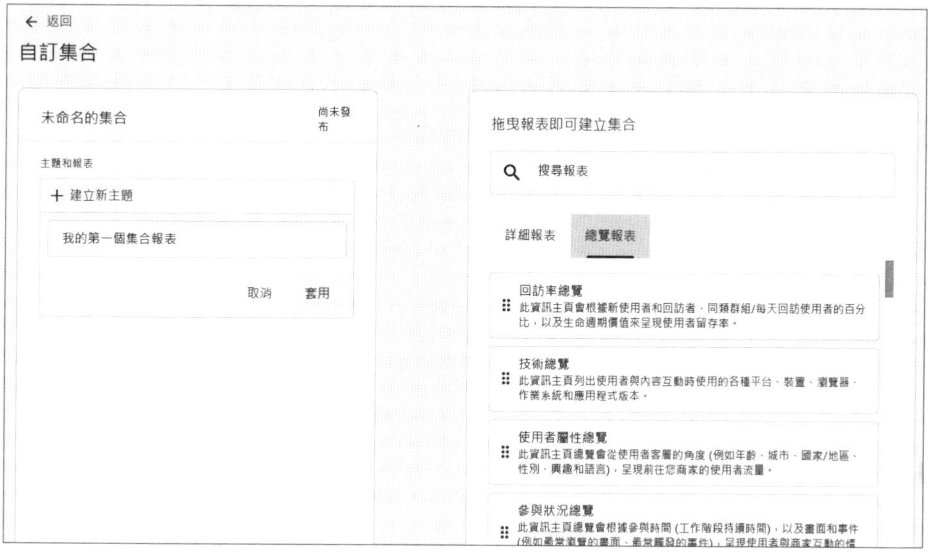

圖 6-14：建立 GA4 的集合報表

　　如果你只是想「微調」目前既有的集合報表，也就是我們之前介紹預設的生命週期、使用者等報表，你也可以打開在「+ 建立新集合」右邊的幾個既有集合報表的資訊卡，你就可以點擊「編輯集合」來微調原來 GA4 已經制定好的預設集合報表。在 2023 年，GA4 又新增了一個「業務目標」的預設集合報表，直接提供一般老闆或分析師高度關心的客戶、銷量、品牌與使用者行為等議題。如果在管理單元的產品連結有連結 Google Search Console(詳見第十周管理設定的主題)，這邊還會出現一個「Search Console」的預設集合報表。

☀️ 建立總覽報表、詳細報表

完成「集合」報表之後，或許我們也想建立「總覽報表」與「詳細報表」。具體方式如下：

讓我們移動到「集合」區塊之下的「報表」區塊。你可以發現，除了有一個報表清單之外，也提供建立單一報表的功能。有時，你想建構報表的範疇還沒到「集合」報表的層次，你只想從某單一特定角度先行了解數據時，就可先建立單一的總覽報表 (overview report) 或詳細報表 (detail report)。

點擊本區塊上方的的「+ 建立新報表」之後，可以選擇「建立總覽報表」或「建立詳細報表」。以下分別說明如何建立。

A. 建立總覽報表

總覽報表就是一張資訊卡組成的儀表板，可讓分析師選擇某主題之下，特別想觀察的資訊卡群，透過組織這些資訊卡來形成該主題的資訊總覽。資訊總覽點擊「+ 新增資訊卡」有兩個來源選項：（參考圖 6-15）

❶ 從預設的「生命週期」、「使用者」、「業務目標」或「Search Console」集合的「摘要資訊卡」當中選取。

❷ 選取 GA4 從各個不同面向提供的 41 張「其他資訊卡」中選取，這邊就不細講這 41 張「資訊卡」了。「其他資訊卡」的新來源，亦可透過在「詳細報表」中的新建資訊卡來實現。

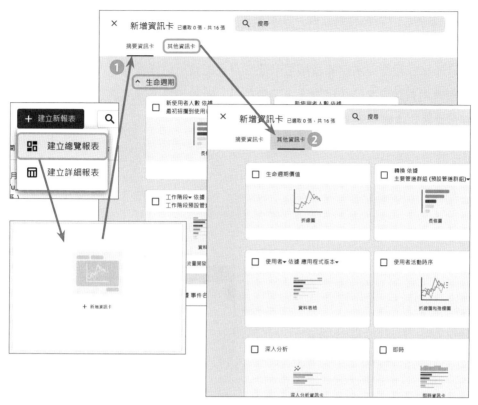

圖 6-15：建立總覽報表後，點擊「＋ 新增資訊卡」後，可從
既有集合報表選取資訊卡或選取 41 張「其他資訊卡」選項

B. 建立詳細報表

　　詳細報表基本上就是基於某特定觀察面向維度指標所建立的兩圖一表報告。如打算建立新的詳細報表時，先選擇某維度與指標來建立基本數據報表矩陣，接著，選取兩張圖表類型來套用剛建立的數據矩陣報表。GA4 因為擔心新手分析師不知如何開始建立詳細報表，也提供十六種不同的範本，讓剛接觸 GA4 的分析師，有參考的依據。這十六種不同的範本包含了：獲取新客、流量開發、事件、轉換、網頁與畫面、到達網頁、電子商務購買、結帳流程、應用程式內購買、發布商廣告、促銷優惠、查詢、Google 自然搜尋流量、客層詳情、目標對象與技術詳情等。不過聰明的你很快可以發現，這些範本就是預設報表

「生命週期」、「遊戲報表」與「使用者」等大部分的預設詳細報表內容。如果想有點自己的創意，還是可以從零開始，由商業情境推演特定的維度、指標，設定數據報表矩陣與決定圖表類型來建立自己的第一份詳細報表。當你覺得某張圖表非常有代表性時，可透過右下角的「+新建資訊卡」來建立自訂資訊卡，完成之後可像前一小節所述，供總覽報表來選用。

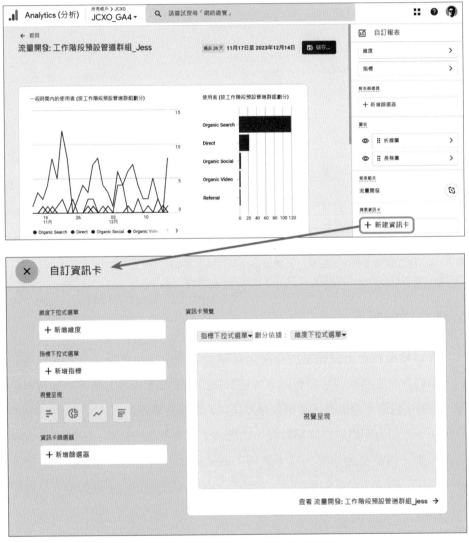

圖 6-16：可編輯詳細報表並點擊「+新增資訊卡」來實現「自訂資訊卡」

6-10

第六周任務

第六周作業

傑瑞　　凱文　　古魯

第六周是第一周實作練習的課程，在古魯顧問的講解下，大家都在筆電上實際操作。當然，為了讓學員充分練習，所以除了原本的示範帳號之外，傑瑞、凱文還規劃了一個公司官網數據的 GA4 沙盒（Sandbox）練習環境，讓大家能較無顧忌的在非正式環境下，玩轉公司實際的訪客數據。

當古魯準備結束 A 公司第六周的 GA4 實作訓練課程離開時，訓練教室還是十分安靜，只有窸窸窣窣的討論與一些鍵盤與滑鼠的點擊聲。大家都還埋首於筆電前，想嘗試解讀 GA4 的 AEMR 預設報表與進階自訂報表操作，「Digi-Spark」團隊成員更得趕緊熟悉如何自訂資產庫當中，A 公司專屬的總覽與集合報表。古魯不想打擾大家，所以私底下和傑瑞、珍妮佛交代了第六周的作業。本周的作業為小組練習，請參與同仁 3 人為一組，討論下面作業，完成後，兩組再比對討論。另外，由於從第 6 ~ 10 周起，重點在於實作，「Digi-Spark」團隊將不需另有衝刺計畫。

關於 AEMR 的說明，可以回看章節 6-5。

1. 請從 A 公司 GA4 的預設報表，生命週期、使用者與 Search Console 中，各找出一個報表，說出你自己的觀察與洞見詮釋。

2. 請從 A 公司現有的商業情境進行討論並思考，利用資產庫自訂報表，分別建立一個有實際商業意涵的總覽報表與兩個詳細報表，並把他們組合成一個全新集合報表，當作 A 公司的第一個自訂報表集合。

接下來第七周，古魯也預告會帶大家進入精彩 GA4 探索分析實作，古魯轉告珍妮佛與傑瑞，請大家若能有 A 公司過去想分析與探索的問題，可先準備好，將可以在第七周的探索課程直接示範現場拆解。

進階分析好工具：GA4
探索分析模型與商業應用

"Fail early, success sooner."

" 越早失敗，越快成功。"

IDEO 創辦人 David Kelly

在第六周的課程結束後，「Digi-Spark」團隊自己分成兩組，分頭由傑瑞與珍妮佛帶領，完成了古魯交代的作業；第七周當古魯踏進訓練教室的時候，先針對第六周的作業進行討論；預設報表詮釋的部分，在古魯問了若干問題微調之後，雙方都得到滿意的答案；而自訂報表的部分，團隊完成了一部分，但傑瑞與珍妮佛反應成員覺得要發想一個全新的集合報表並結合實際商業情境還是有點困難，因此，這個作業可能要稍微延長一點，古魯同意。於是，在討論完第六周的作業之後，古魯帶領大家進入第七周，GA4 探索分析的殿堂。

GA4 探索報表與 探索分析魔法師: 「探索編輯器」

古魯第四周曾提過，GA4 有兩大報表系統，分別是資產庫 (Library) 與探索 (Explore) 分析報表。上周已經介紹過了資產庫 (Library) 的部分，接著分享這個從 GA360 所借用過來的進階探索分析報表實作。

若熟悉通用 GA 的分析師可能對資產庫的報表還有點熟悉，而「探索」分析報表若是之前沒有訂閱 GA360 的話，可能會覺得完全摸不著邊。其實這幾個分析技巧當中，大多數以前就分散在通用 GA 的若干預設報表當中，只是能調整的參數不多就是了，但對基本觀念應該也不至於感到陌生。

點擊主選單的「探索」進入該單元，可以發現 GA4 的探索分析同樣可分為兩大區塊，一是「範本庫」(Template Gallery) 與另一是「報表中心」(Report Hub)。(參考圖 7-1)

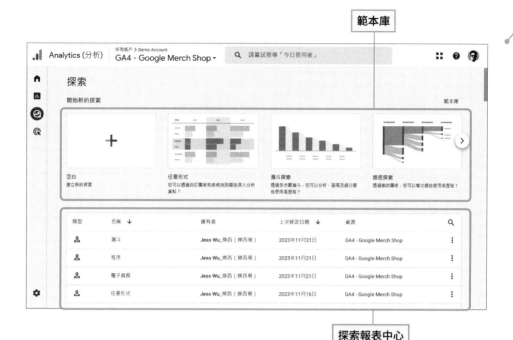

圖 7-1：「探索」的「範本庫」（Template Gallery）與「報表中心」（Report Hub）

「範本庫」（Template Gallery）是 GA4 依據不同的分析技巧模型、功能用途與特定產業，提供出來的經典分析模型範本，方便給分析師套用到所收集的數據之上，冀望以這幾個強大的模型，幫助企業產生商業洞見；目前範本庫提供任意形式（自訂維度指標的表格）、六大「技巧」（後面詳述）、三種「用途」情境以及兩種「產業」模板工分析師選擇。

「報表中心」（Report Hub）則自動儲存分析師已建立的探索模板報表，並列成一張清單。隨著時間的流逝，分析師依舊隨時可以套用最新收集的數據到任何一個已生成過的模板報表之上。因此，分析師便可隨時依據網站或 App 所收集的最新數據進行檢視，產生即時的「商業智能隨取」洞見（ad-hoc report），來向老闆或主管報告，這也含有「迭代更新」與「持續改善」的意涵存在。

雖然 Google 免費提供這些分析模型，但在免費的 GA4 版本，也是有報表與其他資源使用數量上的限制，目前限制規範如下：

- 每個資源每位使用者建立最多 200 項個別探索

- 每個資源建立最多 500 項共用探索

- 每項探索最多可套用 10 個區隔

- 每項探索可以套用最多 20 個維度和 20 個指標

- 每個分頁最多可套用 10 個篩選器

接著，我們要介紹玩轉 GA4 探索分析最主要的工具：「探索編輯器」。

「探索編輯器」是一個可以讓分析師選擇探索分析模型後，透過拖拉的方式，決定各種區隔、維度、指標和篩選器，最終產生我們想要的商業洞見。另外，如果分析師選擇從「範本庫」模板開始，不管你選用什麼樣的「技巧」、「用途」或「產業」模板應用，最終都會回到「探索編輯器」的介面來進行編輯和調整。

接著，讓我們深入解釋「探索編輯器」究竟如何運作。探索編輯器基本上分三個欄位，左 Ⓐ 欄是「變數」選擇，左 Ⓑ 欄是標籤「設定」，最右邊一大區塊，則是依據所選擇的模型或技巧模板，產生報表或呈現圖形的畫布，你可以隨時調整「變數」選擇和標籤「設定」中的排列，右邊視覺畫布的呈現就會跟著改變。

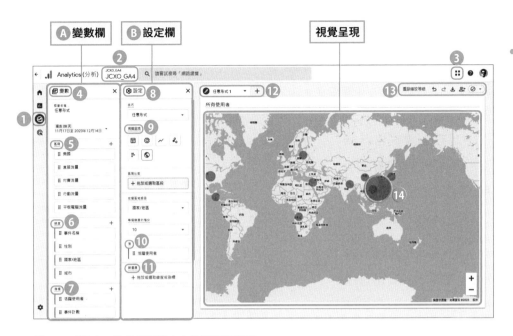

圖 7-2：「探索」的分析模型中心的探索編輯器

1 返回探索首頁

2 選擇要分析的 GA4 帳戶和資源

3 Google Marketing Platform 頁首與其他產品

4 **變數**，提供這項分析可用的維度、指標和區隔

5 **區隔**是依探索需要劃分的**使用者群組**

6 **維度**是分析的標的，可在「設定」的「細目」區域新增維度

7 **指標**用來在探索分析中提供對應數據。可在「設定」的「值」區域新增指標

8 **設定**，為畫面目前顯示的「視覺呈現」指定分析技術。(共有七大技巧可選擇)

9 選取**「視覺呈現」**來變更目前選用技術的數據顯示方式

10 **細目**、**值**和其他設定選項 (列出項目視選用技術而異)，用來自訂分析

11 **篩選器**用來進一步篩選最關心的資料。可根據維度或指標 (兩者並用也可以) 來進行篩選

12 探索分析多分頁顯示各種報告

13 工具列可用來復原和取消變更指令、匯出資料，或取得分析取樣相關資訊

14 視覺呈現會根據目前的分頁設定顯示資料。可在視覺圖表中的資料點上，
按滑鼠右鍵，與資料進行互動。(通常是為了建立區隔)

接著，細講探索編輯器的左 Ⓐ 欄「變數」和左 Ⓑ 欄「設定」。

左 Ⓐ 欄 的 「變數」是讓分析師可以依據想看到的期間、區隔、維度、指標等四大變數自行調整，隨時檢視收集數據套用選擇變數後，模型所產生的圖形或表格呈現。

左 Ⓑ 欄是標籤「設定」，是讓分析師可以選擇不同的「技巧」，或調整右邊畫布圖表的列或欄內容，甚至是加上不同的訪客「區隔比較」或「篩選器」來進階分析。

基本上，標籤設定的內容和所選的模型是彼此關連的，因為每個模型要求的標籤設定不太一樣。有關每個模型和標籤設定的對應關係，各位有興趣的話，應該可以專門另開一門 GA4 探索模型標籤套用的課程來繼續探討，後面我逐一說明每個模型的商業應用時會稍微帶到，這邊暫時不再深入。

而「篩選器」的功能是讓分析師可針對真正感興趣的數據資料，透過各種不同的維度或指標條件，再做一次進階篩選，觀察我們真正感到興趣的數據。

從這個探索編輯器也可以再次驗證，維度與指標可說是如影隨形地出現在各種分析方法當中，如果一個分析師不能夠具體去了解每個維度與指標的意涵與用法，卻想利用探索編輯器去套用模型，產生出一份有意義的報表，有點緣木求魚。所以，維度與指標如同數學幾何學的ＸＹ軸，清楚ＸＹ軸與四大象限，再往下談座標與函數才有意義，這也是我在第一周就和大家說明維度與指標的原因，在探索分析中，每項探索可以最多套用維度和指標各 20 個。

講完維度指標宛如ＸＹ軸，如果網站數據分析的洞見探索要再加上一個Ｚ軸，會是什麼呢？聰明的各位可能想到，那就是區隔了。幾何學的 XY 軸學得好，就進化到一個分析二度空間；再加上區隔這個 Z 軸，分析的功力才能進化到三度空間，也唯有進化到分析的三度空間，才能有機會真正探索一般初級分析師可能無法發現的洞見。

來說結論，探索編輯器是讓分析師可依據自己最大的自由意志，調整「變數」與標籤「設定」，來改變右一欄畫布呈現的分析圖形結果，檢視不同的分析結果是否能找到更佳的商業意涵或洞見。

大體來說，初次接觸 GA4 探索分析的人，常常因為探索編輯器的彈性與選擇實在太多，就被複雜的編輯器介面給嚇到了。依據我個人經驗，這一部分的確需要多看、多了解、多練習去套用各種模型，產生報表，並研究他們當中數據安排方式與報表呈現的差異性。意義解釋的部分，去思考每個分析模型所產生的報表，套在公司的商業情境，到底是嘗試表達什麼事情？經過反覆演練套用，相信可漸入佳境。下面我會把六個重要探索分析模型的主要商業應用一一說明，相信各位再充分理解之後開始進行套用，應該更容易心領神會，縮短學習曲線。

GA4 探索 | 任意形式
(Free-form)

所謂任意形式的探索，自然是直接利用探索編輯器，在「變數」欄選擇適當的日期、維度、指標與區隔；在標籤「設定」欄自行選擇適當的技巧、視覺呈現，並拖拉「變數」欄的維度、指標與區隔所形成的圖或表。

⊞	表格 (預設)	⅋	散布圖
◔	圓環圖	⊨	長條圖
～	折線圖	🌐	地理區域地圖

圖 7-3：任意形式可以選擇數據表格或五種不同的圖形呈現方式

運用任意形式的探索技巧，你可以完成下面各種分析報表：

- 選擇表格或五種視覺化圖表來呈現各種數據
- 視需求有彈性的選擇各類維度指標當作列和欄，進行數據排列或選定指標進行升冪或降冪排序
- 進行多個指標的並列與比較
- 利用雙重維度建立巢狀數據表格，將數據有系統的分組
- 善用區隔和篩選器的功能，縮小任意形式探索範圍，只看最重要的數據
- 根據某一個有意義的小數據，建立區隔和目標對象

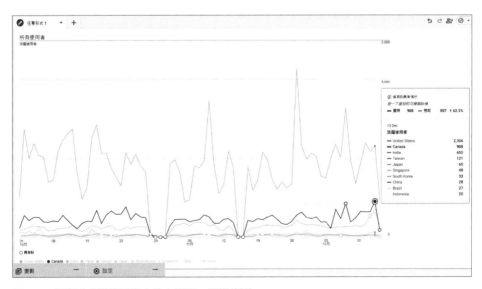

圖 7-4：彈性十足的任意形式探索技巧

當你對商業情境非常了解，也知道如何用各種不同的維度、指標與區隔來表示的時候，任意形式的探索分析，是一個非常棒而有彈性的選擇。

任意形式探索技巧當中的折線圖藏有一個小彩蛋，就是可以自動幫我們進行「異常偵測」，方便分析師透過折線圖的視覺呈現，找出資料中的離群值進一步關注。其中我們得決定日期範圍（持續天數）與敏感度，一旦定義完兩者，「探索」就會對訓練資料套用貝氏狀態時空序列模型（Bayesian state space-time series model）來預測時間序列中顯示異常的指標值。

圖 7-5：任意形式折線圖當中的小彩蛋：異常偵測

GA4 探索 | 漏斗（Funnel）分析與商業應用

在通用 GA 有一個行銷人員最愛使用的「行銷漏斗」分析：「程序視覺呈現」；轉到 GA4 裡來，就是這個「漏斗」探索報表。

圖 7-6：行銷人員最愛使用「行銷漏斗」分析概念

「漏斗探索」主要是將使用者完成某個目標之前，所經過的步驟化為程序（形似漏斗）圖表，便可迅速瞭解全體使用者完成或沒完成各個步驟百分比轉換的情況。（例如：光顧過一次的新客戶如何成為常客？潛在客戶選購產品及結帳的過程有無困難？）接著，判讀這些轉換程序的數據，設法來改善這些轉換成效不佳的客戶流程，那些多數消費者忽然決定放棄的步驟，究竟是哪個環節出現

問題。「行銷漏斗」是數位行銷界幾乎已經朗朗上口的名詞，大部分人都非常了解，並廣為使用的分析手法。了解漏斗上、中、下層（Top-Middle-Bottom of Funnel）轉換數據的變化，才能了解漏斗的哪個階段有優化的空間，這邊就不再做細部闡述，很多書籍或網站資訊都找得到。

要特別提醒的是：「漏斗探索」還是可以加上訪客「區隔」，來了解不同區隔的訪客，在「行銷漏斗」（「漏斗探索」）有何差異，類似這樣加上區隔，是網站數據進階分析最常使用的手法，也就是剛剛才談到的分析 Z 軸。各位也可以多加利用。

在 GA4 最多可套用 4 個區隔來指定特定客群做為分析比較重點。

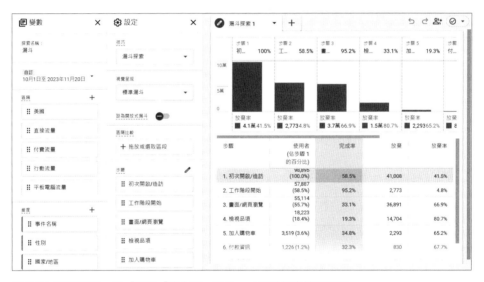

圖 7-7：「行銷漏斗」在「探索」「範本庫」裡 Funnel 漏斗探索技巧呈現

7-4

GA4 探索｜路徑（Path）分析與商業應用

在通用 GA 有另一個行銷人員經常使用的「行為流程」分析，轉到 GA4 裡來，就是「路徑探索」分析。

路徑探索也是另一個在數位行銷界大家頗熟悉的手法，理論就是利用樹狀圖的視覺呈現去探索使用者的行為歷程，藉此深入理解使用者真正的移動路線，再檢討和當初網站規劃時預計使用者行進的路線到底一不一樣。

路徑探索技巧一般可以分析下面這些問題：

1. 找出新使用者在進入首頁後，最常開啟那些網頁。
2. 瞭解使用者在遇到應用程式例外狀況後，採取了什麼行動。
3. 可標示出重複出現的迴圈行為。這代表使用者可能在操作過程中卡在某些環節，沒有順利的往下一個目標邁進。
4. 判斷特定錯誤或意外事件發生後，對使用者後續行為的影響（App 較常使用）。

另外，在路徑探索上，可再分為正向追蹤與反向追蹤兩種分析方式，正向追蹤當然就是使用者進入網站後的移動路線；而反向追蹤也稱為反轉路徑分析，意即從網站目標反推，追蹤在實現網站目標前，使用者走過哪些特定路徑，這個技巧可以有效的找到實現商業目標前的幾個「關鍵路徑」（critical path)，持續的優化與改善這些「關鍵路徑」，甚至在網站複製更多的「關鍵路徑」，提高轉化率。

最後，同樣的，「路徑探索報表」還是可以加上訪客「區隔」，來了解不同區隔的訪客，在「路徑」、「動線」或「目標轉換反轉路徑」上有何差異。

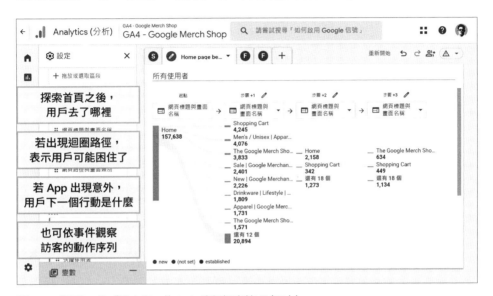

圖 7-8：「探索」的「範本庫」的 Path 路徑探索技巧（正向）

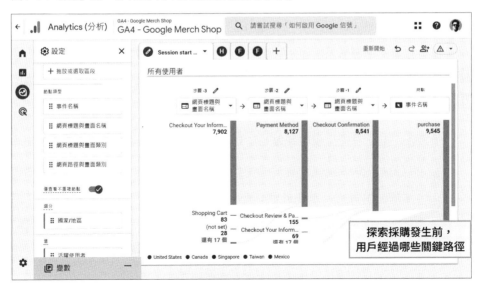

圖 7-9：「探索」的「範本庫」的 Path 路徑探索技巧（反向）

7-5

GA4 探索｜區隔重疊（Segment Overlay）分析與商業應用

前面一再提到的網站分析的 Z 軸：「區隔」很重要，「區隔重疊」技巧就是專門針對「區隔」深度分析的加工技巧，此技巧可以觀察最多 3 個不同客層區隔的重疊情形，或是彼此之間的關聯（交集與聯集），來增進對不同「區隔」訪客在某些條件（如特定廣告或網頁）之下，行為重疊性的瞭解。

「區隔重疊」技巧的交集或聯集一旦透露出關鍵的訊號，我們便可透過區隔重疊產生的複合條件，劃分出全新的目標對象（新複合區隔）。接著，根據分析結果，賦予這個新目標對象分析上的意涵；後續，可以把這個全新的目標對象，再套用至其他「探索」技巧或 GA4 的其他分析報表中，甚至可以在 GA4 儲存該目標對象，拋轉到 Google Ads 當中，形成一個一條龍的操作。本質上，這個技巧可說是「區隔」應用的加強版，或簡單用「再區隔」來進行訪客區隔分析的細化。

參考圖 7-10，區隔重疊本身是互動式的圖表，使用區隔重疊探索的方式為：

1. 將滑鼠游標移到選定區隔的交集或差集上，查看該交集或差集有多少「活躍使用者」、「事件計數」或「交易」的數量。預設展現數值是「活躍使用者」，你可以在探索編輯器左一欄「變數」當中最底端的「指標」區來改變成「事件計數」或「交易」的指標值，做法是選取後，將它拖拉到左二欄「設定」區的「值」區進行調整。

2. 你也可以在探索編輯器左一欄「變數」當中最底端的「維度」區來選取不同的維度，將它拖拉到左二欄「設定」區的「細目」區進行再切割。你將可查看該這些交集或差集在不同維度的具體數量。

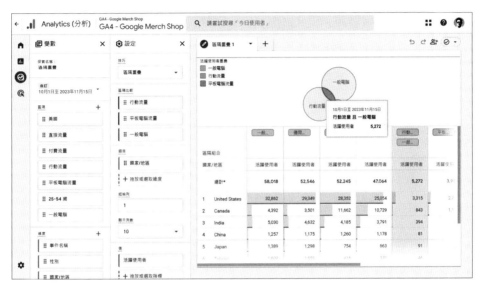

圖 7-10：「探索」的「範本庫」的 Segment Overlay 區隔重疊技巧

如果在上述任一操作點擊滑鼠右鍵，你還可以進行下面兩件事：

(1)「根據所選項目建立區隔」

此時，會跳出「自訂區隔編輯器」，讓分析師了解此區隔的摘要資訊，或微調該區隔的屬性，在區隔編輯器裡，你還可以把該區隔建立成一個新的目標對象。「自訂區隔編輯器」和「目標對象編輯器」介面非常接近，新手常常會搞混，微小的差別是在右邊的介面，我會在第八周帶到兩者的主要差異。

圖 7-11：介面非常接近的 GA4「自訂區隔編輯器」和「目標對象編輯器」，需仔細分辨

(2)「查看使用者」

直接觀察該區隔內每個訪客的行為，此時會跳出另一個「使用者多層檢視」報表，讓分析師檢視放大鏡細化到單一使用者旅程的層級。有關於「使用者多層檢視」報表，稍後就會提到。

「區隔重疊報表」也可透過探索編輯器左二欄「標籤設定」設定最底端的「篩選器」來進一步過濾資料，比方說，限制區隔重疊圖表和資料表只納入「電子商務收益 > NT$ 30,000 元」的使用者記錄。

舉兩個實際應用案例，增進對本分析模型的理解：

1. 當網站利用不同的聯盟行銷（Affiliate）網站導進兩群不同客人，這時，就可以套用「區隔重疊報表」去判別導進來客人的重疊度高不高，來決定後面是不是要繼續和這兩家聯盟行銷商合作，或者可縮至一家。

2. 假使想找出「回訪使用者」是否是使用「行動裝置」，並完成「轉換」，就可以產生這三個條件的「區隔重疊」報表，觀察交集區的大小，如果人數足夠多，可把這個交集區隔打成受眾包，轉去 Google Ads 做再行銷。

「區隔重疊報表」的在數位行銷界的普及性就沒有前兩者那麼高，所以希望這兩個例子可以幫助各位有效了解這個技巧的商業應用，也期望各位可以想出更多可能的應用。

7-6

GA4 探索 | 使用者 多層檢視(User)分析 與商業應用

　　有時候，若想進行訪客定性分析或對匿名轉實名後，針對特定個別訪客行為深入了解，這時就可以利用「使用者多層檢視」報表，來觀察個別訪客的活動。了解個別訪客行為與完整活動記錄，有助於觀察使用者個人化的體驗旅程或取得更深入的行為分析，甚至發現並排解我們鎖定的 VIP 客人，在互動過程中可能遭遇的問題。

　　舉例來說，假設想對平均客單價(AOV, Average Order Value)高的訪客(VIP)感到興趣，就可以挑出一位該類訪客，進行深入行為分析；或者，想查看新訪客(New Users)瀏覽時，通常會在哪個步驟會遭遇困難或麻煩。在了解新訪客個別行為後，就可把常見困難的接觸點，利用初次造訪輔助提示(On-boarding Assistance)的方式，來提升新訪客的易用性與用戶體驗。

　　在「使用者多層檢視」報表中(參考圖 7-12)，每個訪客都會用一串獨特的數字來代表，可以先從報表的指標當中，找到感到興趣的訊號進行篩選。例如前面提到的高平均客單價，只要點擊該訪客數字串代號，就可以進到下一層個別訪客觀察介面(參考圖 7-13)。

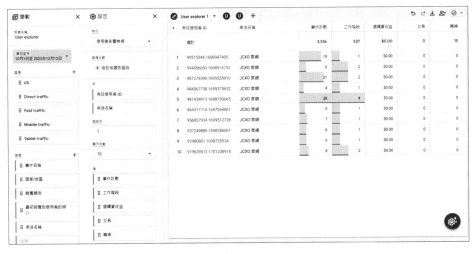

圖 7-12：「探索」的「範本庫」的使用者多層檢視技巧

往下一層的個別訪客觀察介面，可以去了解這個特定顧客與品牌數位接觸點互動的過程與參與的熱門事件統計，這相信也是 GA4 改用訪客為中心與事件為單位的量測模型之後，最棒的功能體現之一，也讓過去難以實現的數位顧客旅程或數位足跡，可以具體的在 GA4 當中給呈現出來。

圖 7-13：「探索」的「範本庫」的使用者多層檢視：單一用戶行為檢視

7-7

GA4 探索 | 同類群組 (Cohort) 分析 與商業應用

同類群組探索 (Cohort) 是遊戲、通訊軟體、網路或 App 內容訂閱服務業者非常喜歡使用的一個分析模型；矽谷常談到的成長駭客操盤模式，了解顧客留存 (retention) 的情況是必然的關鍵指標，也常會用到這個分析技巧。其實在通用 GA 版本，目標對象之下，也早已有「同類群組分析」這個報表了。

同類群組探索就如同字面上的意思，把某個特定屬性 (或維度) 一樣的人放在一個籃子裡一起觀察的一個分析方法。而在通用 GA 和 GA4 所講的 Cohort 又特別指在「同一期間」成為訪客或顧客的一群人，觀察他們隨著一個一個時間週期的流逝，留存率的變化情況。

而這邊要討論的重點是這個「同一期間」的時間刻度，在 GA4 可以選擇刻度有日、周和月三種，可以根據實際商業運營的需要，來決定用什麼時間刻度來觀察留存是最適合的。(顯然的，這和產品生命週期有高度關聯性。) 一旦決定觀察的時間刻度之後，Cohort 就會依據該時間刻度開展從期間 0 到 4 的五個時間段，提供這五個時間段顧客留存率變化的數字。(通用 GA 則拉到 13 個時間段觀察。)

在同類群組的留存分析數字顯示，還有三種不同計算方式，常常也讓分析師昏頭轉向，分別是：標準模式 (standard)、滾動模式 (rolling) 與累積模式 (cumulative)，分別解釋如下。

1. 標準模式（standard）：時間段 0 所獲取的顧客總數，在觀察的後面任一時間段，再次回訪的數量（不必連續）。（以時間段 0 為研究核心，在後續時間段互動顧客數量的留存觀察，每個時段皆為獨立觀察型態，不具連續性。）

2. 累計（滾動）模式（rolling）：時間段 0 所獲取的顧客總數，在觀察的後面任一時間段當中，顯示有「連續」再回訪的數量。（以時間段 0 開始，顧客持續保持互動的純量研究，呈現也會是減量數列。）

3. 累積模式（cumulative）：在觀察時間段從時段 0 開始，在觀察的後面任一時間段當中，持續累計的互動訪客總數量。（以時間段 0 開始，新舊顧客均加入計算，保持互動的總量研究，不管是不是連續回訪，因此呈現會是增量數列。）

至於要套用哪一種同類群組分析的計算方式，還是要回歸商業情境與想了解的群組問題來決定。

了解計算的三種模式之後，同類群組探索（Cohort）還有一個數字觀察角度的問題，分別是橫觀、縱觀與斜觀（參考圖 7-14）。這三種不同的觀察模式又分別代表什麼商業意義呢？

- 橫觀：專心看某個時段的同類群組，隨時間流逝的留存與消長的變化
- 縱觀：專心看某個特定時間點，對不同時段產生的同類群組的留存與消長變化
- 斜觀：專心看某一特定時間點的活動或促銷，對不同時間段同類群組的留存影響

舉幾個實例來說明上面的三觀實際應用，幫助各位了解實際商業運用。

1. 橫觀：9 月第一周獲取的顧客同類群組，隨著時間的流逝到 10 月底，活躍度是否有漸漸下降或冷卻的跡象？為什麼？

2. 縱觀：以目前 10 月第一周的情況來看，前面哪一周獲取的顧客群組留存最高？為什麼？

3. 斜觀：11 月的 1111 購物節期間所推動的電商促銷，對比之前不同時間段所獲取的同類群組，哪一群組反應最好？為什麼？

最重要的就是這個問自己「為什麼？」，「為什麼？」是一個很重要的思辯過程，要逼自己去思考各種可能性，即使想錯了也沒有關係，網站數據分析本來就是從不斷的假設與驗證中取得經驗值，慢慢培養準確預測的能力。

最後要再複述提醒，要使用哪一種數字計算方式或採三觀哪種觀察模式，當然與網站或 App 的屬性與商業情境高度相關。通常，多次失敗與經驗累積之後，分析預測與洞見推演才會漸臻完善。就像 IDEO 創辦人 David Kelly 的名言：「越早失敗、越快成功（Fail early, success sooner）。」在網站數據分析的領域同樣適用。

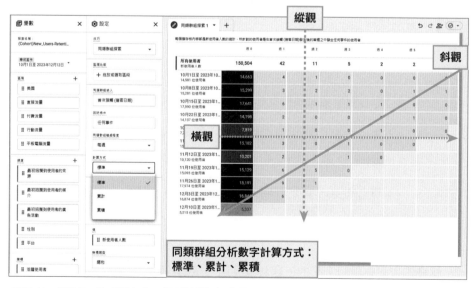

圖 7-14：「探索」的「範本庫」的同類群組探索技巧

GA4 探索 | 使用者
生命週期（User Lifetime）
分析與商業應用

第五周曾提過，GA4 的數據收集與資料結構設計，已經從關注網站與工作階段，轉而到以使用者為中心，關注他們的生命週期。因此，GA4 就把收集到的使用者個人數據整合交易數據，產生使用者生命週期報表，讓分析師可深入了解不同使用者的具體產值（效期價值）。

使用者生命週期報表的商業應用是：在訪客或顧客生命週期內的行為，依據效期價值去發掘若干特定維度的分析數據，以找出最好的獲客管道或 VIP 當中的 VVIP（參考圖 7-15）。

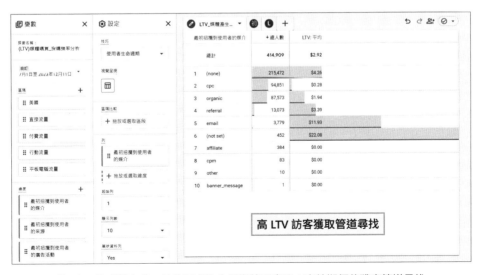

圖 7-15：「探索」的「範本庫」的使用者生命週期技巧應用：高效期價值獲客管道尋找

幾個應用範例如下：

- 高效期價值獲客管道尋找：哪些來源／媒介或廣告活動，最能吸引高效期價值 (Lifetime value) 的訪客（不限於所選月份的收益）。

- 高投報廣告尋找：可根據 GA4 預測模型，計算出投放中的廣告活動，哪些可開發更具價值、購買機率更高或流失機率更低的顧客。

- VVIP 具體產值：可運用類似 GA4 裡「第 90 個百分數」（也就是前 10% 產值的訪客）的相關指標，去找出 VVIP 與一般顧客產值的差距，擬定對應方案。

- 高互動、高頻率或高產值訪客尋找：針對高互動、高頻率或高產值 (也就是之前提到的 RFM 模型) 的使用者行為深入分析。例如：每月活躍訪客上次購買產品的時間，或是最近一次與 App 互動的時間。

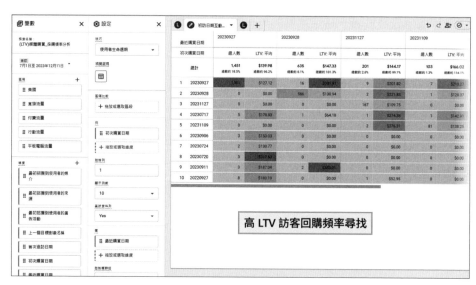

圖 7-16：「探索」的「範本庫」的使用者生命週期技巧應用：高互動訪客尋找

選擇的訪客母體是依據「選取日期範圍期間」內的活躍訪客，要注意的是：不能夠改變使用者生命週期當中的結束日期，這個時間會固定為「昨天」。

這項技巧會顯示每位訪客以下的數據：

- 初始互動：訪客首次與資源互動的相關數據，例如：使用者首次造訪或購買日期、使用者是透過哪個廣告活動所開發的。

- 最近互動：訪客上一次與資源互動的相關數據，例如：訪客上次活動時間或購買日期。

- 生命週期互動指標：訪客生命週期內的匯總資料，例如：生命週期的總收益或參與度。

- 預測指標：透過機器學習產生的訪客資料，可用於預測更多的訪客行為，如：購買機率、應用程式內購機率、流失機率等。

顧客效期價值 (lifetime value, CLV／LTV) 是現代各類商業經營很看重的一個數字，不同的產業會有不同的顧客效期價值，同時，顧客效期價值也必須和獲客成本一起考量。

最後，值得附帶一提的是：顧客效期價值是和報表識別資訊 (Reporting Identity) 具有高度關聯。既然是計算一個顧客的終身價值，當該顧客跨平台或跨裝置與品牌接觸點互動的時候，應該要能夠辨識與追蹤是否為同一人，才能把該顧客所貢獻的實際產值進行總歸戶。第五周談設計理念時，也曾提到這個報表識別資訊，第十周我會做更深入完整的說明。

7-9

GA4 探索｜範本庫｜用途 (Use Cases) 與產業 (Industries) 模板

介紹完上述探索範本庫的六大技巧模型，相信許多人已經是脫了一層皮。當然如果你能克服學習的困難，能夠好好運用上述六大數據模型，我相信你就能夠分析與發展許多具有高含金量的洞見，往高階的分析師的路邁進。

GA4 的探索範本庫還提供了懶人包，打包了三大用途與兩大產業範本模型庫來切入應用。三大用途的意思是：如果正好有「獲客」、「轉換」或「使用者行為」的應用角度時，GA4 已經幫分析師拉好幾個它覺得最相關的技巧報表，讓分析師可以直接套用或透過探索編輯器進行微調。三個用途的預設報表分別如下：

1. 獲客：提供若干與開發來源 / 媒介相關的基本報表與廣告活動；另外，就是依據開發來源 / 媒介，觀察訪客或顧客的行為與留存狀況。
2. 轉換：提供轉換類型、轉換來源與期間轉換次數的報表。
3. 使用者行為：工作階段的開始行為、首頁行為、初次開啟與初次造訪的行為記錄。

另外，GA4 在示範帳戶中隱藏了的第四個 (可能還在測試中) 用途，那就是「預測花費最多的使用者」。這個用途可以幫你建立從不同管道獲取的活躍使用者數量，與前 10% 花費使用者的預期收益數字。

註：2024 年已正式上線，成為第四個用途的模板。

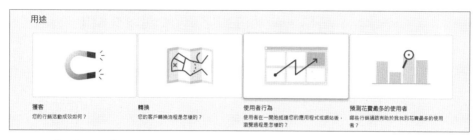

圖 7-17：「探索」的「範本庫」的三（四）大用途（Use Cases）

兩大產業的部分，如同之前在談 GA4 示範帳戶提過的，配合 GMS 電子商務與 Flood-It! App 遊戲兩個示範帳戶，GA4 探索的兩大產業應用範本也正是這個行業。如果正好是這兩個產業的 GA4 使用者，就可直接套用產業範本，再進行微調。

不過，以電子商務範本來看，目前只有「獲客」與「購買路徑」兩項，很顯然絕對是不夠的，因此，其實還是依據自己的商業情境先思考，該定義那些資訊的探索分析，然後透過任意形式與六大技巧模型，來自訂符合商業節奏的各類報表，目前這個範本看來只是聊備一格。（如之前比較通用 GA 與 GA4 電子商務時提到，目前 GA4 電子商務的預設報表功能，暫時還比不上通用 GA）

最後值得一提的是有關於 GA4 報表生成與儲存的部分。不管是利用六大技巧模型、任意形式報表、三（四）大用途或兩大產業所產生的報表，基本上是在新增之後，就自動儲存在探索報表的報表中心列表，並在報表中心清單上置頂，不需要再經過傳統認知需要「儲存」這個動作。所以對於還在測試或理解探索報表的分析師，常常會有大量的測試報表在探索報表中心的清單當中，需要不斷的刪除，有時也有點小困擾。

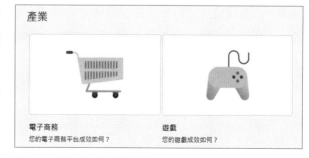

圖 7-18：「探索」的「範本庫」的兩大產業（Industries）應用

GA4 兩大報表系統套用
母體數據的差異

　　針對 GA4 所收集的網站和 App 數據，可以透過資產庫報表或探索分析報表進行分析與解讀，兩者都是套用數據並產生商業洞見的手段；儘管出發點與操作過程不盡相同，但是幫助企業進行決策，並開展改善行動方案之目標卻是一致。

　　不過有細心的人可能發現 GA4 系統當中，對於資產庫報表和探索分析報表中所套用的數據與呈現結果一般會相同，但有時會有小幅度差異，那麼差異的產生是怎麼一回事呢？原來，當公司帳戶資源所收集到的資料量很大時，GA4 底層資源在做數據收集的時候，兩者會採用不同的做法，以維持成本效益及系統效能。

資產庫報表

　　基本上是依據每日濃縮匯集數據（daily aggregated data）來產生報表，因此算是一個整理過的資料庫表格；這種濃縮模式也會產生基數（cardinality）列數的限制，也就是當報表維度超過 15 列時，第 16 列後就會採「（other）」的模式顯示。舉例來說，假設你設計的表格中有兩個維度，分別是有三個不重複的「國家」維度（如：「台灣」、「美國」和「日本」），以及有六個不重複的「年齡層」子維度（如：「18-24」、「25-34」、「35-44」、「45-54」、「55-64」和「65+」），這樣 3X6=18，就超過系統上限了。

探索分析報表

相對的，探索分析報表的數據則全部來自於收集的原始數據（raw data），亦即原始儲存的事件與使用者層級資料。也因為引用原始數據，所以分析師會發現在操作探索報表時，需要更長的數據載入時間。

基於以上兩者數據收集與處理出發點的不同，兩者在分析結果所產生的其他差異說明如下。

- 取樣的差異：使用資產庫總覽報表時，一律會以全部的可用資料為基礎。但探索分析報表在查詢使用者和事件層級資料時，要是查詢量超出配額，就可能會進行資料取樣。

- 維度指標欄位支援的差異：資產庫報表和探索分析報表原本就以不同方式呈現數據，所以精細程度也不一樣，資產庫報表的某些維度和指標，無法在探索分析報表中使用。

- 「區隔」和「比較項目」的差異：探索分析報表不支援資產庫報表中的「比較項目」使用某些維度指標；因此，在探索分析報表中開啟時，系統會將報表內的比較項目變成「區隔」。而且比較項中不支援的指標或維度，都不會納進探索最終顯示的區隔裡。

- 報表期間日期規範的差異：探索分析報表中的日期範圍受限於「資源」的「資料保留」設定規範；如果建立的報表日期範圍，超出使用者和事件「資料保留」設定中的指定期間，在探索中開啟報表時，系統便不會納入該期間之前的資料，可能因此無法產生正確報表。（例如：15 個月前所建立的一份探索報表，需要重新套用新的日期範圍才能看到報表。）

- 短時間檢視時，處理時間差異：因為兩者處理數據的程序與時程不太一樣，如果你忽然打算查詢過去 48 小時的數據，可能會發現兩者結果會有些微出入，這也是因為採原始數據與匯總數據為基礎所產生的差異。

第七周任務

第七周作業

古魯

古魯顧問講完第七周的探索分析以及探索編輯器的用法，也一解這個從 GA360 付費版本搬過來分析技巧的奧秘。

「Digi-Spark」團隊成員覺得每一個分析技巧，他們都想來套用一下，並挖掘數據想告訴他們的故事。從顧問第一周開始，GA4 也已經累積了快兩個月的 GA4 數據，大家便打算以這兩個月的數據當作基礎，來嘗試找到一些有趣的故事與洞見。較熟悉通用 GA 的德瑞克也和亞曼達私下交換意見，討論兩個 GA 版本在探索報表的差異，雙雙認為 GA4 真的更為複雜，也理解了古魯一開始要談商業情境、網站評估計畫等看似和傳統網站分析不是太相關的議題。因為沒有這些東西，到這兩周的報表規劃，根本不知從哪裡開始呀！

最後，古魯顧問提到上周有請大家準備一些想分析的題目，以一種分析一個議題，逐一把這些想探討的題目套用到本周的探索分析，也當作本周的作業。本周作業請傑瑞帶領「Digi-Spark」團隊分工進行，於下周上課前和古魯分享。

任務（Task）：

傑瑞　珍妮佛　亞曼達　艾比　凱文　德瑞克

1. 請設計一個漏斗探索報表，找出 A 公司目前 B2B 潛在客戶（Leads）轉化漏斗最需要改善的地方。

2. 請設計一個反轉路徑探索報表，找出 A 公司目前電商成交的前三個最重要的路徑，並說明有何改善計畫。

3. 請設計一個區隔重疊探索報表，找出 A 公司從 Google 和 FB 來的廣告是否需並行投放？兩者導入訪客是桌機還是手機較多？

4. 請設計一個同類群組探索報表，找出 A 公司 Black Friday 的電商促銷，對前三個月導入的客人哪一個月留存率最高？為什麼？

5. 請設計一個使用者生命週期探索報表，找出 A 公司哪一種廣告帶來最高 LTV 的客人？

6. 請設計一個使用者多層次檢視探索報表，找出 A 公司消費超過 10,000 元的客人，最常觸發的事件與轉換是什麼？

7. 最後，請套用探索分析的任意形式報表，找出來自全球的活躍使用者近一季有哪些異常值發生？

古魯顧問在離開前也先提示大家，第八周將講解珍妮佛和亞曼達最關心的廣告議題。古魯將會分享 GA4 最新的人工智慧以數據為準 (Data-driven) 歸因分析與如何定義正確目標對象來投放精準廣告的重要課題，也請大家同樣帶著筆電和動手學習的心，準時來訓練教室參與下周的課程。

memo

廣告效度極大化：GA4 廣告歸因分析與自訂目標對象

"Half the money I spend on advertising is wasted; the trouble is I don't know which half."

" 我知道我的廣告費有一半浪費了；但麻煩的是，我不知道是哪一半。"

美國百貨商店之父　John Wanamaker 約翰‧沃納梅克

第七周古魯顧問 GA4 探索分析課程出了不少作業，大家除了在周間快速的複習第七周所談到的探索主題並一同協力分工完成作業之外；也在課堂開始前，還持續討論團隊做出來各類的探索報表，有些報表的設計或洞見解讀，不同成員有些不同看法。古魯顧問進入教室後，發覺大家正在積極的討論與辯證上周完成的探索報表作業，對此自動自發的行為，表示大加讚許。並說明其實多和別人練習解釋報表的意涵與洞見，也是一種自我訓練，團隊爾後可以進行類似這樣的練習，在非正式的場合，口頭多加進行報表詮釋簡報練習，並聽聽他人不同的觀點，對洞見推演與表達訓練上都會有很大幫助。另外，所有的假設與洞見是否為正確的推演都需要等待時間驗證，古魯顧問只能就邏輯性先檢視相關的看法。

而第八周的 GA4 實作的廣告歸因分析，也將隨古魯解答各位在探索報表上的問題與對應看法後，開始展開。

GA4 廣告 | 廣告頻道 成效與廣告歸因

每當珍妮佛和亞曼達在投放廣告時，一般大概會在意兩件主要的事情：

1. 投放廣告的成效或 ROI。

2. 有互動或轉換的事件，應該歸功於那些廣告，我們好做進一步的強化。而這一部分 Google 就稱為廣告歸因。

廣告歸因模式（Attribution Models）的定義

講到廣告歸因，就得再詳細闡述廣告歸因模式（Attribution Models）這個名詞。

　　因為每當顧客完成一次轉換，在轉換的過程中，可能曾與品牌各種不同形式的廣告進行多次互動。早期大家常直覺性的自動把轉換功勞歸因給「最終點擊」的廣告；事實上，消費者可能是因為在一段時間內，多次接觸不同型態的廣告並被他們有不同程度影響之後，才做出最終決定，完成最終目標轉換。

　　因此，廣告歸因模式就是決定打算用哪一種歸因的演算法，客觀計算這些往前延伸各類廣告曝光所造成轉換的效果分析，它可有效的幫助廣告投手從不同角度去分析各類廣告管道的轉換功勞歸屬；在通用 GA 稱為「多管道程序（Multi-Channel Funnels, MCF）」，放在轉換的選單之下。

　　歸因模式可視為是把顧客旅程的視角往前延伸，不光是從第一次進入官網，完成轉換後才開始計算，而是更深入探討在轉換前，收集顧客與所有廣告管道互動的轉換成效數據，讓我們思考：究竟是誰佔有關鍵的位置？究竟哪個流量管道為企業帶來較高的價值？數位接觸點該如何曝光才能有效的提升轉換率等問題。接著，行銷人員便可優化這些轉換管道與對應的訊息，甚至做得更細緻，依據主要與輔助轉換的角色，思考對應的溝通訊息。

　　歸因模式可從幾種不同的歸因模式演算法去檢視各個廣告管道的效益，找出一些被低估或高估的管道，獲得更客觀的見解。一旦量化測量各個管道的實際效益後，廣告投手便可調整廣告預算分配，把預算從轉換表現較差的廣告管道，移到較好的廣告管道。

　　另外，廣告歸因能夠分析每個廣告管道在轉換貢獻的權重，是較常出現在轉換過程的前段、中段，還是後段，進而調整該管道的行銷溝通訊息內容。

　　能追蹤消費者轉換的前、中、後順序（亦即廣告是主要轉換還是輔助轉換），在規劃媒體鋪陳時，就能以此順序為參考，讓廣告企劃依據不同情境下的顧客旅程，發想更符合該階段的溝通文案。舉例來說，如果廣告主發覺在購物旅程的前段，某廣告的影響力較高，就可規畫一般 Top of Funnel 的文案（一般偏向解決顧客問題與品牌曝光等），盡早接觸消費者，開始影響潛在客戶；接著在

中段或後段準備轉換的路徑上，想辦法調整廣告出價，並改善 Call-to-Action 的文案（競爭分析或加速決策等），進一步提升整體廣告成效。

原本在 2020 年所釋出的第一版 GA4 裡面，並沒有原來通用 GA 就已經有的廣告歸因（Attribution Model）功能，當大家正在臆測緣由之際，2021 年中 GA4 所推出的小改版，就把之前消失的廣告歸因功能直接獨立成為左方選單的獨立單元：「廣告」。而目前 GA4「廣告」項目當中，有著「廣告數據匯報」、「廣告轉換成效」、「歸因」與「規劃」四大單元，這就是當初通用 GA「轉換」選單下的「多管道程序（MCF）」的內容。

☼ GA4 管理選單中，跟廣告關聯性較高的單元

除了上述幾個廣告選單的單元之外，本來放在「管理」選單，「資源設定」、「資料顯示」之下，也有五個和廣告關聯性較高的設定單元，分別是：「目標對象」、「事件」、「重要事件」、「管道群組」和「歸因分析設定」。這五個單元的設定結果，也會高度影響廣告單元的報表，所以我必須先簡單提示幾個重點。

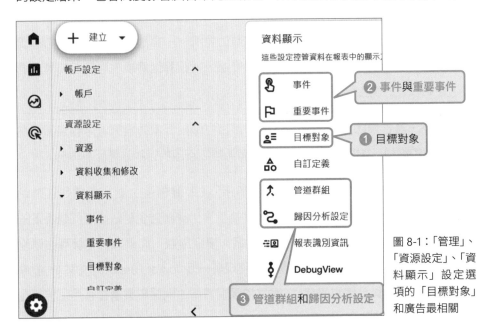

圖 8-1：「管理」、「資源設定」、「資料顯示」設定選項的「目標對象」和廣告最相關

一、「目標對象」：

本來放在「管理」選單下，「資源設定」、「資料顯示」的「目標對象」設定，關係著你將對哪一群人溝通與投放廣告，和廣告投放直接關聯性極高，所以我會先在本周分享。

二、「事件」與「重要事件」：(Events & Key Events)

> 註：為了避免 GA4 站內事件轉換數據和 Google Ads 裡廣告所帶來的轉換數據產生混淆，Google 在 2024 年三月底，將原本 GA4 事件「轉換」Conversion 這個名詞與設定統一定調，原來 GA4 裡的事件「轉換」全部更名為「重要事件 Key Events」。
>
> 這個改變對原有使用者有什麼衝擊呢？前一版本原本對於「轉換 Conversion」的所有設定，可維持不變，不必採取任何其他行動。更名後的「重要事件」建立和記錄方式，與 GA4 先前的「轉換」完全相同。有影響的主要在選單操作與相關報表指標上面的名詞，全部由「轉換」改變為「重要事件」。
>
> 如果你的 GA4 也同時連結了 Google Ads 帳戶，那麼，新的「轉換」定義則是根據 GA4 已建立的「重要事件」，實際在 Google Ads 的轉換結果，並在 GA4 的「廣告」報表以「轉換成效」來顯示實際來自於廣告對這些「重要事件」的轉換貢獻。

你很快會發現，各類廣告報表的目的，常常都是為了追蹤「重要事件」與 Google Ads 轉換的成效，所以我們在成效與歸因報表的研究標的，都是已經標示為「重要事件」的重點事件與廣告轉換為主。「重要事件」一般會出現在各類廣告報表的最上方，供你選擇想觀察轉換的具體數字，同時提供在 Google Ads 裡這些重要事件的轉換成效。雖然，有關於「事件」和「重要事件」的細節，我們將在第九周才會詳細說明，我還是希望你先有基本「事件」和「重要事件」

的概念。在 GA4 裡,「事件」和「重要事件」基本上像孿生兄弟(可透過一個小開關來切換),通常我們會建立若干特別想追蹤的網站或 App「事件」,了解訪客究竟如何和我們互動;而這些追蹤的「事件」當中,少數和商業目標高度相關的(如表單提交、加入會員等自訂事件,而像購買等事件則是 GA4 已經預設為重要事件),一般會把這些事件定義為「重要事件」(也就是通用 GA 的目標設定),目前大家先有基本事件與重要事件的概念即可。

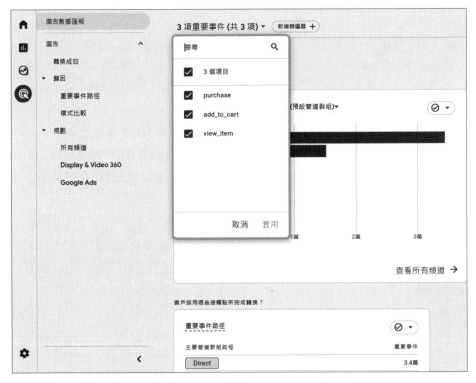

圖 8-2:「廣告」報表是提供各種「重要事件」在不同廣告管道的具體
成效與比較,以及這些重要事件在 Google Ads 的「轉換成效」

三、「管道群組」和「歸因分析設定」：

「管道群組」和「歸因分析設定」則較單純。「管道群組」主要是在告訴 GA4，你如何將流量來源進行分類，可以依據你組織習慣的流量分類方法；當你設定完成之後，廣告成效報表就會依據你設定的「管道群組」分類方式，進行報表呈現；而「歸因分析設定」則會影響到歸因報表呈現的內容，在「歸因分析設定」裡，你可設定使用的轉換路徑報表的歸因模式、可獲得功勞的頻道與轉換回溯期等相關的數字，這些細節我也將在第九周說明。

有了上述五個和廣告相關較大的設定單元觀念之後，我們還是先按照預設，解釋「廣告」單元的三大報表：「廣告數據匯報」、「廣告頻道成效報表」與「廣告歸因報表」。

✨ 廣告選單相關四大報表解讀說明

A. 廣告數據匯報：

廣告數據匯報本質上其實算是底下其他項目的摘要報表，你可以透過「廣告數據匯報」裡面的資訊卡跳轉到頻道成效、歸因轉換路徑或模式比較的單元當中；此外，只要和廣告相關的數據有任何顯著變動或新興趨勢，「深入分析」的資訊卡也會適時出現，通知你出現了那些經營的好消息或壞消息。

B. 廣告轉換成效報表：

如前所述，可能是有 Google Ads 的用戶經常混淆「GA4 事件轉換」和「Google Ads 廣告轉換」數字的定義，所以從 2024 年三月開始，轉換這個名詞便專屬於「廣告轉換」。而 Google Ads 所帶來的具體廣告轉換成效，就會顯示在這一份報表，如果 GA4 帳戶有連結 Google Ads 的話，兩邊的轉換數字應該就會

同步，我相信這也是本次名詞統一的主要目的。依據 Google 文件顯示，這個單元未來算是 Google Ads 在 GA4 的一個內嵌單元，估計會有「轉換成效」與「轉換管理」兩個單元與相關報表。

C. 歸因報表：

歸因報表當中分為「重要事件路徑」與「模式比較」兩個子報表。「模式比較」子報表，是幫廣告投手了解各種歸因模式對各個行銷管道在轉換與收益上的具體影響；「重要事件路徑」子報表，則可了解客戶被廣告影響的前中後期，不同廣告管道影響的比重，以及每個完成的重要事件，個別的單一廣告路徑所產生的量化效益。

C.1「重要事件路徑」子報表

「重要事件路徑」子報表則是讓分析師或廣告投手尋找完成特定的重要事件（如採購、首次開啟、註冊等在「重要事件」單元設定的事件），究竟是通過哪幾個廣告管道來接力完成的。重點可以關注的區塊與指標有：

- 「重要事件路徑」子報表上半部：前 25%、中 50%、後期 25% 的接觸點轉換功勞。你可以看到各個廣告管道貢獻度的圖表呈現，每個區隔下方的長條圖會顯示這些廣告管道，在前中後期接觸點上，哪一階段獲得較多的功勞。若將滑鼠游標放在關注的廣告管道上方，可查看更具體的量化數據。

圖 8-3：GA4 廣告的「重要事件路徑」報表上：前中後期接觸點廣告管道的影響力

- 「重要事件路徑」子報表下半部：個別廣告路徑的量化數據分析表。提供個別路徑四個重要的指標數據：「重要事件」數量、「購買收益」、「發生重要事件前經過的天數」和「重要事件接觸點數量」，從上述幾個指標中，研究最佳的個別路徑；可針對表現好的路徑加強，表現不如預期的分析問題在哪裡。

	主要管道群組 (預設管道群組)	↓ 重要事件	購買收益	發生重要事件前經過的天數	重要事件接觸點數量
		52,282.00 總數的 100%	$92,249.43 總數的 100%	2.51 和平均值相同	2.26 和平均值相同
1	Direct 100%	34,471.00	$65,116.19	0.00	1.00
2	Organic Search × 3 100%	4,284.00	$5,642.75	3.02	3.00
3	Organic Search × 2 100%	3,361.00	$286.00	1.05	2.00
4	Organic Search 100%	1,622.00	$0.00	3.82	1.00
5	Organic Search × 5 100%	1,147.00	$4,306.20	2.16	5.00
6	Organic Search × 4 100%	1,020.00	$785.20	2.31	4.00
7	Organic Search × 6 100%	874.00	$1,212.55	4.52	6.00
8	Organic Social × 3 100%	539.00	$665.20	5.79	3.00
9	Organic Search × 7 100%	523.00	$1,280.74	14.75	7.00
10	Organic Search × 20 100%	457.00	$7,113.60	19.20	20.00

圖 8-4：GA4 廣告的「重要事件路徑」報表下：個別廣告路徑的影響力

C.2「模式比較」子報表：

過去，廣告歸因模式主要分為兩大類，規則驅動 (rule based) 及以數據為準 (data driven)。後者這個聽起來很炫的「以數據為準」的歸因模式，同樣是透過機器學習的技術來決定各種廣告轉換貢獻的權重，而不是像規則驅動是由分析師來主觀決定。

過去傳統的規則驅動歸因演算法，共有五種模式可選擇：

1. 最終點擊模式：將轉換功勞全歸給最後點擊的廣告和相應的關鍵字。

2. 最初點擊模式：將轉換功勞全歸給最先點擊的廣告和相應的關鍵字。

3. 線性模式：將轉換功勞平均分配給路徑上所有的廣告。

4. 時間遞減模式：越接近轉換完成時間發生的廣告互動，分配到的功勞越大。

5. 頭尾優先模式：各將 40% 的轉換功勞分配給最先和最後發生的廣告互動，剩下的 20% 轉換功勞，則分配給路徑上其餘的廣告互動。

上面五種不同的規則，背後都有不同的理論基礎，同樣和商業情境與分析師的判斷高度相關。

談完上面規則驅動，大概就不難理解「以數據為準」歸因出現的原因，分析師和廣告投手常常可能也不知道該選哪一種歸因模式，應該更希望根據歷史轉換的數據累積，來分配具體的轉換功勞，自動作出決策；而不是利用「工人智慧」，自己一個一個挑選比較。數據驅動歸因運作原理是透過收集帳戶累積的轉換數據，計算轉換過程中，每次互動的實際功勞歸屬；GA4 的機器學習，

將以過去累積的流量數據進行訓練，找出最佳的廣告管道貢獻歸屬。因此，值得提醒的是：這種「以數據為準」的歸因模式，只適用於累積足夠數據量的帳戶，才能根據歷史轉換數據來計算功勞。

有關廣告歸因模式的選擇，GA4 在 2023 年第四季也有了變動，原先可選擇的「最初點擊」、「線性」、「時間衰減」和「頭尾優先」等四種歸因模式已於 2023 年 10 月下架，現在只能選取「以數據為準」與「最終點擊」兩種來進行比較，Google 將其他的規則給下架了，某個角度，也簡化了廣告投手與分析師的選擇難題。簡化之後，「模式比較」子報表提供了分析師僅比較「以數據為準」與「最終點擊」兩種歸因模式，也可針對純「Google 付費廣告」或「付費 + 自然廣告」進行比較；GA4 最近也取消了「直接」造訪的貢獻歸因，一律只比較「非直接」造訪的廣告歸因差異（可參考圖 8-4）。這次的改版，大幅的簡化了過去相對複雜的廣告歸因比較分析，希望廣告投手專注在兩種歸因模式的比較，找出被低估的關鍵字、廣告群組或廣告活動等。

圖 8-5：GA4 可手動選擇廣告歸因模式的「模式比較」報表

D. 規劃報表：

「規劃」報表是透過折線圖、柱狀圖與一張數據表格展現那些廣告頻道(管道)對於我們關注的重要事件有較大的助益,目前選單包括了:所有頻道與 Google Ads;若是有使用 Display & Video 360,這邊也會出現。這部分的報表可以檢視重要事件在不同的廣告頻道相關的績效指標。尤其表格中的幾個指標數字,我相信肯定是當珍妮佛和亞曼達在投放廣告後也想知道的,他們包括了:重要事件、廣告費用、單一重要事件互動費用、廣告點擊次數、Google Ads 單次點擊出價、總收益與廣告投資報酬率(轉換收益 / 廣告總費用)等關鍵指標;要注意,當中的廣告費用必須將 GA4 資源連結到有效支出費用的 Google 廣告帳戶才會產生數字。

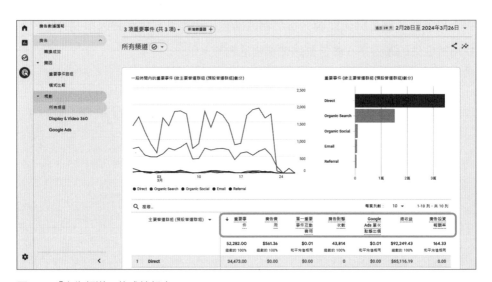

圖 8-6:「廣告頻道」的成效報表

GA4 管理｜資源設定｜資料顯示｜目標對象（目標對象編輯器定義廣告受眾）

接著，我要分享一個雖然是在「管理」、「資源設定」、「資料顯示」的「目標對象」單元之下，但是因為和廣告投放的關聯性非常大，也是 GA4 這次改版後強調的重點之一，所以我特別提前拿到廣告的單元這邊來講。

透過行為人物誌（Behavior Persona）定義行為定向廣告

新版 GA4 非常強調依據訪客行為來定義目標對象，也就是行為人物誌（Behavior Persona）的概念。GA4 巧妙地把「目標對象」和「定向廣告」產生高度連結；而「目標對象」又可用行為事件去定義，所以產生了行為定向（Behavior Targeting）廣告投放模式的概念，這也是為何我提前拉到廣告的單元來講「目標對象」的原因。

行為人物誌？定向廣告？這些是什麼意思？或許各位會開始有些昏頭。讓我在進入目標對象實際操作之前，先快速說明「人口統計屬性人物誌」、「行為人物誌」與「行為定向」等廣告投放模式的改變與嶄新概念。

過去傳統廣告投放的設定，多是利用人口統計屬性人物誌（Demographic Persona）概念來進行廣告投放，也就是以年齡、地區、性別，頂多到喜好等

面向，來定義受眾區隔。但由於 GA4 的量測模型已經改成以事件為主了，所以，隨時可以鎖定一個微小但卻值得關注的特定事件，並以該事件為中心來定義目標對象，並打成受眾包，連結 Google Ads 進行廣告投放，這就是最新的行為定向 (Behavior Targeting) 廣告投放模式，也可稱為行為人物誌 (Behavior Persona) 模式。

　　舉個實際的例子，理解兩者差異。下面圖 8-7 的 Linda 和 John，在過去以傳統人口統計屬性人物誌 (Demographic Persona) 是完全不同的人口區隔；但是假設他們都在某特定時間，在某電商網站加入購物車之後，卻中途放棄購物車離開，系統就會把這個行為記錄為「Abandon Shopping Cart」事件。有時，想提升業績，對這一群人進行溝通，應該是最容易促成業績的，畢竟只差臨門一腳。此時，就可以設定一個行為定向 (Behavior Targeting) 廣告，針對「Abandon Shopping Cart」事件打一個目標對象包，催促他們回來完成交易，透過行為定向 (Behavior Targeting)，這兩個過去在人口統計屬性不在同一個區隔的兩個人，現在卻同屬「Abandon Shopping Cart」這個行為人物誌區隔。

年齡	22	年齡	48
職業	研究生	職業	行銷總監
年收入	40 萬	年收入	200 萬
性別	男	性別	女
地區	新竹	地區	台北

圖 8-7：不同的人口統計屬性，可能卻是相同的行為人物誌

除了例子當中的「Abandon Shopping Cart」之外，還有很多其他不同的行為定向方式，可參考右圖當中的例子。

圖 8-8：其他各種行為人物誌定向的範例

理解了「行為人物誌」與「行為定向」等觀念之後，現在說明 GA4 如何定義一個新的目標對象。如果想在 GA4 定義一個目標對象，可以點擊「管理」、「資源設定」、「資料顯示」的「目標對象」單元之下的「新增目標對象」展開。

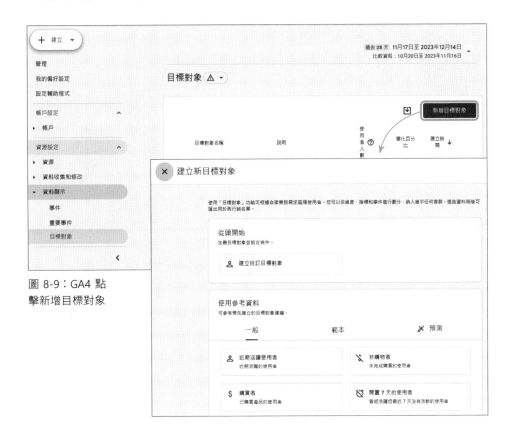

圖 8-9：GA4 點擊新增目標對象

目前 GA4 有兩大類建立新目標對象的方式，不論選擇哪一種方式來建立，都會跳出一個「目標對象編輯器」，來讓你調整目標對象的條件。因此，在開始討論建立目標對象前，我們必須要先熟悉「目標對象編輯器」的使用。

透過目標對象編輯器定義目標對象條件

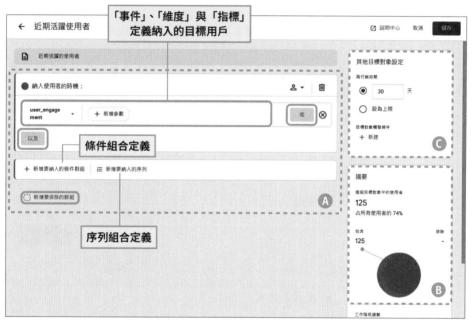

圖 8-10：從 GA4「一般」的「近期活躍使用者」的範本所啟動目標對象編輯畫面

「目標對象編輯器」大概可分為三大塊，左邊 Ⓐ 區塊是讓分析師利用「事件」、「維度」與「指標」三大區隔條件 (是不是又看到之前提到數據分析的 X, Y, Z 軸？)，組合「或」和「以及」(OR | AND) 的條件運算來規劃我們的目標條件。當然，除了納入 (Include) 之外，也可以選用排除的選項，去排除 (Exclude) 若干條件並非我們理想目標對象的訪客。

當我們選定了左方的條件之後，右下方的摘要區塊 Ⓑ，就會依據你所設定的目標對象條件來產生目標對象的「摘要」資訊，包含了使用者數量與工作階段總數，兩個量化數字可以讓你知道該群體的大小與互動情況。若你有選擇「排除」的條件，也會在摘要資訊用另外顏色顯示排除群體的大小。除了採用上述「或」、「以及」(OR | AND) 的「條件組合」之外，我們也可用條件更嚴的「序列組合」，也就是把設定條件變成步驟，像漏斗一樣一路符合、過關斬將符合條件的使用者篩選出來，最終挑出我們心目中的理想目標對象。這就是我們第三周談到「人」的時候所提及的「條件滿足」與「順序滿足」的具體實踐，希望各位還記得。

右上方 Ⓒ 區塊則是決定「再行銷」效期與將該目標對象產生時設定為一個全新「事件」的觸發條件。前者可以幫助我們設定當一個使用者從符合條件時，可以在該名單裡保留多久。記得在做上述應用時，先將「資源」下的「產品連結」連結 Google Ads，完成連結後，才可以把已自訂好的目標對象，直接送到 Google Ads 的「目標對象管理工具」，便可根據選定的 GA4 定義目標對象，進行再行銷的工作。要注意的是，這些匯出到 Google Ads 的目標對象，必須累積至少 30 天的數據，GA4 才會將最近 30 天內符合目標對象條件的受眾，都加進廣告名單當中。

再行銷效期的天數，可機動調整使用者保留在目標對象名單上的天數（從 1 到 540 天），流量小的網站可設定較大的天數，不然不容易達到 1000 人的基本門檻（「再行銷」的低標數量規範），再行銷效期的設定一般會參考商品的銷售週期來決定。

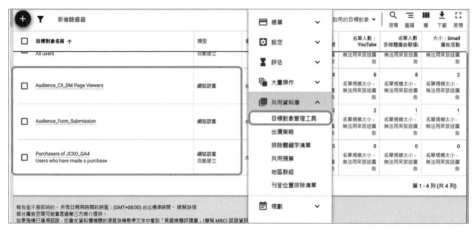

圖 8-11：GA4 的自訂目標對象連結 Google Ads，可將 GA4 的目標對象拋轉到 Google Ads

接著，說明下方的「目標對象觸發條件」選項。該選項意涵為：將該目標對象的產生設定為「事件」，也就是每當有新使用者成為此目標對象成員時，就產生事件的記錄。通常的應用是：在使用者達成重要的階段目標（例如完成購買或閱讀特定數量的文章）或超過設定的轉換門檻後觸發該事件；之後，我們便可以追蹤該事件的發生頻率，甚至直接將該類事件設為「轉換」事件，強化轉化事件設定的精準度。當選擇「+ 新建」目標對象觸發條件時，除了決定該觸發條件的事件名稱之外，底下還有一個「在目標對象成員更新時記錄另一個事件」的選項，若勾選的話，則在目標對象成員更新時，會再記錄一次事件；用白話來說意思是：原已在名單的使用者，如果再一次滿足目標對象條件，你想不想再觸發一次該事件。

解釋完「目標對象編輯器」之後，我們開始說明如何用不同的方式來「新增目標對象」。目前 GA4 有兩大方式：「從頭開始」和「使用參考資料」。

新增目標對象的兩種方式：從頭開始與使用參考資料

A. 從頭開始（參考圖 8-12）

　　先談一下較複雜的從頭開始建立目標對象。基本上，可以從「納入」與「排除」(Include or Exclude) 開始考慮，也就是決定納入條件或排除條件。一般而言，我們會納入含金量高或有潛力的客人，而排除奧客或非設定目標客群。分析師可以設定單純納入或排除的條件群，也可以建立「納入 + 排除」的複合條件群，端看實際上的商業情境。因此，選用從頭開始的分析師或行銷人員，必須在開始建立目標對象前，已經對目標對象已有具體想法與定見，到編輯器只是把它表達為 GA4 能理解的邏輯。

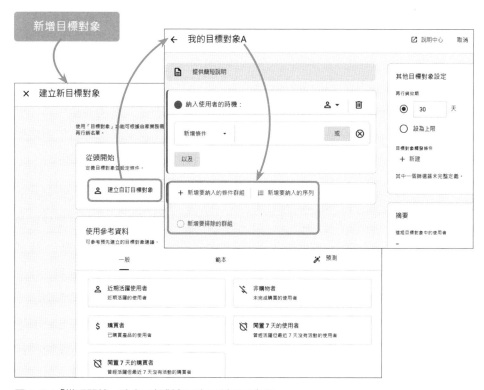

圖 8-12：「從頭開始」建立目標對象又有三種不同步驟

不論你決定是納入還是排除，邏輯條件的規劃可以有「條件群組」和「序列」的規劃。

一、新增條件：從「事件」、「維度」與「指標」三個面向，來選擇符合條件的訪客，形成「目標對象」，也可用「和 AND」、「或 OR」來做這些條件的組合。

二、新增序列：當希望「目標對象」是經過一序列特定的訪客行為順序來產生時，可選用序列模式。（例如：想選取程序漏斗分析中 bottom of funnel 的訪客，便可設定符合：第一步 - first_open；第二步 - sign_up；第三步 - in_app_purchase 的人）。利用序列產生的「目標對象」顯然條件會比較嚴格，但也可以調整序列的步驟數量，慢慢縮小關注的人數，實現精準區隔目標對象的意圖，對於流量大與訪客多的企業，條件序列模式非常好用。

在設定上述條件時，分析師還可以選擇「條件範圍」（也就是滿足的取樣範圍），目前有三個選項，分別是：「跨所有工作階段」（也就是在使用者生命週期內）、「在同一工作階段」與「在同一事件內」三種（越後面的條件越嚴格）。

如果能對上面建立「目標對象」這些項目排列組合的充分理解（其實是可怕的 2 X 2 X 3，也就是（納入 | 排除）X（新增條件 | 新增序列）X（跨所有工作階段 | 在同一工作階段 | 在同一事件內 ），就可以從零開始，自訂「目標對象」。建立一個新的目標對象後，可能需要 24 到 48 小時後才會開始累積訪客數字。目標對象條件一旦都定義好，每個目標對象右下角的「摘要」資訊卡，就會顯示符合這些條件的「目標對象」的數字，目的是讓分析師隨時掌握目標對象的群體規模；也就是在品牌的各個數位接觸點上，符合該條件的目標對象數量總共有多少。預設的抓取時間範圍，是根據最近 30 天內符合指定條件的人數。

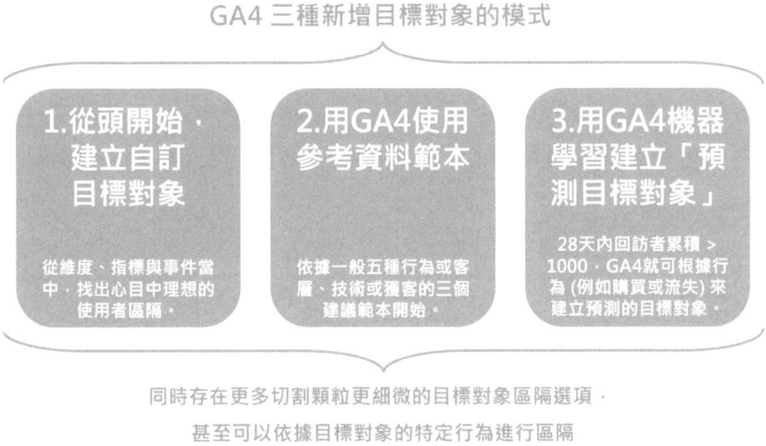

GA4 三種新增目標對象的模式

1.從頭開始，建立自訂目標對象

從維度、指標與事件當中，找出心目中理想的使用者區隔。

2.用GA4使用參考資料範本

依據一般五種行為或客層、技術或獲客的三個建議範本開始。

3.用GA4機器學習建立「預測目標對象」

28天內回訪者累積 > 1000，GA4就可根據行為 (例如購買或流失) 來建立預測的目標對象。

同時存在更多切割顆粒更細微的目標對象區隔選項，甚至可以依據目標對象的特定行為進行區隔

圖 8-13：GA4 自訂目標對象的三種方式

是不是感覺從頭開始建立目標對象有點複雜呢？其實並不意外，為了產生更多樣化的目標對象組合，得要把 GA4 的目標對象編輯器使用得非常熟悉，才能充分的運用；因此，GA4 也提供一些建議的「目標對象」範本，讓剛接觸 GA4 的人，可以從範本學習開始調整修改，慢慢建立符合企業實際需要的目標對象，讓新手分析師不至於一切從零開始，這就是下面要講的「使用參考資料」模式。

B. 使用參考資料 (參考圖 8-14)

「使用參考資料」來建立目標對象又有三個區塊。

- 一般：依據 GA4 預先建立的五種一般目標對象建議範本開始，包含：「近期活躍使用者」、「非購物者」、「購買者」、「閒置 7 天使用者」、「閒置 7 天購買者」(未來可能還會增加)

- 範本：從「客層」、「技術」、「獲客」等基本報表的維度指標開始

接下頁

- 預測：從人工智慧機器學習建議的預測購買或流失五種預測目標對象開始（訪客數量必須達到最低條件才能啟動選用：在過去 28 天內，各種觸發及未觸發相關預測條件的回訪者，在 7 天內分別達到至少 1,000 人。）

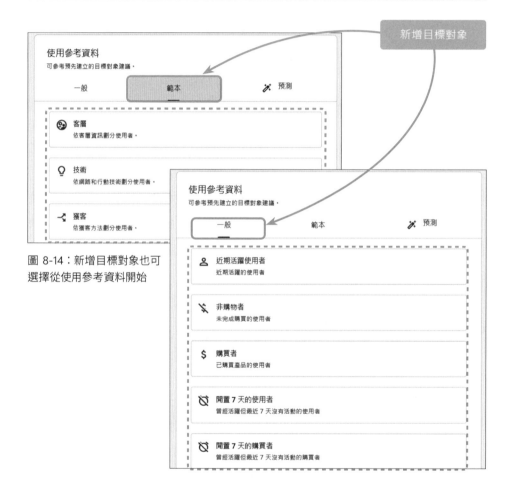

圖 8-14：新增目標對象也可選擇從使用參考資料開始

第三種「預測」目標對象的方式，是運用 Google 機器學習來分析數據，進而預測使用者未來的行為。這些預測指標能收集結構化事件資料，進一步預測可能連分析師自己都不知道的目標對象名單。

目前 AI 預測的目標對象有下面五種：

1. 未來 7 天內潛在購買者：可能會在未來 7 天內會購物的使用者。
2. 未來 7 天內潛在流失購買者：可能不會在未來 7 天內購物的使用者。
3. 接下來 28 天內預估花費最多的使用者：預估接下 28 天內能產生最高收益的使用者。
4. 未來 7 天內潛在首購者：可能會在未來 7 天內進行首購的使用者。
5. 未來 7 天內潛在流失購買者：可能不會在未來 7 天內造訪資源的購買者。

上述五種目標對象所定義的「購買」，是以發生 in_app_purchase（應用程式內購買）、purchase（一般購買）、ecommerce_purchase（電商交易購買）三種 GA4 事件的目標對象為樣本所做出的預測。

圖 8-15：新增目標對象選擇從機器學習建議的五種預測受眾開始

除了上述正統的從選單一路進入來「建立目標對象」的模式之外；有時，當我們用第七周談到的探索分析時，偶爾會看到某個有趣的區隔，我們想直接把他們設定為目標對象，這邊就說明這個自訂目標對象的特別途徑。

在「探索」七種分析技巧，觀察某個特定報表時，在圖表內，點擊滑鼠右鍵，只要選取報表當中某個特定用戶群，即可建立目標該用戶群為目標對象。以漏斗分析為例，可以正向選取「活躍使用者」，也可以負向選取「放棄使用者」來建立該目標對象。(參考圖 8-16、8-17)

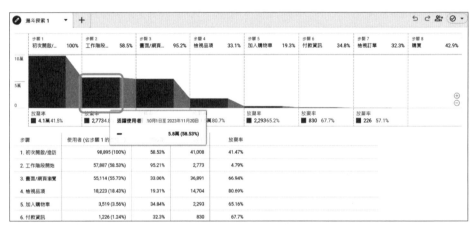

圖 8-16：從「探索」程序分析報表正向的選取「活躍使用者」當目標對象

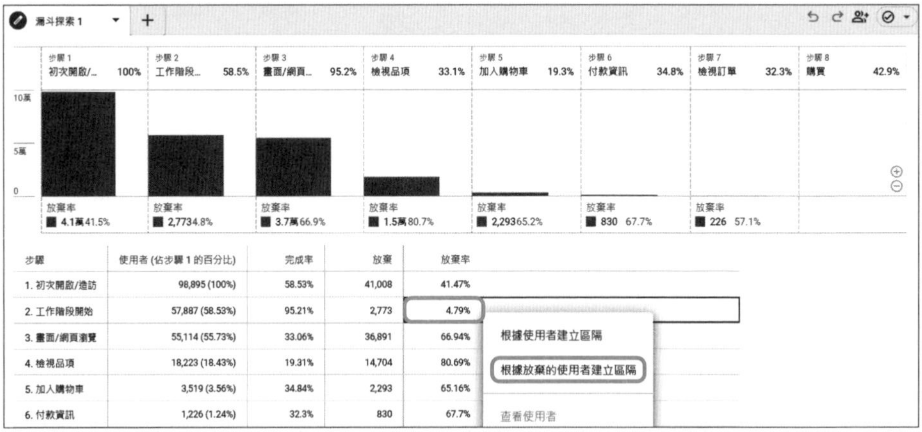

圖 8-17：從「探索」程序分析報表負向的選取「放棄使用者」當目標對象

一旦點擊之後，勾取「根據所選項目建立區隔」，就可以順利的從檢視探索報表的這個途徑，建立以探索報表結果驅動的自訂目標對象。

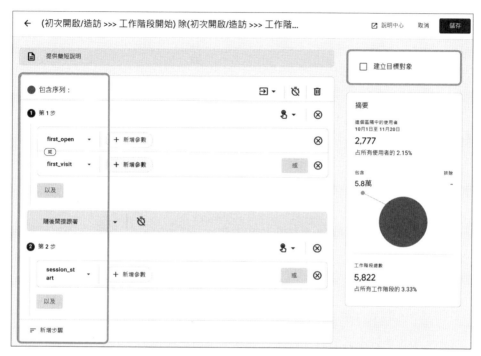

圖 8-18：根據程序分析報表，勾取「根據…建立區隔」後，會出現該目標對象相關序列定義

　　有時，目標對象和探索分析還可以彼此交叉的互相運用，例如：當選定目標對象之後，設定該「目標對象觸發條件」的事件（如圖 8-19）。再利用該事件，回頭套用 GA4 路徑（Path）探索分析，去了解產生該類目標對象可能發生路徑，藉此發展該類目標對象其他進一步的使用者體驗洞見。

圖 8-19：根據目標對象建立事件

最後，為定義目標對象做個小結和提醒。一般來說，在 GA4 定義目標對象之後有兩個出口：

1. 數據觀察：依據定義之目標對象，觀察該目標對象的各類數據報表，比較不同的目標對象，或深究某特定目標對象其他進階行為並嘗試發展洞見。

2. 廣告投放：依據定義之目標對象進行定向精準廣告投放，找到對的人，傳遞對應的市場溝通訊息。

就在古魯準備結束本周的課程之際，亞曼達滿臉疑惑的問了一個問題：

亞曼達

我上週在操作探索分析報表時，曾經在探索編輯器裡自訂一個區隔；我發覺這個目標對象編輯器和探索編輯器當中的自訂區隔編輯介面非常像，請問是同一個編輯器嗎？

古魯滿意的點頭笑笑，並回答：「非常仔細的觀察，你們作業做得非常確實。」

的確，「自訂目標對象」與「自訂區隔」兩者的介面十分接近，小小的差別僅在建立「自訂區隔」時，GA4 提供了三種預設的區隔，分別是「使用者區隔」、「工作階段區隔」與「事件區隔」。而建立區隔的主要目的，是為了讓分析師可透過不同的區隔訊號來觀察不同分析技巧下區隔數據的變化，以便獲得可能的洞見，區隔目前在 GA4 都是緊跟著個別探索報表，無法儲存區隔做跨報表使用，比起通用 GA 這一點是比較不方便。你若想儲存某個區隔的條件設定，可以透過編輯器裡的「建立目標對象」來實現，但該區隔還是無法在探索報表中使用。

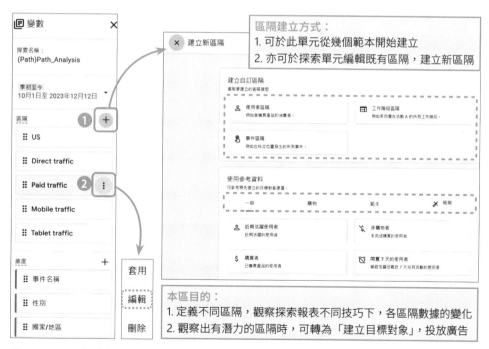

圖 8-20：GA4 的「自訂區隔」介面，和「自訂目標對象」介面非常接近

因此，探索裡的「自訂區隔」可以簡單的理解為：建立「區隔」主要是為了「探索洞見」，透過區隔和網站數據分析的維度與指標進行交叉組合，找出探索報表的各種可能性。如前所述，若觀察出有發展潛力的區隔，也可轉為「建立目標對象」，等同將該區隔進行儲存的動作，否則目前 GA4 是無法單獨儲存自訂區隔，自訂區隔目前只能當作探索報表的附屬變數，分析完即消滅。

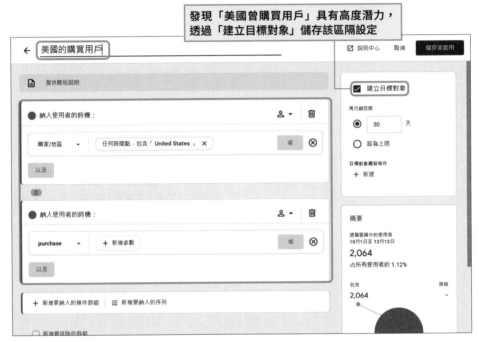

圖 8-21：GA4 的「自訂區隔」若觀察出有發展潛力的區隔，也可轉為「建立目標對象」

而回頭看本周的主題 ~「自訂目標對象」，可以簡單的理解為：透過定義「事件」、「維度」與「指標」等各種條件的序列組合來建立「目標對象」微分眾，透過定義特定訪客條件屬性，深度碎片化品牌數位接觸點的訪客群。一方面，可以從「管理」、「資源設定」、「資料顯示」的「目標對象」清單觀察群體人數變化的百分比之外；還可以拋轉這些精準目標受眾包給 Google Ads，進行廣告定向投放。

8-3

第八周任務

第八周作業

亞曼達　古魯　珍妮佛　艾比

在古魯解釋自訂「區隔」與自訂「目標對象」的些微差異後，第八周的分享主題對於亞曼達與珍妮佛未來在投放廣告目標受眾的進階操作幫助非常大，也學習到透過歸因分析，去找到對轉換最有幫助的廣告與路徑組合等細節；而對於艾比來說，她也發現可以透過這些目標受眾的切割，更進一步觀察更細緻的訪客屬性與對應行為。

本周的作業分為兩小組練習，珍妮佛、亞曼達與艾比 3 人為行銷組，剩下三位男士為非行銷組，一起討論下面作業，重點在於針對相同的數據，行銷人員與非行銷人員是否有不同觀點？下周再一起交叉討論。

任務一（Task 1）：

珍妮佛　亞曼達　艾比　　傑瑞　凱文　德瑞克
　　　行銷組　　　　　　　　非行銷組

1. 請從 A 公司 GA4 的廣告成效報表，找出總收益和投報率前三名，並依此擬定未來的廣告投放策略。

接下頁

2. 請從 A 公司 GA4 的廣告歸因模式比較中，比較非直接造訪流量中，「最終點擊」模式與「以數據為準」模式在「付費與自然管道」的「預設廣告群組」的轉換與收益差異大不大？若改為依「廣告活動」來比較呢？

3. 觀察重要事件路徑的前中後期接觸點所產生的功勞數量後，擬定一個完整的前中後期廣告溝通計畫。

4. 請兩組分別思考貴公司兩個最有潛力的「目標對象」為哪個組群，觀察如何透過「目標對象編輯器」把他們定義出來，目前又分別有多少人符合該定義下的「目標對象」？

經過將近三周的實作練習，GA4 主選單左上半部的功能大概都分享也練習過了，本周也稍微帶到主選單最下方的「管理」功能的自訂「目標對象」；古魯預告，第九周要分享的內容會稍微有點難度，有兩個重點：

一 . 自訂事件：本周多次談到廣告如何扮演主要與輔助目標轉換的角色，也因為轉換的發生等同達成企業所設定的目標，是我們在訂立網站評估計畫後最關心的事。但如何在 GA4 定義這些事件與重要事件 (即過去的轉換事件) 呢？接下來，古魯就會帶大家進入 GA4 事件與重要事件目標設定單元；對於 A 公司長期發展來說，GA4 預設的事件必然不敷使用，尤其電商經營與 B2B 潛在客戶尋找的機制，分析師勢必得具有自訂事件的能力。

二 . 進階的自訂維度與指標：這功能可以說是「自訂事件」的延伸，同樣也是進階的設定觀念，說明如何承接「自訂事件」所傳遞過來的參數與參數值，展現在報表當中，才能把「自訂事件」的訪客和接觸點互動結果進行具體的數據呈現。

針對不會寫程式的亞曼達與會寫程式的德瑞克，上述兩大自訂功能，該如何分工合作來完成相關的作業，這些主題都將在下周一併揭曉。

GA4 進階「資料顯示」設定：事件、轉換與自訂定義

"The goal is to turn data into information, and information into insight."

" 將數據轉成資訊，再將資訊轉成洞見才是我們的終極目標。"

前惠普公司董事長兼 CEO Carly Fiorina

第八周古魯顧問的廣告作業依據廣告組與非廣告組進行對照，幫助大家從專業與客觀的立場來切入。在古魯踏進訓練教室前，珍妮佛就已經就自己的版本和傑瑞對照組進行討論，也透過非廣告組數據的判讀，得到更多元化的觀點。也順道檢視過去珍妮佛和亞曼達在做數位廣告投放時，到底是真正依據數據，還是依賴廣告代理商的「經驗值」建議來完成。

古魯對於兩組協調的成果很是滿意，也強調數位廣告是一個工很細的繁瑣工作，透過廣告代理商代操本無可厚非；但核心理念與中心思想仍必須牢牢掌握，確實把錢花在刀口上。否則，古魯顧

問也分享過去其他客戶經驗，數位廣告委由代理商代操，而未加以監督的情況下，常常錢會像丟到吃角子老虎機一樣，費用與數字變成無關的反射機制，後來錢也不知道花哪裡去了。

在檢討完第八周的 GA4 的廣告歸因分析後，古魯提到，既然談完自訂目標對象，就順便在本周先分享 GA4 管理選單底下，幾個和自訂「目標對象」同等重要的進階「資料顯示」設定；包含了：「事件」、「重要事件」、「自訂定義」、「管道群組」、「歸因分析設定」、「報表識別資訊」與「DebugView」等其他設定。這些設定功能都算是進階的 GA4 操作，基本上，目的都是在控管數據在報表中的顯示方式；其中，「事件」、「重要事件」、「自訂定義」和「DebugView」在前一版本的 GA4，是有一個單獨在左方選單的「設定」圖示，安置在「廣告」下方，直到 2022 年底 GA4 又把他們放到「管理」選單底下；2023 年 11 月，GA4 又再次進行「管理」功能選單的重整大改版，目前看來比較趨於穩定了。

經過重整改版後的「管理」功能選單，大概分為基本管理功能、「帳戶設定」與「資源設定」三大區塊，本周我們先分享「資源設定」底下最關鍵的「資料顯示」設定區塊的其他設定內容。這個區塊的設定選項，大都是讓分析師在熟悉預設的基本功能後，能夠依據組織實際的商業情況，去自訂一些客製化報表的選項。由於許多設定都得要有一些對應的數據分析基礎知識，是比較進階的 GA4 功能，因此腦力消耗量一定會增加。首先分享攸關分析網站目標的 GA4 自訂事件與目標轉換設定。

9-1

GA4 事件的四大類型，與事件的建立修改

第五周曾經和大家分享過，事件是 GA4 最重要的數據收集資料結構。GA4 將所有的事件分為四大類：預設事件、加強型評估事件、建議事件與自訂事件。四類當中，前兩類是行銷人員的救星，系統經過簡單設定後，就可以自動收集的事件；後兩類則還是需要工程師幫忙，透過程式 gtag 或 GTM 進行設定，以下一一說明四大類事件的細節。

自動收集的事件

只要訪客與品牌的應用程式或網站進行基本互動，就會觸發系統自動收集的事件。系統自動收集的事件還有分網站或 App，各自有不同的定義，例如：網站的事件有 session_start、user_engagement 等；App 則有 first_open、ad_click、in App purchase 等。詳細的內容可以參考下面網址 GA4 的說明。

https://support.google.com/analytics/answer/9234069

加強型評估事件

第五周提過，許多虛擬網頁事件也是多數行銷人員與分析師有興趣的目標，所以加強型評估事件包含七個常見事件的自動收集，只要在設定資源時，

於「管理」、「資料收集和修改」、「資料串流」的進階設定，啟用事件區塊「加強型評估」按鈕即可。這七個常用的事件包括了：[網頁瀏覽 page_view]、[捲動 scroll]、[外連點擊 click]、[站內搜尋 view_search_results]、[影片參與 video_start，video_progress, video_complete]、[檔案下載 file_download] 與 [表單互動 form_start form_submit]。詳細的內容可以參考下面網址 GA4 的說明。

https://support.google.com/analytics/answer/9216061

建議事件

是根據幾個不同產業所常見的事件，GA4 預先定義好事件名稱和參數。由於這類事件需要參考實際商業情境背景資訊，因此 GA4 的全域網站代碼 (Global Site Tag) 不會自動傳送這些事件，必須請工程師透過程式或 GTM 進行事件傳送。而 GA4「強烈建議」根據規範的命名規則來傳送事件名稱與參數，將可得到最佳報表效果。同時，也有助整合與其他功能的相關行為，產生更多元化與跨平台的詳盡分析報表 (如同時實現電商營利報表與遊戲報表等)。建議事件依據產業區分，包含了以下三大類：

A. 通用事件 (所有產業)：GA4 建議所有產業的客戶皆採用這些事件。主要包含使用者登入、廣告、完成購買、加入群組、分享、站內搜尋、廣告曝光與教學等一些通用事件。

B. 線上銷售產業事件：可包含：零售業、電子商務、教育業、房地產業和旅遊業等電商相關事業，傳送事件後，可套入電商營利報表。

C. 遊戲產業事件：傳送這些事件後，可套入 GA4 針對 App 遊戲規劃的遊戲報表。

其實原本在 GA4 2020 年 beta 版，GA4 真的依據電商零售、旅遊、教育、房地產的垂直產業區分定義，但在 2021 年新版已經簡化了，只有上述三大類。詳細的內容可以參考下面網址 GA4 的說明。

https://support.google.com/analytics/answer/9267735

自訂事件

當上述三類事件仍無法滿足對事件的定義時，可選擇自訂事件，由行銷人員自行規範並命名事件名稱與參數名稱，以及決定套入的報表。GA4 可透過「管理」、「資源設定」、「資料顯示」、「事件」、「建立事件」的介面，可以建立自訂事件；不過，這邊的「建立事件」有一個限制，就是此類型的自訂事件只可以是前兩類自動產生事件的組合（預設事件 | 加強型評估事件）；換言之，就是你只能基於現有兩類事件的參數，加上分析想設定的新參數，將現有事件複製成新事件。如果想建立原創型的自訂事件（如電子商務或 App 遊戲會員收入檢視等），就必須透過工具 GTM 或 gtag 來實現，後面會再詳述這兩個工具。

圖 9-1：GA4 所定義的四大事件類別　來源：Google

再來，如果當想對「已建立」事件的名稱或參數進行修改，同樣可透過「管理」、「資源設定」、「資料顯示」、「事件」、「修改事件」的介面，進行事件名稱或參數的修改，以符合自己公司商業運作的命名規則。有關「建立事件」與「修改事件」的詳細內容可以參考下面網址 GA4 的說明。

https://support.google.com/analytics/answer/10085872

由於很重要，最後再次強調，很多剛接觸 GA4 的分析師會被「建立事件」這個詞所混淆。GA4 介面看到的「建立事件」，只能建立既有事件組合所產生的新事件，可由行銷人員獨力完成，不須工程師介入；若想定義非既有事件組合的全新事件，還是必須利用程式 gtag 或 GTM 來完成事件追蹤與參數傳遞。

小結 GA4 四大類型事件相較於通用 GA 的優勢。一定程度上降低了行銷人員對工程師的依賴；過去，通用 GA 只要想定義一個事件，一定得利用 GTM（Google Tag Manager）或寫 gtag 程式來設定，以貴公司來說，相信德瑞克這部分感觸最深；而 GA4 則將很多常用「網頁上發生的事件」，早早設定為系統自動收集或加強型評估事件，十分有利於非程式出身像亞曼達的行銷人員，通過 GTM 介面操作或直接在 GA4 後臺事件建立單元，建立許多常用的基本事件，並接著實現目標轉換的啟動；甚至稍微複雜的組合型事件，亞曼達也可以利用上面「建立事件」與「修改事件」的功能自力完成，不必再依靠工程師。

9-2

GA4 事件的資料結構

在談完上述 GA4 四大類事件類型後，我們似乎必須再深入介紹 GA4 事件數據收集的基本資料結構，這樣未來在 GA4 進階操作，一旦想自訂事件、閱讀報表或自訂報表時，才能更得心應手。

事件的資料結構在通用 GA 的時代，是利用程式或 GTM 來指定「事件名稱」，「事件定義」則有三個維度：「事件動作、事件標籤、事件類別」，指標則有「事件價值」，算是比較簡單但不具彈性的事件資料結構；而 GA4 則把彈性打開，除上述所有的維度指標，都可利用「參數」與「值」來定義之外，甚至可以利用「參數」與「值」的架構，自訂更多附加的事件屬性。

為何 GA4 的事件資料結構彈性變得如此之大呢？第四周曾提到，GA4 因為受到整合 Firebase Analytics 的影響，而把通用 GA 的「工作階段」、「瀏覽」、「畫面」、「事件」、「社交互動」、「交易次數」等維度，全部改成以「事件」來定義。因此，GA4 的數據資料結構必須採取更有彈性的規劃，好容納這些不同的互動事件。因此，GA4 就是以事件為基本單位，來記錄所有的使用者和接觸點的互動；事件當中，最重要的關鍵因子當然就是「事件名稱」與「事件參數」，它必須能夠涵蓋過去通用 GA 的「瀏覽」、「社交互動」、「事件」、「交易次數」等資訊，參考圖 9-2。

事件名稱：用來描述事件類型	事件參數：用來描述事件相關的屬性資訊
• 類似點擊的型態，如通用GA的 (pageview, event, transaction, social interaction) 等 • 範例 = add_to_cart, sign_up, select_content	• 類似點擊層級的維度，如通用GA的事件類別、動作、標籤等 • 範例 = item_id, currency, values

**事件的概念從靜態變成動態；
資訊傳遞的擴充彈性，都可以透過參數定義來收集與調整**

圖 9-2：GA4 事件的數據模型　來源：Google

　　首先，談談描述 GA4 事件最根本的「事件名稱」。預設事件、加強型評估事件與建議事件的事件名稱都由 Google 定義（方便產生報表）；只有自訂事件的事件名稱可由分析師自行定義；即便如此，自訂事件的數據，未來若想加入 GA4 報表，仍需經過一番手腳，得利用自訂維度指標來體現。

　　一旦決定事件名稱之後，接著要描述事件屬性，一個事件可以有一個或多個屬性，這可由分析師來決定，每一個屬性就用一個「事件參數」來代表；所以，「事件參數」描述某個屬性標籤，並透過「參數值」記錄該「事件參數」在訪客和網站的互動行為過程中，產生那些互動數據。最後，一個事件可能不只發生一次，所以還會有一個「事件計數」的指標，用來記錄這個事件發生次數。

　　以上四個項目就是 GA4 事件的數據模型的基本元素，了解這些元素，除了能更快速理解 GA4 的各種報表與資訊卡的呈現之外，未來才知道自訂事件、傳送事件到 GA4；或者在 GA4 接收事件參數與參數值，並存到自訂維度指標時，該怎麼對應。

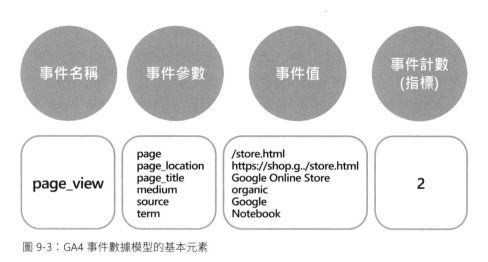

圖 9-3：GA4 事件數據模型的基本元素

為了讓各位更加清楚理解 GA4「預設事件」與「自訂事件」在事件名稱定義與參數傳遞上有什麼差異，這邊利用一個簡單的對照表說明。

GA4 預設自動收集事件		GA4 自訂事件	
	指標 Metric		指標 Metric
Event 預設事件	Purchase	Event 自訂事件	Lead Submission
transaction_ID	SO12345	Parameter 參數1 (source)	Organic
affiliation	Shopback	Parameter 參數2 (member)	VIP
value	3000	Parameter 參數3 (login_date)	June 2020
tax	60	Parameter 參數4 (action)	Watch_Video
Parameter	...	Parameter 參數N	...

Purchase 事件是 GA4 的預設自動收集事件   **Lead Submission 事件是 GA4 的自訂事件**

圖 9-4：GA4 預設事件與自訂事件的操作差異　來源：Google

購買（Purchase）是一個 GA4 自動收集的「預設事件」，所以，所有傳遞參數的命名規則，都已經由 GA4 預先定義了。因此在傳遞購買（Purchase）事件的參數名稱（從 transaction_ID 到 tax…）時，必須一字不漏地採用這些預設的參數名稱命名規則，後面的參數值當然依據實際交易發生的數值來填入。

相對的，假設我們定義了一個全新的「自訂事件」，如 B2B 產業常用的 Lead Submission。可先自訂 Lead Submission 這個自訂事件名稱，假設我們關心的事件主題有：流量從哪裡來、顧客價值、提交日期與訪客行為等資訊，都可以用「自訂參數」與傳遞對應「參數值」的方式一個一個定義下去，也不需要參照 GA4 的參數名稱命名規則，可依自己的命名規範進行定義。但原則上事件命名 GA4 建議還是以小寫字母與底線，如 aaaa_bbbb 的方式來建立自訂事件名稱。

最後，談一個比較重要的事件指標，就是重要事件的目標價值。第二周提過，衡量網站價值可透過三大因子 (訪客、廣告、網頁) 的權重來決定。在通用 GA，我們透過設定目標，並在目標設定介面下，定義貨幣價值來實現目標轉換價值；通用 GA 透過目標設定，衡量各種網站元素的轉換價值，意即通用 GA 的目標設定與事件建立並未直接掛鉤；但在 GA4 的資源中，已經不再有目標這個項目可設定價值，所以目標價值的設定是透過下面三步驟完成。

1. 建立某事件

2. 於事件清單中，將該關鍵事件標示為一重要事件

3. 於重要事件清單中，選取「設定預設轉換價值」選項，進行價值設定

換言之，所有的目標轉換，都必須先建立一個事件。下面我舉個實例，介紹 GA4 如何透過事件來設定目標事件的轉換價值。

9-3

GA4 事件的
目標價值設定

目標價值的設定，先從是否數位接觸點有包含產生實際貨幣價值的電子商務交易來區分。

A. 經營電子商務的業者：就以電子商務的營收當成主要的目標價值；如果有重要的輔助轉換目標，也可以對一些微轉換目標進行對應價值設定，以增進整個數據分析專案價值的層次；也可對網站裡面若干主要元素，如：不同的內容、訪客與廣告的重要性來排序，產生加權的效果。

B. 非經營電子商務的業者：由於沒有實際的貨幣價值產生，就得從實際世界線下交易所產生的貨幣價值回推網站元素的目標價值。然而，找到網站元素的實際貨幣價值後，過去在通用 GA，可透過設定目標當中的「價值」欄位設定，因此，可以很容易的為一個非電商的網站目標設定價值；而 GA4 目標價值的設定，則透過「轉換事件」的「設定預設轉換價值」介面來完成一樣的工作。

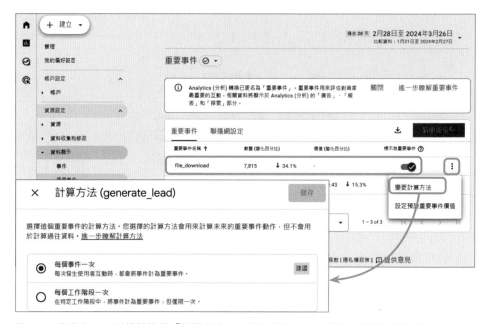

圖 9-5：先決定 GA4 計算轉換的「計算方法」：以事件還是以工作階段為基礎計算單位

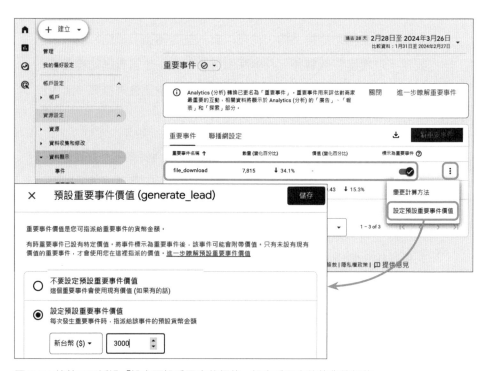

圖 9-6：接著可以透過「設定預設重要事件價值」設定重要事件的貨幣價值

舉一個潛客表單提交的範例來說明。

STEP 1 先在 GA4 的「管理」-「資源設定」-「資料顯示」-「事件」選單，點擊「建立事件」，透過「建立事件」來建立一個「generate_lead」的自訂事件。當潛客表單送出後，到達 thank-you.html 網頁時就會觸發事件。（提示：示範帳戶同樣無法建立活動，需要有編輯權限的帳號。）

圖 9-7：GA4 自訂事件名稱與條件建立

STEP 2 選擇右上方「建立」的按鈕，建立該自訂事件。

STEP 3 將這個「generate_lead」事件在事件清單標示為重要事件（剛建立完新事件要 24 ~ 72 小時才會出現在事件清單）或直接在重要事件清單中，透過「新重要事件」按鈕來新增這個「generate_lead」為重要事件。

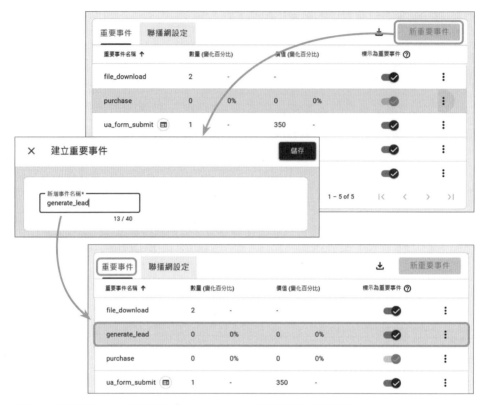

圖 9-8：將剛剛的 GA4 自訂事件「generate_lead」手動設定為重要事件

STEP **4** 點擊「generate_lead」重要事件的 ⋮ 選單，選擇「設定預設重要事件價值」選項。「currency」貨幣已預設設定為新台幣 ($) TWD；價值設定的欄位則輸為 3000，代表每個潛客產生的價值是台幣 3000（可複習第二周課程，了解如何計算此虛擬貨幣價值）。

STEP **5** 此時選擇右上方「儲存」的按鈕，就可完成該重要事件的價值設定。

　　這五個步驟就可以完成一個自訂事件與重要事件價值設定，如果還不放心，可以自行測試該自訂事件，也可透過 GA4 專屬事件除錯工具 DebugView 來觀察是否傳遞的事件名稱、參數和值是正確的，本周最後會和大家分享如何使用 DebugView 來幫助我們確認自訂事件的正確性。

9-4

透過 GTM 設定
事件目標價值

自訂事件的建立與價值設定，也可以透過 GTM 來實現，這時我們透過傳遞「事件名稱」、「事件參數」與「參數值」的方式來實現。作法如下：

STEP **1**　先在 GTM 建立一個 GA4 的事件的「Form Submission」代碼。並且點擊「事件參數」的「新增參數」按鈕後，加上兩個參數名稱與對應值：「currency」、「value」與其對應值 TWD、3000，填完之後，點擊「儲存」就可以完成該代碼建立。

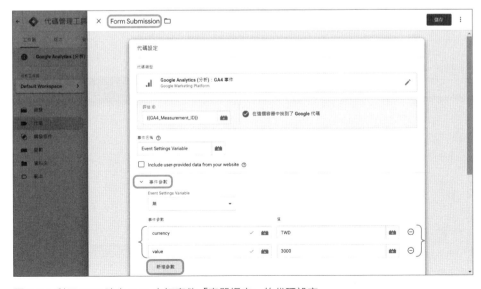

圖 9-9：利用 GTM 建立 GA4 自訂事件「表單提交」的代碼設定

STEP **2** 接著，設定該代碼的「觸發條件」為「表單提交」，並將「所有表單」的提交設為本項觸發條件的啟動時機。

圖 9-10：利用 GTM 設定 GA4 自訂事件「表單提交」的觸發條件

完成自訂定義之後，將如下圖：

圖 9-11：利用 GTM 設定完整配對的代碼與觸發條件

STEP **3** 上面這些設定用白話文解釋即為：如果有訪客提交任何表單，我就會觸發「Form Submission」這個代碼，而這個代碼會把帶有「currency」與「value」這兩個參數，與「新台幣」「三千」兩個參數的表單提交事件傳給 GA4（意即每個表單提交視為具有新台幣三千的貨幣價值）。如要檢視這個事件觸發的設定是否如我們預期，可以利用 GTM 的「預覽」功能，搭配 GA4 的 DebugView 來檢視該事件設定是否正確。

或許有人會想問，如果想針對不同的頁面給定不同的目標價值該怎麼做？這時可能就要動用到資料層變數（dataLayer）與規則運算式（RegEx）等進階概念了。在進階的 GA3 / GA4 事件設定，規則運算式的熟稔十分重要，可簡化進行一些進階條件篩選的設定。

讓我舉例如何做。可先在 GTM 的變數表單之下,「新增」一個「Conversion_Value」的使用者定義變數。並在「輸入變數」的欄位選取 {{Page Path}}(網頁的路徑值),並在底下規則運算式表格的地方,填寫打算定義網頁的規則運算式。底下的範例代表:如果網址是首頁的話,代表 1000 元的價值;如果網址是產品頁「product」開頭的話,代表 1500 元的價值;其他沒設定的網頁,就用設定預設值 10。

圖 9-12:利用 GTM 設定進階的使用者定義變數,將不同頁面給定不同價值設定

　　當儲存上述使用者自訂變數之後，該變數「Conversion_Value」就會出現在 GTM 的「使用者定義的變數」清單當中。

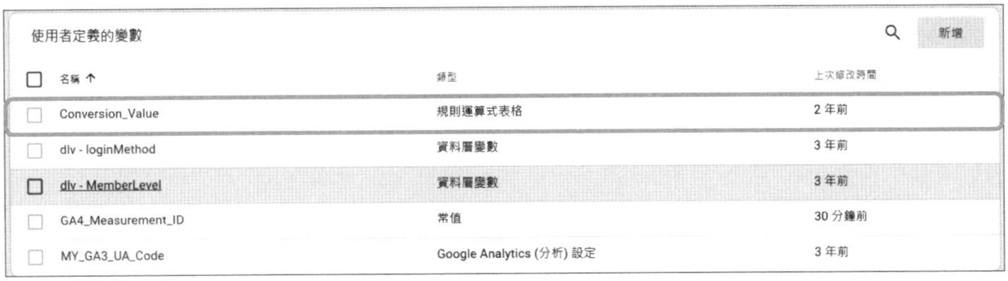

圖 9-13：變數設定完後，會出現在使用者定義的變數清單中

　　那麼，如何將事件的目標價值和剛剛這個自訂變數結合呢？很簡單，我們回到剛才「Form Submission」的代碼稍微修改，把原來固定的常數欄位 3000 改成剛建立的變數 {{ Conversion_Value }} 即可。

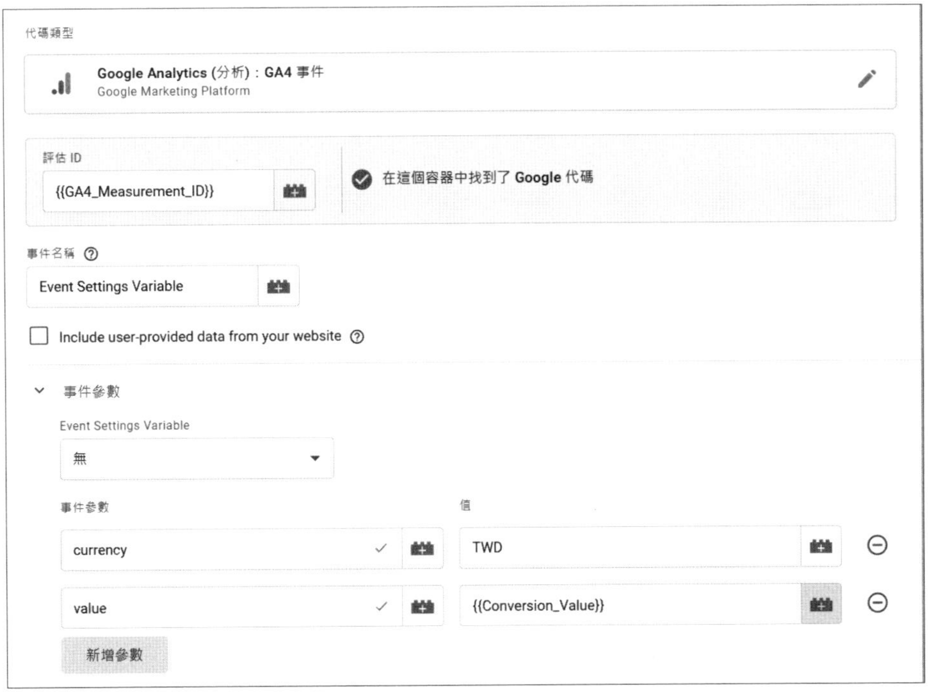

圖 9-14：可將原代碼設定的價值改為剛建立的變數

上面這個 GA4 潛客表單提交的目標價值設定過程，看似要求很單純，但設定上已算是 GA4 較進階層級的自訂事件練習了，因為已經碰觸到許多工程師專業的元素（如：資料層、變數、規則運算式等），所以像艾比或亞曼達可能知道大約脈絡即可，以方便和工程師端有效溝通；至於凱文與德瑞克的角色，就應該學到如何進行完整的設定。當然，以這樣較複雜的設定，建議開始部署之前，雙方可以利用第一周提到的 STAG 文件先記錄下來，等真正開始設定時，才能更加明確與篤定。

9-5

利用 GTM 和 gtag 來自訂
事件並傳送數據給 GA4

前面，我談到價值設定時，稍微提到了 GTM 這個工具，在此用一小段來說明如何利用這兩個工具來自訂較複雜的追蹤事件。

GA4 雖然在四大類事件當中的前兩種可以幫助分析師或行銷人員自動收集，但這些大多是頁面等基本行為的追蹤，當分析師有時想更深層探索訪客的進階活動，如：選單點擊的覆蓋率、表單送出，甚至是高度複雜的電子商務活動，自動收集與加強型評估事件顯然沒有辦法實現我方收集數據的願望，此時就得利用 GTM 或 gtag 來自訂事件，設定事件的觸發條件後，將相關的數據傳送給 GA4。

基本流程大約是：當某事件發生時，把使用者屬性或事件情報的各種相關數據，透過 GTM 或 gtag 進行事件設定，並決定那些事件情報的參數與參數值傳送到 GA4 進行數據收集記錄；之後，分析師再針對 GA4 所收集事件對應的數據來產生各類報表與分析洞察。

很多公司由於因為分析師學習的深度不夠，只能看基本預設報表，沒能去蒐集這些進階的事件標籤，所以對於訪客的許多額外行為無法充分掌握，自然無法分析出什麼好的洞見。以成熟的數據分析專案來說，最好能夠預想訪客進站後可能的動線、行為或旅程，把每一個關鍵步驟都用自訂事件來設定，進行全方位事件標籤收集。

既然我們了解自訂事件與參數傳遞如此重要，接著為各位說明，傳送使用者屬性或自訂事件的參數與參數值到 GA4 的兩種途徑：gtag 與 GTM（Google Tag Manager）。

gtag

gtag 的全名是 Global SiteTag，是一種 Google 所規範的 JavaScript，可橫跨 Google 所有數據量測相關產品，是 Google 用來傳送事件代碼（標籤, tagging）的架構與 API，基本上是給熟練的工程師，透過程式碼來快速完成事件數據傳遞的一個工具。

GTM（Google Tag Manager）

而 GTM（Google Tag Manager）可以簡單看成是 Google 把傳送事件代碼的工作簡化，透過 Google 事先建立好的一些模板、流程與使用者介面，讓行銷人員不需要工程師，也可進行簡單的事件代碼（tagging）傳送。因為夠好用，很多其他第三方的數據平台，也設計了和 GTM 相容的代碼，當網站發生特定第三方所關注的事件時，也可以回傳數據到其他第三方平台。因此，除了 Google 產品之外，還可以在 GTM 上看到許多第三方產品的代碼，例如：HotJar、Crazy Egg、comScore 等。

兩者使用上有什麼差別呢？又適合誰來使用呢？

簡單講，工程師一般喜歡用 gtag，因為可以不拖泥帶水的在事件發生的當下，把事件相關資訊直接傳遞給 GA4；只要套用類似下面的語法：

```
gtag ('event','event_name', {
  "parameter 1":"value 1",
  "parameter 2":"value 2",
  "parameter 3":"value 3"});
```

就可以輕鬆的將所發生的事件名稱、事件參數與參數值給送到 GA4，讓它收集並儲存這些事件數據。

而行銷人員一般喜歡用 GTM，因為大多數人光看到上方的 JavaScript 代碼就已經頭暈了。因此，喜歡透過 Google 設計好一些事件數據傳送介面來完成。GTM 讓行銷人員即使不懂 JavaScript，也可以自行透過友善介面與參數模板，設定或選擇一些事件，並進行事件參數的傳遞。當然，GTM 理想化的情況，還是以傳送不太複雜的事件為主；若有高度複雜或大量屬性數據的事件傳遞，例如：電商交易數據時，行銷人員還是需要和工程師合作來完成，甚至這時就需要搭配一個叫做資料層（Data Layer）的數據暫存區來幫忙。為了不把問題複雜化，資料層（Data Layer）的解說，我下一小節再做更深入的說明。

最後，提供 gtag 與 GTM 使用的幾個實際用例 (Use Cases)，給各位做為未來選用參考。

操盤者或網站有以下的情況，較適合使用 gtag：

- 本身負責整個數位接觸點程式的撰寫，也有能力直接在網頁內加入代碼 (tags)，沒時間與精力學習一個代碼系統 (tag system) 者
- 熟悉 JavaScript 的語法，不喜歡利用另一個系統介面來填入相關參數
- 代碼 (tags) 一旦加入之後，更動的頻率低者

操盤者或網站有以下的情況，較適合使用 GTM（Google Tag Manager）：

- 常常需要修改 Google 或第三方提供的代碼

- 需要同時在網站與 App 都建立代碼

- 常需要行銷人員與工程師協同合作的情況

- 不太熟悉 JavaScript 的語法，需要一個介面來幫忙佈建代碼

gtag

Global SiteTag

可用 Google Ads,
Google Analytics 與
Floodlights 等代碼模板來建構
與傳遞參數，每一頁網頁都
必須置入代碼模板

GoogleTag Manager

GTM 可隨時使用最新的代碼
模板，並請有利於整合其他
Google 與非 Google 的代碼
全部在 GTM 上一起管理

Server-side GTM

圖 9-15：gtag & GTM　來源：Google

GTM 與 GA4 的進階資料交換：Data Layer 變數層的運用

　　經過前面的介紹，大家約略已經知道 GTM 和 GA4 關係密切；但複雜的事件數據傳遞，需要 gtag 與 GTM 都用上，並利用 Data Layer 變數層當作傳輸中繼站，以下詳細說明。

　　如果是一些初階的事件設定或參數傳遞，一般行銷人員透過 GTM 和 GA4 就可以自行完成，甚至不需要工程師任何幫忙。可是當數據收集量變大或管道多元化之後，必定會遇到比較複雜的應用，例如：電子商務交易完成後，想把相關的交易數據傳到 GA4。由於每一筆電商交易傳遞資訊量不小，內容也高度與商業情境相關，不太可能由行銷人員獨力完成。這時就需要思考行銷人員和工程師配合的方式，每當電商網站完成一筆交易後，該如何把交易相關的數據，拋轉到 GA4 做完整收集。

　　大多數的工程師可能會喜歡用前面提到的 gtag 方法，直接就傳送交易數據到 GA4。但有時，行銷人員或電商操盤手對交易數據比較敏感，想做更多的加工與分析，如果直接塞到 GA4 裡面，行銷人員就插不上手了。

　　因此，DataLayer 資料層的概念因此衍生，它有點像是一個暫存區或中繼站，工程師不把電商交易數據直接傳到 GA4，而是利用 dataLayer.push 的語法，把數據暫存在 DataLayer 資料層的一些變數當中。換個角度，可以理解為工程師

和行銷人員間建立一個默契：大家先談好，該把那些交易資料寫到 DataLayer 資料層的對應變數中，之後行銷人員就可以直接在 GTM 的介面當中，存取這些變數，雙方就可以彼此在毫無干擾的情況下，快樂繼續各自往下工作了。

　　一般，你會在 GTM 的介面左邊選單當中，看到一個「變數」的選項，其實這邊的變數就是指 DataLayer 資料層變數的意思。有些常會用到的變數是 GTM 內建的變數，例如：點擊事件、表單提交事件、畫面捲動或影片撥放等，會由 GA4 系統把數據給直接塞入，在「類型」的描述看到「資料層變數」的描述，就代表他們是 GTM 內建的變數，可供行銷人員在適當的時機取用，傳送到通用 GA 或 GA4。

圖 9-16：GTM 的資料層內建變數

　　當然，像電子商務這種不是標準化，甚至是比較複雜的事件，GTM 就不可能幫我們內建變數（雖然也期待有這麼一天），因此必須自行定義。每一個由使用者定義的 DataLayer 資料層變數，GTM 在「變數」的選單會有另一區叫做「使用者定義的變數」來存放這些自訂變數。除了像電子商務的事件之外，有時

我們也會定義一些有關於品牌會員的自訂變數，來儲存會員屬性等相關資訊，當會員登入網站或 App 裡，產生一些狀態改變時，行銷人員就可以要求工程師把會員屬性的改變寫入自訂的 DataLayer 資料層使用者變數當中，之後行銷人員就可以把這些屬性傳到 GA4 的使用者屬性 (User Property) 資料結構當中，做為未來若想自訂使用者維度時，可以有對應的參數與值來存取。如之前設定 GA4 目標價值練習裡的 << Conversion_Value>> 就是使用者定義的變數。

	使用者定義的變數		Q 新增
	名稱 ↑	類型	上次修改時間
☐	Conversion_Value	規則運算式表格	2 年前
☐	dlv - loginMethod	資料層變數	3 年前
☐	dlv - MemberLevel	資料層變數	3 年前
☐	GA4_Measurement_ID	常值	1 小時前
☐	MY_GA3_UA_Code	Google Analytics (分析) 設定	3 年前

圖 9-17：GTM 的資料層變數的使用者定義變數

GA4 重要事件 (Key Event) 與聯播網設定

GA4 為了避免混淆廣告轉換與事件轉換的數據，在 2024 年三月又做了一個改變，將過去的轉換事件改稱為「重要事件」。但精神上，我們還是先了解過去的轉換事件 (也就是現在的重要事件) 怎麼定義。過去的「轉換」是指若干特定的訪客活動或行為，可以實現商業設定的短期目標、中程目標或帶來長程業務實績的 GA4 事件。例如：行動遊戲 App 的玩家在遊戲闖關成功、完成 App 程式內購買、訪客在電子商務網站上完成購物、訪客在開發客戶表單完成個資提交等，都可算是轉換事件。

而依據第二周提到，上述事件可依據訪客轉換的程度，分為巨轉換 (直接實現商業目標) 與微轉換 (完成階段性商業目標)。之所以要增加一些微轉換目標，是因為要訪客一次就決定和品牌建立深層的關係締結，有時候有它的困難性存在；尤其偏向大型採購的 B2B 企業，通常需要更多理性思考的過程。所以通過設定一些微轉換，有方法、有順序的把訪客推向最終所希望的商業目標。在本次改變之後，這些轉換都可定義為重要事件。

重要事件

GA4 觀看與設定「重要事件」報表相對容易，只需從事件清單當中，勾選符合轉換條件的事件，並「標示為重要事件」，就可以完成重要事件的目標設

定。每個資源最多可以設定 30 個重要事件，參考圖 9-18。一旦將事件標示為重要事件後，過一段時間後，該事件才會顯示在「重要事件」的清單中。新完成的重要事件，最快可能要過 24 ～ 48 小時才會顯示在「重要事件」報表中。初學者不要納悶剛剛設定的重要事件怎麼沒有出現，而花時間去尋找。

第八周也提到，「重要事件」與「廣告歸因」高度連動。因此，如果打算修改事件或建立自訂事件，也可以預先在「重要事件」的清單中，透過「新重要事件」按鈕，將該事件名稱設為重要事件，如之前圖 9-8 的步驟。如此一來，系統就會提早在收集所有與該重要事件相關的廣告歸因資訊。

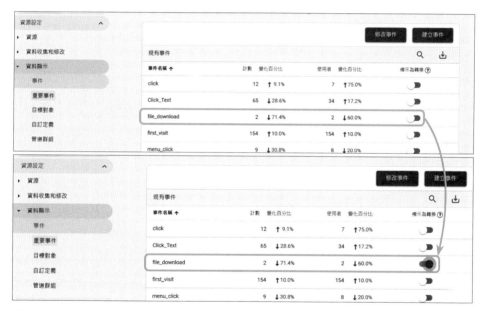

圖 9-18：GA4 可在事件清單中直接將事件定義為重要事件 (如：定義 file_download 為重要事件)

當不做任何設定的時候，GA4 會自動標示以下五個重要事件，分別是：

- 應用程式 App 事件：first_open（首次開啟 App）、in_app_purchase（程式內購買，完成首次訂閱）、app_store_subscription_convert（由免費訂閱轉付費訂閱）與 app_store_subscription_renew（付費訂閱用戶續訂）
- 網站事件：Purchase（訪客完成購買時）

如何取消或停止將某事件當作重要事件呢？很容易，只要將該事件「標示為重要事件」的按鈕往左取消即可；停用重要事件不會影響已經收集到的事件數據，只是停止收集廣告歸因的數據而已。

聯播網設定

假設公司有 App 的應用，透過 Google 聯播網廣告曝光，以增加下載量或吸引更多用戶時，如何知道聯播網的廣告歸因呢？一般會把推廣廣告的聯播的廣告活動網址放在這邊，來了解這些聯播網是否有幫助到 App 安裝的轉換。

圖 9-19：GA4 轉換的「聯播網設定」

「設定回傳」是一項選用功能，可將完成轉換顧客的資料傳回指定的廣告聯播網。除了其他應用程式內的轉換事件外，也可以傳送 first_open（初次開啟）的事件數據。一旦決定「設定回傳」，也需選擇是把所有轉換都傳送給該聯播網，或只傳送歸因數據給該聯播網。

「設定回傳」有助於聯播網調整導給 App 的流量，例如：某聯播網一旦確知某個裝置或用戶已經下載了我們的 App，就不會再對這個裝置投放該 App 的其他廣告，以節省廣告費用支出。

9-8

GA4 的自訂定義
（自訂維度指標）

即使 GA4 訂立了相當多的維度與指標，但當進入深層分析之後，可能 GA4 預先定義的兩三百個維度指標，已經無法提供分析師想要呈現的分析報表，此時自訂維度和指標的需求就出來了。把自訂維度與自訂指標放在一起談，原因是來自他們倆像一對攣生兄弟，當分析師想擷取特定訪客資訊，或者訪客與網站、App 值得記錄的特別互動事件時，我們可以運用自訂維度及指標，來承接我們關注事件所傳過來的使用者屬性、事件參數、商品陣列（以上可自訂維度）或參數值（可自訂指標），自訂完成之後，可用資產庫自訂報表或探索報表存取這些自訂維度和指標。自訂維度指標在商業上最大的意義就是：如果想讓利害關係人直接可以閱讀與看懂 GA4 報表，就需要使用他們所熟悉商業情境下的專有名詞；當公司高階主管偶爾需要直接檢視單一報表或戰情儀表板時，這些專有名詞若能直接出現在報表當中，就能有效降低溝通成本。

那麼自訂維度與自訂指標該從哪邊開始練習呢？基本上，可以從 GA4 的自訂事件開始，把自訂事件傳過來的參數（自訂維度）與對應的參數值（自訂指標），當作自訂維度與指標的來源。

在一個 GA4 自訂事件裡，除了傳遞事件的參數與參數值之外，不要忘了，也可以透過事件傳遞使用者屬性（User Property）。因此，當自訂維度時，在資料範圍這個欄位，可以選擇的總共有「事件」(Event)、「使用者」(User) 與「商品」

(Item)三個項目;第四周曾提到GA4的兩大建構元素(Building Blocks)是:事件屬性(Event Attributes)與使用者屬性(User Properties),自訂指標與維度的範圍層級,也剛好落在「事件」(Event)與「使用者」(User)兩個GA4數據收集建構元素之上,這就是要先介紹GA4量測模型與建構元素的原因。近期,為了提供更完善的電子商務報表的準備,GA4還新增了「商品」(Item)這個自訂維度,增加電商營運商報表的彈性。原來通用GA自訂維度的範圍層級如:點擊hit、工作階段session,目前已經看不到了,或許就是因為底層量測模型與構成要素已經有了根本的改變。

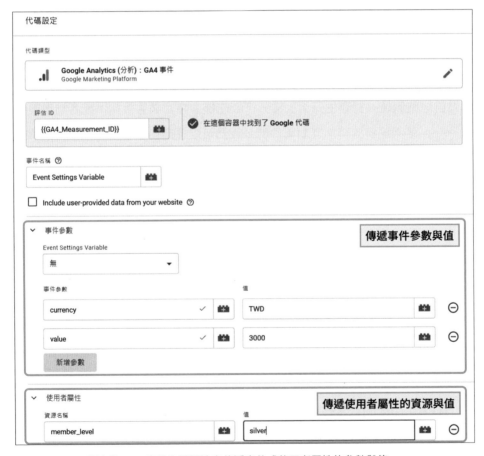

圖9-20:GTM裡定義GA4事件也需要決定傳遞事件或使用者屬性的參數與值

現在舉個實例，來看怎麼把事件參數與參數值變成自訂維度與指標。

假設貴公司官網規劃了一個部落格的單元，採用多個作者的形式，若想把不同作者（維度）受歡迎的程度，與閱讀量（指標）當作一個自訂維度與指標，則每當訪客閱讀一篇部落格文章時，可以自訂以下事件「read_article」，並透過 gtag 傳送三組參數與參數值，讓 GA4 來收集。

```
gtag ('event','read_article', {
    "author":" 張曉萬 ",
    "title":" GA4 如何自訂維度與指標 ",
    "number_of_pages":4,
});
```

這時在 GA4 端，可以設定一個新的自訂維度叫做：「Author」，用來收集從事件「read_article」參數 "author" 傳過來的作者姓名；另外，自訂一個指標叫做：「Blog_Length」，用來承接從參數 "number_of_pages" 傳過來的部落格閱讀頁數參數值；

除了可收集自訂事件（Event）範圍層級的維度之外，也可以收集自訂使用者屬性（User Properties）範圍層級的維度，自訂使用者屬性是用來收集與辨識使用者靜態屬性（例如：男女性別、語言等）或會隨時改變的動態（例如：會員層級、是否登入等）屬性。

提到使用者屬性，GA4 本來就已經內建了許多使用者屬性，例如：年紀、國家、裝置類別、性別、興趣與語言等。上面這些一般性的使用者屬性，在商業情境上做進一步的分析並不夠。因此，企業通常會依據實際商業上的顧客分群邏輯或顧客旅程，再加上自訂使用者屬性。例如：

- B2B 訪客身份：如總代理、經銷商、線上分銷商、系統整合商、加值服務商等

- B2C 訪客等級：如白金級、金級、銀級、一般等級的消費者級別等

同樣舉例如何利用 gtag 傳送自訂使用者屬性的參數給 GA4，設定訪客的自訂維度。

```
gtag ('set', 'user_properties', {
member_level: 'Gold',
login_status: 'logined',
member_rewards: {{member_points}}
});
```

註：這邊的 {{member_points}} 是一個定義存在 DataLayer 的資料層變數，用來記錄會員積點。

除了利用 gtag 傳送使用者屬性的參數，當然，也可以利用 GTM 實現一樣的工作。

如果懂上面這兩個例子，回過頭再看 GA4 自訂維度與自訂指標的介面時，自然就一目瞭然了。從 gtag 所傳到 GA4 的事件參數、使用者屬性或產品代號，便會出現在自訂維度指標介面的底端，事件參數、使用者屬性或產品代號當中，供你把他們套用到自訂的維度或指標當中。

自訂維度的資料範圍有：
事件、使用者、商品

自訂維度是接收「自訂事件所傳送過來的參數」所建立

圖 9-21：GA4 新增自訂維度的介面

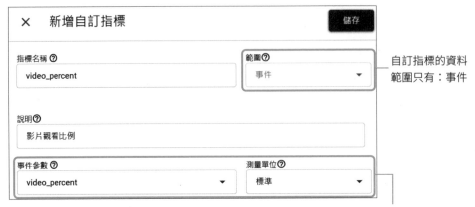

圖 9-22：GA4 新增自訂指標的介面

自訂指標的資料範圍只有：事件

自訂指標同樣是接收「事件所傳送過來的參數」來建立，另外需設定量測單位

在免費的 GA4 當中，自訂維度與指標有數量的限制。每個 GA4 資源最多可以定義 50 個事件傳送過來的自訂維度與自訂指標；25 個使用者屬性傳送過來的自訂維度；10 個商品傳送過來的自訂維度。

最後，GA4 對於自訂維度與指標有兩個提醒：

1. 盡可能先使用預先定義的維度和指標，若真的找不到，再建立自訂維度和指標，否則會占用自訂配額。
2. 請勿建立不必要的高基數自訂維度（例如：到每個個別用戶，這個例子直接用 User-ID 就可以了），高基數維度可能會對資產庫報表和探索報表造成負面影響。

最後，我們分享非常近期才加入的一個自訂指標，叫做計算指標（Calculated metrics）。所謂的計算指標是指利用現有 GA4 指標或自訂指標，透過簡單的加減乘除公式，來定義一個新指標。我們在第二周與三周都曾提到計算指標在商戰上應用的積極意義，因為很多商業上的 KPI 指標，GA4 本身並沒有定義，但可以經過既有指標的運算來產生，增加報表的可讀性。目前，只有系統管理員或編輯者才能建立計算指標，每個資源最多可建立 5 個計算指標。計算指標的公式不可再參照其他計算指標。

現在，就讓我們舉個實例，說明在 GA4 裡如何實作有意義的計算指標。假設我是一個電商運營者，我想了解整體益廣告投資報酬率，一般可以用 ROAS 指標來了解，但 GA4 沒有 ROAS 的指標，於是我決定建立一個 ROAS 計算指標來長期觀察這個數字。ROAS 計算指標設定如下：

圖 9-23：建立 ROAS 計算指標並完成儲存

9-9

GA4 的管道群組設定

　　「管道」是指按某規則去定義網站流量來源，方便我們監控各個網站流量來源管道的成效，一般我們可在「獲客」報表、「廣告」及自訂報表中查看管道與管道群組相關的指標資訊。

　　管道群組是一組管道，用來做為網站流量來源的規則類別。GA4 定義了一個「預設管道群組」，目前裡面預設了 18 個基本的廣告頻道，這邊就不細列出，有興趣者可參考底下文件，內有 Google 詳細說明。

https://support.google.com/analytics/answer/9756891

　　若我們想建立自己的「自訂管道群組」，可能的情境是：當進行一個促銷或廣告時，想觀察我們自己特定較小眾的廣告活動或流量來源平台的分離數據，可細到以廣告活動編號或名稱來建立新管道；一旦建立之後，便可在流量相關報表的下拉選單，選擇我們的「自訂管道群組」，專注在我們特別感興趣的流量來源，群組中的每個管道都是維度值，在報表中會顯示為獨立的一列，方便檢視。

　　目前免費的 GA4 提供額外 2 組「自訂管道群組」，每個群組內的管道上限為 25 個。

9-10

GA4 的歸因分析設定

我們在第八周分享了 GA4 的廣告成效與歸因模式的議題，而這個歸因分析設定，就是在定義相關報表的預設選項。

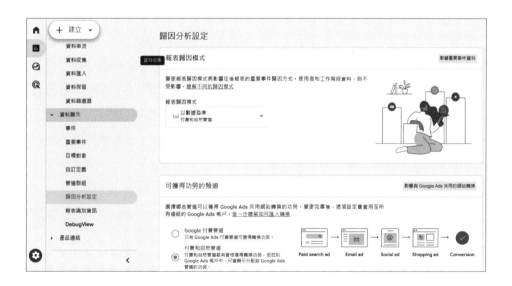

一、報表歸因模式：由於 GA4 簡化了歸因模式的選擇，所以現在歸因分析設定當中，我們能選的模式只有：「以數據為準」與「最終點擊」兩種。如果是 Google 付費管道甚至只有「最終點擊」一個選項（沒得選的意思）。

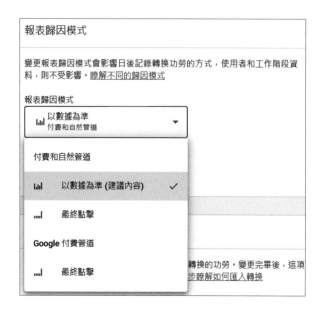

二、可獲得功勞的頻道（管道）：當 GA4 帳戶和 Google Ads 帳戶連結後，
這個選項是告訴 Google Ads，哪些管道可以計入 Google Ads 共用網
站轉換的功勞。這個區塊你有兩個選擇：只計算「Google 付費管道」
或加計「付費和自然管道」。這項設定的變更不會溯及既往，但會套用
至所有已連結的 Google Ads 帳戶，設定的影響主要會體現在 Google
Ads 出價和轉換報表的資料。

三、**轉換回溯期**：這個選項的意思是在使用者與廣告互動後若干天後才發生轉換，這個「若干天」是該定義幾天呢？因此，「轉換回溯期」代表要往回追溯的天數，系統會根據這項設定，將功勞歸因給指定期間內的接觸點，超過的就不計算功勞了。舉例來說，如果將轉換回溯期設為 7 天，11 月 7 日發生的轉換只會歸因於 11 月 1 日到 7 日之間出現的接觸點，10 月 31 號的不計入；但如果你選擇 30 天的選項，則 10 月 31 號的就計入。轉換回溯期的變更也不會溯及既往，這類變更會反映資源內的所有報表中。轉換的標的，目前 GA4 也定義了三種，獲客轉換（預設 30 天）、參與收視轉換（預設 3 天）與所有其他轉換事件（預設 90 天）。

轉換回溯期   影響所有資料

在使用者與您的廣告互動後數天或數週，可能才會發生轉換。「轉換回溯期」代表要往回追溯的天數，系統會根據這項設定，將功勞歸因給指定期間內的接觸點。舉例來說，如果將轉換回溯期設為 30 天，1 月 30 日發生的轉換只會歸因於 1 月 1 日到 30 日之間出現的接觸點。

轉換回溯期的變更不會溯及既往。這類變更會反映在此 Analytics (分析) 資源內的所有報表中。

點閱後轉換   **參與收視轉換**

獲客轉換事件   固定的參與收視轉換預設設定為
(例如：first_open、first_visit)
                                3 天
○ 7 天

◉ 30 天 (建議)

所有其他轉換事件

○ 30 天

○ 60 天

◉ 90 天 (建議)

9-11

GA4 的報表識別資訊設定

第四周提到 GA4 誕生意涵當中一個重要的背景，就是延展至跨平台、跨裝置用戶的辨識與追蹤，而具體的做法就是利用所謂的報表識別資訊 (Reporting Identity) 的機制。

Google 的報表識別資訊機制曾經有四個方法來辨識用戶，協助企業實現將用戶活動整合成一個跨裝置使用者旅程；但其中第二種模式：Google 信號 (Google Signal)，是過去 Google 利用 Google 自己的機制提供給企業來辨別使用者跨裝置的做法，為了配合歐洲地區日趨嚴謹的隱私法規，已經於 2023 年 12 月底發布，自 2024 年 2 月 12 日起，啟用「Google 信號」按鈕將不會再顯示在「資料收集」的選單中；但 Google 私下仍會利用原本既有的「Google 信號」機制呈現人口統計、興趣報告與廣告中的目標對象設定，這個改變主要影響範圍是之後的報表數據呈現。依據目前走向，Google 應該是打算把精確使用者歸戶的管理權，重新交回給企業自行處理；企業可利用網站與 App 的用戶登入機制 (使用者 ID) 或裝置 ID 來實現歸戶。以下還是一一介紹四種方式：

使用者 ID（User ID）

如果公司的各個數位接觸點有會員系統或訂閱機制，就可以直接把這個使用者 ID 傳給 GA4。如要使用這個識別，我們必須每次都指派這 ID 給使用者，然後將 ID 和使用者相關資料一起傳送至 GA4，User-ID 是最準確的識別資訊，但一般 User ID 的困難是網站要有會員登入機制或 App 已安裝或有訂閱功能，才有機會把登入訪客 ID 傳送給 GA4。這在 App 的層面比較容易辦到，但很多網站是沒有登入與會員機制的，所以過去只得仰賴下一種 Google 訊號，才能實現跨平台行為歸戶的效果。

Google 信號（Google Signal）

如果各位有用 Gmail，是不是常常在桌機、平板或手機，都會把 Google Account 預設為登入狀態？Google 就很巧妙的利用這個方式產生 Google 信號，藉以辨識是不是同一個人在不同裝置上的工作階段。但如前所述，這個機制將在 2024 年 2 月 12 日起下架。

裝置 ID（Device ID）

如果有訪客不想被 Google 追蹤或記錄網上行為，每次都登出 Gmail，或選用無痕瀏覽模式，那訪客的行蹤，Google 還是無法用 Google 信號來追蹤。這時還能用的方式，就是利用裝置 ID。因為每個裝置有一個獨特的序號，偶爾訪客還是會登入 Google 相關服務，Google 就大約可以知道該裝置是屬於哪個訪客的。比如我身上掛著一隻手機、兩台平板、兩台筆電、一台桌機和一台 Google Mini，因為偶爾都會在裝置登入 Google 服務，這些裝置 ID 就會綁在我身上。

模擬（Modeling）

　　如前所述，如當越來越多使用者不想暴露自己的行蹤，都會選擇拒絕 Cookie 等辨識機制，系統也就無法提供這些使用者的行為數據。Google 建議網站安裝同意橫幅（Consent Banner），如果使用者拒絕同意聲明，GA4 就不會使用這些用戶的資料，但會傳送不含 Cookie 的連線偵測（ping）給 Google，這個過程就是所謂的同意聲明模式。若用戶拒絕被辨識，Google 改採行為模擬的方法，該方法是指利用機器學習技術，根據發送 ping 的行為，去估算行為資訊，同時兼顧洞察資料與保障使用者的隱私權，藉此填補未觀察到的實際數據；Google 曾在文件中說明，透過該方法可以找回約 70% 的數據。因此，選擇模擬（Modeling）就是利用 GA4 這個新的人工智慧來模擬用戶行為的辨識方式。

　　當然，Google 那麼努力做用戶辨識，目的還是希望可以更詳細的記錄每一個使用者的喜好與行為，最終就是反應在廣告的精準投放上。一旦掌握了每個人的喜好與行為，輔以人工智慧機器學習的新科技，可深入去尋找生活型態、喜好或興趣典範類似的群體，在投放廣告的時候，就能更確實的針對典範相近的受眾來進行更貼近的訊息溝通，實現關係締結或營利目的。但上述這種廣告主鍾意且時時追求的個人化廣告模式，恰恰是歐盟法規用戶同意政策（EU UCP）逐漸開始嚴格規範的消費者隱私保護區塊，該政策將要求廣告商如果想要在英國和歐洲經濟區（EEA）投放個性化廣告，必須向其發送可驗證的同意信號，所以同意聲明模式是一個目前雙方妥協下的產物。

　　消費者對於隱私保護意識的提升，與廣告投放端對於精準目標受眾投放的期望，兩者本質上就是巨大的矛盾，這個拉鋸應該還會在未來持續上演，為了不被主要市場抵制，Google 在數據收集端應該會透過上述科技的方式繞開。

圖 9-24：Google 的報表識別資訊機制有四個方法來辨識用戶　來源：Google

同意聲明模式（Consent Mode）

- 同意聲明模式用指將使用者的 Cookie 或應用程式 ID 是否傳送給 Google 的決定權交還給使用者，而要求品牌透過一個同意橫幅（Consent Banner）來收集使用者對於自己個資使否被使用的同意聲明進行抉擇，GA4 代碼將會遵照使用者選擇的結果來調整收集的行為。

　　當然，不論情勢怎麼變化，我們還是要告訴 GA4 打算採用哪一種模式當作報表識別資訊，報表識別資訊是跟著 GA4 的資源。因此，在開始設定資源的時候，必須選定想預設的報表識別資訊採「混和」、「已列為觀察項目」或「依據裝置」當中哪一種。

　　其中，「混和」是會視情況依據 User-ID > 裝置 ID > 模擬功能的順序，來辨別使用者。「已列為觀察項目」則去除模擬的機制，會依序評估使用 User-ID > 裝置 ID 兩者當中，第一種可用的方法；「依據裝置」則是只利用裝置 ID 分辨用戶，因此，報表呈現數位接觸點使用者歸戶的效果，可能會最差。

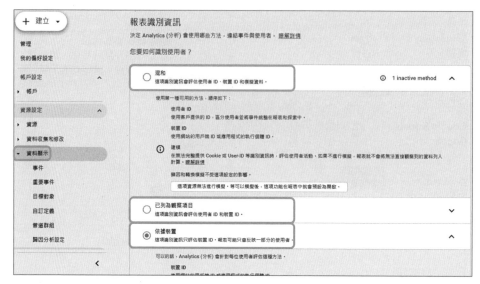

圖 9-25：Google 的預設報表識別資訊的選擇項目

過去，Google 訊號的啟動需要設定，必須在「管理」-「資源設定」-「資料收集與修改」底下的「資料收集」裡，啟用「Google 信號資料收集」的選項，前面提到的 2024 年 2 月 12 日起落日的按鈕，就是指這一個。

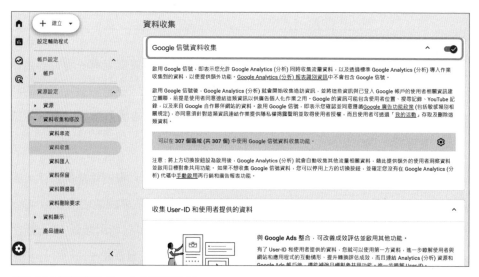

圖 9-26：選擇啟動 Google 訊號的收集

9-12

GA4 的 DebugView

過去通用 GA 沒有 DebugView 這個事件除錯的功能，分析師要檢視事件設定是否正確時，就必須辛苦安裝一些其他輔助工具，來做類似 DebugView 的工作，因此 GA4 從善如流，內建了一個比較貼心的事件除錯功能。

另外，因為 GA4 將事件規劃為數據收集的核心與基本單位，對於事件設定完成之後的除錯，必須變得更加嚴格；否則，若設定了錯誤的事件或轉換，沒收集到數據，甚至收集到了錯誤的數據，都影響到後面整體報表的正確性，嚴重影響洞見產生與決策品質。

因此，在 GA4 的「管理」-「資源設定」-「資料顯示」選單之下，還有個 DebugView 的機制，GA4 把 DebugView 選同樣放在「管理」、「資料顯示」選單當中，顯然目的就是和它所要除錯的對象：事件與轉換，擺在同一個區塊，共同運用。

一般 DebugView 的測試也常和 GTM 做搭配。當在 GTM 設定完一個事件之後，也可透過「預覽」的功能，把 GTM 設定好的事件，傳送到 GA4 這邊做檢視。GA4 這邊發現到 GTM 把某個事件送過來，就會啟動 DebugView 這邊即時產生事件相關的情報，參考圖 9-27，設定事件的分析人員可在 DebugView 右上

角的「熱門事件」資訊卡進行驗證，這個視窗可直接顯示訪問者即時的事件、轉換或錯誤等情況。如果和原來自訂事件時預想的不一樣，就可以幫助我們知悉事件設定上哪裡有問題，觸發條件、傳遞參數與參數值，是否如我們原本預期，DebugView 可透過檢視這些數值來進行除錯。因為即使再厲害、再仔細的工程師或行銷人員，在一堆複雜的事件設定、數據拋轉後，也不能保證永遠不會出錯。所以，養成一個好習慣，總是在設定完事件之後，看看該事件是不是如預期般的跑完預計的流程與產生對應的數據輸出。

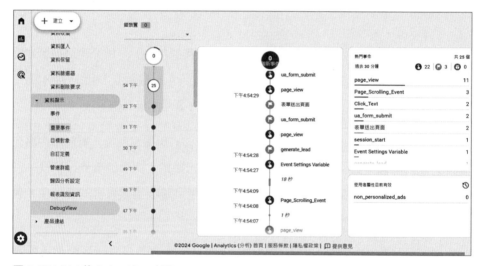

圖 9-27：GA4 的 DebugView 介面

9-13

第九周任務

第九周作業

古魯

德瑞克

珍妮佛

亞曼達

古魯顧問第九周講完 GA4 事件設定與重要事件的觀念，當然最核心的還是在於重要事件價值設定；「Digi-Spark」團隊在一開始的「利害關係人會議」之後，其實就已經算出 A 公司每個潛在客戶（lead）產生的成本（Cost per Acquisition, CPA）大約是兩千塊美金 $2000，成本並不低，也考慮先把這個數值給設定到 GA4 的目標價值設定中，同時再看看利用前幾周所學到的技巧，找出降低 CPA（每次使用者達成指定行動時所花費的成本）的做法；同時，電商的部分就直接用貨幣價值當作目標價值，請德瑞克透過 gtag 直接塞進去，並同時將重要的變數一併建立 DataLayer 的變數，可供珍妮佛與亞曼達後續使用；一段時間後，再觀察之後 A 公司的數位接觸點各個元素的價值分布情況。

到目前為止，「Digi-Spark」團隊也非常喜歡古魯顧問解釋數據分析與 GA4 的角度，比較不是一般初階的按表操作課程，而是一般課程較少提到的從商業應用實際觀點切入；許多數據操作的進階用法與背後邏輯，也在團隊和顧問的互動當中觸發很多全新的觀點和做法。

當然，動手做才是實際學習的捷徑，古魯顧問在離開前，指定了第九周的作業：

任務一（Task 1）：

珍妮佛　亞曼達　艾比

請行銷人員珍妮佛、亞曼達與艾比練習設定四大事件中的自動收集與加強型評估事件，並動手建立一個組合事件，符合 A 公司的轉換標準。以在事件與重要事件清單可以看到該事件，並檢視相關數據為目標。

任務二（Task 2）：

珍妮佛　亞曼達

請珍妮佛、亞曼達熟悉「歸因分析設定」與「管道群組」，並建立 A 公司自己的自訂「管道群組」，監看這些自訂管道報表的廣告績效；比較不同的「歸因分析設定」，建立對照組，比較歸因報表數字有何不同。

任務三（Task 3）：

傑瑞　凱文　德瑞克

請數據人員傑瑞、凱文與德瑞克討論 A 公司該有什麼建議事件與自訂事件，至少列出五個。並練習設定這五個的建議事件或自訂事件，以在事件與重要事件清單可以看到該事件，並檢視相關數據為目標。

選取 A 公司的兩個主要的目標設定價值，並嘗試於一個月後發展初步洞見。

　　基本上，前三周我們都使用與閱讀了許多 GA4「預設」條件之下的報表與參數，因此滿快樂的過了快一個月；但想變成一位分析高手，必須要能夠微調更多的數據收集與報表呈現的參數設定。本周我們分享了其中一小部分，第十周開始，古魯將告訴大家如何有效透過剛整併的 GA4「管理」功能，深入調整公司的帳戶與資源的參數，主要內容包含：有效管理一個公司 GA4 帳戶、建立公司資源多資料串流的方式、埋設 GA4 多資料串流的追蹤碼，以及連結外部產品等相關精采的主題，都將在第十周逐一揭密。

GA4 帳戶與資源的
進階管理與微調

"The interesting thing about averages is that they
hide the truth very effectively."
" 最有趣的事情莫過於平均值,他們非常有效的掩蓋真相。"
Google 分析大神 Avinash Kaushik
《Web Analytics 2.0》作者

第九周的課程開始進入 GA4 的深水區,尤其開始看到一些
程式碼,珍妮佛、艾比和亞曼達開始感到頭上有星星開始旋
轉;而凱文和德瑞克則是越挫越勇,非常感謝古魯顧問可以
介紹到這麼深入,德瑞克之前也去坊間上過 GA4 的課程,
幾乎都沒有提到第九周的內容,但是這一部份進階的各種自
訂機制也必須學會,才能建構總經理尚恩完整的數位藍圖
願景。

第十周當古魯進入訓練教室時，發現「Digi-Spark」團隊不
畏艱難，都完成上周的四項作業，也和古魯分享他們如何選
擇公司的轉換目標與價值設定。更令人感動的是：艾比和亞
曼達主動找德瑞克私下學習如何有效用 GTM 來自訂事件與
傳送事件，德瑞克也樂於分享，笑嘻嘻地說：「這樣是幫助
我們之間以後的溝通更加順暢；同時我也可以有更多時間把
GA4 鑽得更深，其實也是幫我自己呀。」
古魯肯定地點點頭，接著開始第十周有關 GA4 管理區塊其
他的功能說明。

10-1

GA4 管理選單概說

第八周我們為了談廣告,先介紹了自訂目標對象;上週我們又分享了管理區塊的核心當中,資源設定的「資料顯示」八大功能,其實各位半隻腳早已經踏進了 GA4 管理功能了,因此本周我們就正式為各位介紹 GA4 在 2023 年 11 月進行重整改版的完整 GA4 管理功能選單的其他項目。

GA4 選單是在主畫面左下角有個齒輪的圖標,點擊後就可以進入管理區塊。基本上如果是你貴公司 GA4 的最高管理者,這些設定的結果,會套用到這個帳戶和資源所有的使用者之上。

進入管理主選單後,你可看到兩小功能與兩大設定區塊,兩小功能是指「我的偏好設定」與「設定輔助程式」;兩大設定區塊則是針對「帳戶」與其下「資源」的細部設定,以下讓我逐一拆解。

圖 10-1：GA4「管理」功能主選單畫面

　　「我的偏好設定」比較單純，你設定完帳戶之後就會有基本資料了。你可以編輯自己帳戶的基本資訊以及決定要不要收到 Google 不定期寄發的 GA 相關最新資訊；而「設定輔助程式」是幫助你從通用 GA 遷移到 GA4 的輔助工具，基本上是一個檢查清單，細節我們曾在第五周最後談「通用 GA 如何遷移到 GA4」時有詳細的說明，各位可以再回去參考。

GA4 管理 | 帳戶設定

第五周我們也談過 GA4 的帳戶結構，基本上一個帳戶是一個 GA4 數據存取的基本單元，正常一家機構或公司對應一個帳戶。但像 A 公司你們是跨國性全球組織，可以有兩種做法：一、單一總部品牌帳戶，每個子公司網站利用資源來建構；二、以子公司為單位，設立多個帳戶，每個子公司自己創建與管理自己的資源。前者適合總部統管的集團；後者適合各國自治型態企業，所以可以看實際的情況來設計帳戶的架構。

在管理的帳戶選單之下，大部分功能相對簡單，我們簡單帶過。

1. 帳戶詳情：在你建立完 GA4 帳戶之後，基本上自動建立基本設定資料；底下是「資料共用設定」與「資料處理條款」用來規範 GA4 帳戶上所收集數據轉向其他用途的宣告決定與基於符合全球個資法條（如：GDPR、CCPA 等）的宣告。

2. 帳戶存取管理：如果你是 GA4 帳戶的超級管理者時，這個選項用來控管（新增、修改、刪除）這個帳戶其他使用者的存取權限。

3. 帳戶變更記錄：記錄這個帳戶在帳戶層級的變更紀錄，可以讓超級管理者了解帳戶底下的用戶在選定的日期範圍之內，對帳戶或資源進行了那些更動。

4. 垃圾桶：如果你有刪除過帳戶、資源，會在這裡顯示。GA4 會保留刪除項目 35 天，之後就會永久刪除。

5. 所有篩選器：這邊是遷移的附加選項，GA4 會把原通用 GA 設定的篩選器搬到這邊存放，因為通用 GA 的篩選器在 GA4 不適用。而如果你想在 GA4 設定新的篩選器，可以在「資源設定」選單下，「資料收集和修改」區塊的「資料篩選器」進行設定，我們稍後會詳述。

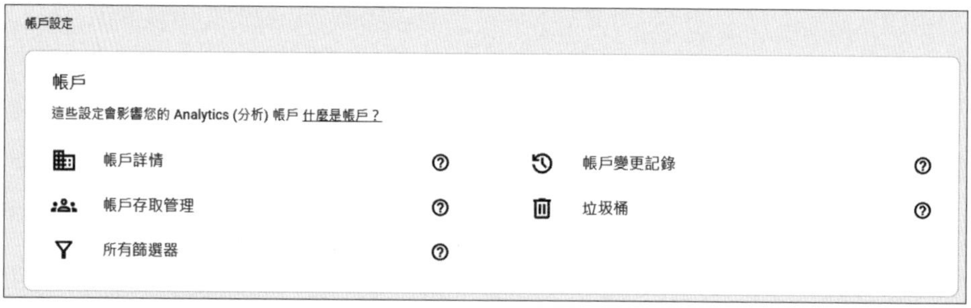

圖 10-2：GA4「管理」|「帳戶設定」五大功能

10-3

GA4 管理｜
資源設定｜資源

面講完了帳戶的概念，接著讓我定義一下 GA4 裡資源（Property）的概念。

GA4 資源在我的觀點是一個應用或某種使用者群體的數據，以貴公司為例，每個子公司若有自己語言的官網，可以分別設置為一個資源；而從應用角度來看，若貴公司有電商與部落格，也有個別獨立的網址與伺服器在運行，可以個別設置一個資源，來收集該應用獨立的數據。

資源設定底下的「資源」選項，共有五個子項目可設定，有幾個和帳戶的設定接近。

資源設定

資源

這些設定會影響您的資源 什麼是資源？

- 🗔 資源詳情　⑦
- 👥 資源存取權管理　⑦
- 🕔 資源變更記錄　⑦
- ▷🕐 已排定傳送時間的電子郵件　⑦
- ☰🔍 **Analytics (分析) 情報快訊搜尋記錄**　⑦

圖 10-3：GA4「管理」｜「資源設定」｜「資源」的五大功能

- **資源詳情**：做資源的描述，除了資源名稱之外，還包括：指定產業別、時區與貨幣等資訊。

- **資源存取權管理**：在資源層級控管組織中每位使用者的存取權。

- **資源變更記錄**：記錄指定日期範圍間，該資源變更的記錄。值得一提的是之前我們談到 Google 協助把通用 GA 資源設定遷移到 GA4 資源的輔助程式記錄，在完成遷移之後，也會記錄在這裡。

- **已排定傳送時間的電子郵件**：一個貼心的小功能。我們在資產庫所設計或定義的報表，如果覺得有定期傳給老闆或其他團隊的必要時，可以利用報表右上角分享 的功能，選定  的選項，來定期發送該報表給你指定的收件者名單，名單中的收件者本身必須有該資源的存取權；排程詳細資料中可以指定發送頻率、有效日期、報表形式與語言等選項。當在報表完成上述自動發送報表的排程設定之後，在「已排定傳送時間的電子郵件」就會出現在出現該排程列表。

- **Analytics（分析）情報快訊搜尋記錄**：記錄在 GA4 畫面頂端搜尋框所執行過的搜尋歷史記錄。

![Analytics (分析) 所有帳戶 > Demo Account GA4 - Google Merch Shop 請嘗試搜尋「新增網頁串流」]

圖 10-4：GA4 畫面頂端搜尋框

　　要特別一提的是，GA4 畫面頂端搜尋框增添了自然語言搜尋的功能，例如：當分析師想查詢「本月新使用者人數」，就直接在搜尋框輸入該段文字，GA4 會自動在右方跳出人工智慧在所有報表當中查找出來的洞見資訊，是不是既聰明又方便呢？而「Analytics（分析）情報快訊搜尋記錄」就是記錄你在該搜尋框查詢過的記錄，目的當然是希望你可以快速的查詢過去曾經查找過的洞見資訊關鍵字，簡化搜尋程序。

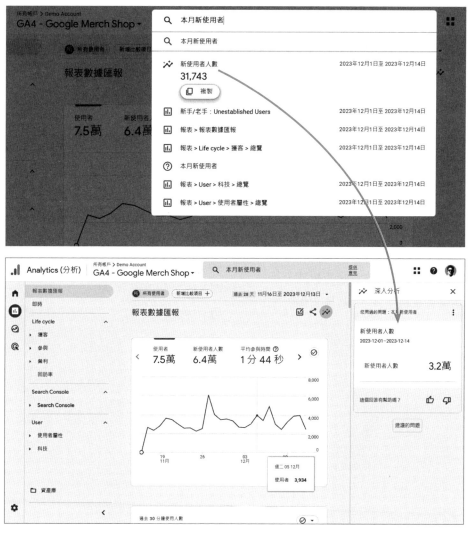

圖 10-5：GA4 畫面頂端搜尋框可提供報表相關的深入分析資料

有關於「資源設定」的「資料顯示」功能，先前在第九周已經有完整描述；所以我們接著介紹「資料收集和修改」的區塊。

GA4 管理｜資源設定｜資料收集和修改

　　顧名思義，資源設定下的「資料收集和修改」涵蓋數據分析最重要首段工作：「數據收集」工作細部的設定。

圖 10-6：GA4「管理」｜「資源設定」｜「資料收集和修改」六大功能

資料收集和修改

這些設定控管資料的收集和修改方式

≣ 資料串流　　　　　　　⑦

🗄 資料收集　　　　　　　⑦

⬆ 資料匯入　　　　　　　⑦

🔗 資料保留　　　　　　　⑦

▽ 資料篩選器　　　　　　⑦

✐ 資料刪除要求　　　　　⑦

10-4-1 資料串流

資料串流

全部　iOS　Android　網頁　　　　　　　　　　　　新增串流 ▾

🌐 （公司網址）　http://www.（網址）　　　　（資源編號）　　正在接收過去 48 小時以來流量。

📱 iOS 應用程式

🤖 Android 應用程式

🌐 網站

　　首先，「資料串流」的設定，是當中最重要的部分；我們必須在這邊設定這個資源要接收那些資料串流，可以透過「新增串流」 `新增串流 ▼` 的按鈕來決定要加入哪幾個資料串流。一般最常見的網站資料串流比較單純，只要將要追蹤網站的網址輸入之後，GA4 就會產生一個 G-XXXXXXXXX 的字串，這就是「Google 代碼」(也就是評估 ID)。將「Google 代碼」(也就是評估 ID，G-XXXXXXXXX 的字串) 加入網頁，可以點擊「Google 代碼」區塊的「查看代碼操作說明」進行安裝；作法和通用 GA 在網頁埋入評估 ID 一樣，可透過 GTM 或是人工手動安裝，很多的內容管理系統 (CMS) 或電商系統也都有支援埋 GA4 Google 代碼的功能，這部分的教學資料網路上很多，我就不贅述。

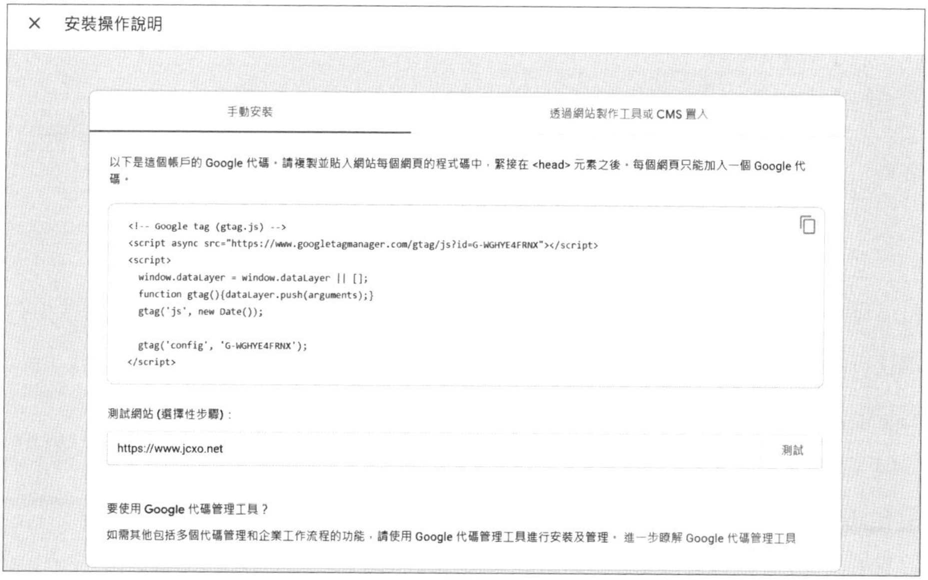

圖 10-7：「網頁串流詳情」|「Google 代碼」|「查看代碼操作說明」的選項
有指示用人工手動安裝埋碼，或透過工具埋碼或 CMS（如 Wix）置入

　　那麼，如何知道「Google 代碼」(評估 ID) 已經埋設成功呢？除了「Google 代碼」區塊的「查看代碼操作說明」會出現「V 資料流通」的綠標之外，如果你點擊「Google 代碼」區塊「進行代碼設定」的選項，也可如圖 10-8 出現綠色的「V」標示，代表已安裝成功。

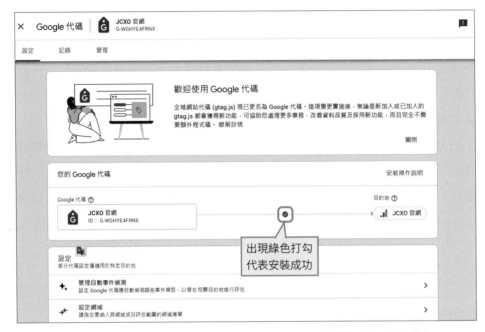

圖 10-8：「Google 代碼」區塊「進行代碼設定」可檢視 Google 追蹤代碼是否安裝成功

至於 iOS 與 Android 的 App 資料串流的安裝，你必須在 Firebase 建立一個對應的 App 專案，然後連結到 GA4 這個資源上，新增該應用程式。若該 App 專案之前已建立，也可以連結到該存在的 Firebase 專案，但必須從 Firebase 端連回 GA4。

圖 10-9：透過 GA4 介面註冊 Firebase 端應用程式連回 GA4

完成所有資料串流的新增之後，我們可以開始設定該資料串流的「事件」的相關操作。

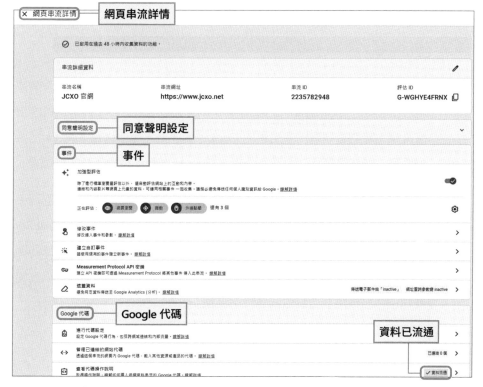

圖 10-10：GA4「網頁串流詳情」底下兩大設定區塊：「事件」與「Google 代碼」

網頁串流詳情｜同意聲明設定

自 2018 年起 GDPR 法案生效後，數位行銷的環境出現了重大的改變，人們對於個資保護意識日漸高漲，特別是歐盟區域的數位隱私法案更是飛速推進。ePrivacy Directive（歐盟隱私法案）自 2002 生效，更嚴格的 DMA（Digital Markets Act，數位市場法案）更自 2024 / 3 / 6 起生效，EU UCP（歐盟地區使用者同意授權政策）要求所有第三方廣告主在蒐集、分享和取用使用者個資、cookie 和個人標籤或進行個人化廣告之前，都必須先徵得使用者同意，這就是所謂的「同意模式」(consent mode)。

Google 為了配合這個趨勢，在數據收集的資料串流設定上，也新增了這個「同意聲明設定」的區塊，以求合規。

這個區塊下有三件主要的工作事項需要進行。

1. 啟用廣告評估同意聲明信號

   同意聲明信號是指網站或 App 的企業端，有義務給第一次進入官網或 App 的訪客一個同意聲明的橫幅提示，詢問是否願意將個資提供給企業品牌端；若訪客同意，使用者的 Cookie 或標籤才會傳送給 Google 的各項服務；若訪客拒絕，則不論企業或 Google 端都無權使用該訪客個資。

   為了實現這個目的，企業必須另外和 Google 推薦的「同意聲明管理平台」(CMP, Consent Management Platform) 合作，如：Termly 或 CookieBot 等廠商。透過同意聲明模式 API，CMP 與 Google 可完成上述確認訪客個資是否同義揭露意願的事項。若你完成這個部分的工作，就可以在這裡勾選「已啟用廣告評估同意聲明信號」。

2. 已啟用廣告個人化同意聲明信號

   在前述的同意聲明當中，訪客亦可決定是否接受個人化的廣告。如果訪客未標示為已取得同意聲明，歐盟地區的訪客，就不會含在拋轉到 Google Ads 的目標對象名單中，衝擊的範圍就是個人化廣告的部分。若你完成這個部分的工作，就可以在這裡勾選「已啟用廣告個人化同意聲明信號」。

3. 驗證資料同意聲明設定

   即使訪客接受同意聲明設定，有時企業也可考慮拋轉到若干企業相關的 Google 服務即可，如：Google Ads 或 Google Analytics，Google 的預設是全部傳送，企業可以在這邊區塊進行微調。

網頁串流詳情｜事件

關於資料串流事件設定的操作細節，包括了：第九周談到的「加強型評估事件」可以在這裡設定啟動收集，同時既有事件組合的「建立自訂事件」與「修改事件」功能，也可以從這裡進入。若有需要收集外部線下機器設備等離線行為的數據，也可以在這邊設立「API 密鑰」，透過評估通訊協定 (第 11 週將會詳談) Measurement Protocol API 進行傳送，記得做好這個資訊安全，避免收到惡意攻擊的垃圾數據；最後，基於個資保護的法令，如果我們不想收集用戶的電子郵件或網址查詢參數等敏感資料，在這裡可以設定「遮蓋資料」。也就是在數據收集時遮蓋敏感的個人識別資訊 (Personally Identifiable Information, PII)，避免因系統不慎收集到而觸法。

關於「Google 代碼」的區塊，不論我們是透過 GTM 或是手工安裝代碼，這個區塊可以讓我們針對 Google 代碼進行更細部的相關設定、記錄與管理。

當選取「網頁串流詳情」、「進行代碼設定」之後，會進入「Google 代碼」細部設定的區塊，基本上會有「設定」、「記錄」與「管理」三個標籤，以下一一說明。

網頁串流詳情｜Google 代碼｜設定

Google 代碼細部設定的部分，除了深入管理每個「自動事件偵測」(指加強型評估事件的微調) 是否啟動之外，主要有加強定義哪些數據源納入收集或排除，當中比較常用的是「設定網域」與「定義內部流量」。

「設定網域」的用法以 A 公司來說，可能每個子公司有自己國家的子域名，就可以在這邊進行定義；也可以定義若干非 A 公司域名的網域，加入數據收集的行列。如果是跨國集團公司，跨網域的數據收集規劃是一件還滿複雜的工作，建議可以先做完整的紙上規劃作業後，再到這邊來進行相關設定。

圖 10-11：GA4 資料串流底下：「Google 代碼」「設定」的相關功能全展開

● 定義內部流量：

定義內部流量的功能是在收集數據的時候，會希望排除公司內部 IP 產生的流量數據；所以，可以在這裡建立內部流量規則，選取公司內部 IP 位址比對類型進行設定；一旦設定完成，在「資料收集和修改」單元下的「資料篩選器」選項就會用到，稍後會在該單元進行完整示範。

「定義內部流量」分兩段進行，先設定「內部流量」規則名稱，可以不只一個規則，但每個規則要有一個「規則名稱」(例如：A 公司台灣總部、A 公司美國子公司…等) 與「traffic_type 值」(參數值)，這個參數是當內部流量條件發生時，GA4 會觸發一個事件，加入這個「traffic_type 值」，可進一步分辨來自哪裡的內部流量；最後，才在 IP 位址「比對類型」真正的去寫上該規則之下內部流量 IP 網段。

- 調整工作階段逾時：

    另外，Google 代碼設定的「調整工作階段逾時」項目，也可調整數據收集當中，對工作階段時間長短的參數值。「調整工作階段逾時」可以重新定義數據收集當中，工作階段閒置時間與互動工作階段時間兩個參數，分別設定兩者的上限是多久；目前系統預設值是：

- 工作階段閒置時間 = 30 分鐘

    （超過 30 分鐘，原工作階段設定結束）

- 互動工作階段時間 = 10 秒

    （互動超過 10 秒，該工作階段設定為互動工作階段）

這個參數的調整，會影響到報表中工作階段指標的相關結果，可依實際商業情境調整。

網頁串流詳情│Google 代碼│記錄

提供完整我們對資源所有資料串流代碼的相關記錄，方便日後稽查。

網頁串流詳情│Google 代碼│管理

提供管理 Google 代碼本身、使用者與工具三個細項；不論手工或 GTM 埋碼，「Google 代碼管理」都提供了相關的資訊與說明。「Google 代碼使用者」則決定誰可以些管理與修改代碼相關的設定。「工具」則匯總了 Google 提供給代碼管理者檢視代碼運作情況的一些工具。

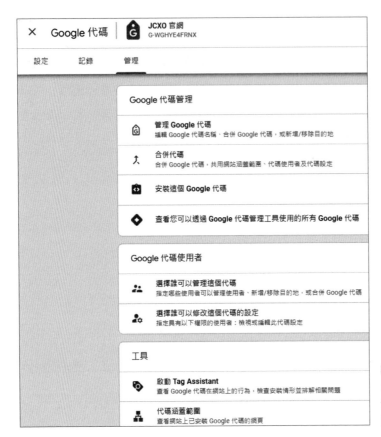

圖 10-12：GA4 資料串流底下：「Google 代碼」|「管理」的相關功能全展開

10-4-2　資料收集

資料收集的區塊，主要是細部定義有關收集個別用戶數據的相關資訊，包括了：「Google 信號資料收集」、「收集 User-ID 和使用者提供的資料」、「精細位置與裝置資料收集」、是否進行「廣告個人化」與「使用者資料收集確認聲明」等五個選項。

- 「Google 信號資料收集」：在第九周，我充分說明了什麼是「Google 信號」，所以如果想啟動 Google 信號收集，請 Google 為我們實現使用者跨裝置歸戶，就得在這裡勾選啟動。

註：為了配合隱私法規，Google 於 2023 年 12 月底發布，自 2024 年 2 月 12 日起，「Google 信號」按鈕將不會再顯示「在報表識別資訊中加入 Google 信號」當中，但 Google 私下仍會利用原本「Google 信號」機制呈現人口統計、興趣報告與廣告中的目標對象設定，影響範圍主要是爾後報表呈現的數據，若要更精確地進行歸戶，得透過企業自行利用網站與 App 的用戶登入機制，抓取使用者 ID（User-ID）來實現使用者歸戶。

- 「收集 User-ID 和使用者提供的資料」則是在前述「Google 信號」機制落日之際，鼓勵企業多透過 User-ID 來收集使用者相關資訊，未來不管在廣告、轉化提升與報表準確上，都有更大的幫助。
- 至於啟動「精細位置和裝置資料收集」功能後，GA4 會收集區域和國家 / 地區層級中繼資料以及訪客的詳細裝置資訊，以方便提供需要精細地理位置和裝置資訊分析時，提供充分的資訊。
- 而「允許廣告個人化的進階設定」是基於隱私保護全球法規，Google 讓我們自行選取打算進行個人化廣告的國家（若干國家禁止個人化廣告的投放，認為侵犯隱私）；若本選項啟動選定的國家訪客，GA4 便可依據選定目標對象拋轉到已連結的 Google Ads 帳戶，提供該使用者高關聯性且個人化的廣告體驗。

- 本區塊最後的「使用者資料收集確認聲明」是確認企業已針對收集和處理使用者資料作業提供必要的隱私揭露聲明，並取得使用者授權，符合 Google 擔任數據平台的法令規範。

由於全球的個資隱私規範愈來愈趨於嚴謹，使用者數據收集與揭露程度，變成品牌企業、廣告平台、消費者三方的拉鋸的複雜戰場，估計這一個區塊未來還會有持續的變動。

10-4-3 資料匯入

我們下周將會討論 GA4 與其他系統數據整合的議題，不外乎 GA4 數據匯出或外部數據匯入 GA4 兩個方向；這個單元因為是數據收集的設定，所以主要是以後者外部數據匯入的功能為主。

在一般的公司運作，可能有客戶關係管理系統 (CRM)、電商系統、銷售點情報管理系統 (POS) 等數據資料，而每個系統可能都會自己的專屬資料數據，每一項數據在未連結前，原本都各自獨立，毫無關聯，但「資料匯入」的功能，可在 GA4 中合併所有的資料，藉此整合原本零碎分散的數據，嘗試挖掘更深入的線上線下整合 (Online & Offline, O & O) 數據洞見。GA4 目前提供利用手動 CSV 檔上傳，或排程定時自動 SFTP 安全檔案傳輸通訊協定上傳兩種機制，來完成數據的匯入。

匯入外部數據源之前，必須告訴 GA4 打算匯入的數據類型，目前 GA4 定義了五種詮釋資料（metadata）類型：

- 費用數據：來自非 Google 第三方的廣告聯播網的點擊次數、費用及曝光次數等數據。

- 商品數據：產品的詮釋資料，例如：品牌、類別、尺寸、顏色、樣式或其他產品相關維度等數據。

- 使用者數據（依使用者 ID）：利用使用者 ID 當作合併鍵值，更新並連結新使用者屬性值（例如：客戶忠誠度或效期價值等），可用來建立區隔和再行銷名單

- 使用者數據（依客戶 ID）：利用客戶 ID 或客戶造訪 App 時會產生一組裝置識別碼（App_Instance_ID）當作合併鍵值，再根據其他資料來源上傳的 ID 更新並連結新使用者屬性值。

- 線下事件數據：將沒有網路連線、或無法即時收集的線下裝置所產生的事件進行匯入。

10-4-4 資料保留

圖 10-13：GA4「資料保留」設定

在第五周曾談過 GA4 資料保留的時間議題，就是在這裡進行設置。目前只有兩個選項：2 個月或 14 個月。同樣因為使用者個資隱私的因素，GA4 將資料保留再分為使用者和事件兩個資料層級。

免費的 GA4 不論使用者或事件最長能保留資料的時間都是 14 個月。若是付費的 GA360 版本，事件層級的資料最長可到 50 個月，若是使用者層級的資料，抱歉，也是 14 個月。另外，由於很多 GA4 新手不知道要調整這個選項，導致報表只能顯示兩個月的數據資料，這裡要特別提醒。

10-4-5 資料篩選器

第一周我們談到網站分析前必須知道的十件事當中，第七件的確認數據品質，排除公司內部 IP 基本是一般業界淨化流量的設定，也是確保數據品質的標準程序。目的是避免內部流量和外部流量數據放在同一籃子裡檢視，造成整體數據分析結果失真。

而資料篩選器的套用可以幫助分析師排除這些可能會造成分析失真的數據。GA4 的做法是「指定篩選條件」來產生數據，如果資料篩選器設定排除某種流量的規則，GA4 就不會再處理這些排除的資料，也不會顯示這些資料。所以，如果只是想「隱藏」報表中的特定數據，而不是永久「排除」資料，就改用報表篩選器，保持原始數據收集的完整性。最常見的流量篩選類型有「內部流量」與「開發人員流量」篩選，這兩種類型都是最常見會想排除的內部流量，而且如果是大公司或集團網站的話，這兩類流量數字一般還不低。

舉「內部流量」篩選為例（另一個預設為「開發人員流量」），在 GA4 在設定的步驟為：

1. 先定義「內部流量」規則：剛剛在資料串流設定「Google 代碼」、「設定」的「定義內部流量」當中，我們提過如何設立規則後，透過 IP 位址比對類型設定了內部流量規則的 IP 範圍。

2. 回到「資料篩選器」選擇篩選器類型為「內部流量」：篩選器詳情則指定步驟一的「定義內部流量」規則，置入到這個篩選器當中。在使用資料篩選器時，報表會根據我們在 traffic_type 所設定的參數值，加上設定作業指定的「只包含」或「排除」來進行收集數據的套用。資料篩選器是在資源層級設定，並會套用到傳入該資源的所有數據。

偶爾，我們可能擔心 IP 範圍數字設定出錯，GA4 允許篩選器有「測試中」的狀態，在這個狀態之下，相符的數據會先放在報表「測試資料篩選器名稱」的維度當中；當完成測試確定沒問題之後，可將狀態改設定為「有效」，再把這個篩選器正式上線；如果有一天，想把這個篩選器下架，選擇「已停用」就可以了。

🌟 10-4-6　資料刪除要求

有時在數據收集之後，可能有些敏感的資料，我們想予以刪除，使其不要出現在報表當中，就可以透過資料刪除來實現。提出要求後，GA4 會清除指定的文字資料，並替換為「data deleted」(資料已刪除)，不過這些數據產生的事件仍會計入報表的整體指標中。

資料刪除要求是以排程的方式來安排，你必須設定起始時間、結束時間與刪除類型，刪除資料類型有五個選項可供選擇：

- 刪除所有事件中的所有參數：這個選項會從所有已收集事件中，刪除所有已註冊和自動收集的參數。

- 刪除所選事件中的所有已註冊參數：這個選項會從選取的事件清單中，刪除收集到的所有已註冊參數。

- 刪除所有事件中的所選參數：這個選項會從所有已收集事件中，刪除選取的註冊參數。

- 刪除所選事件中的所選參數：這個選項會從選取的事件清單中，刪除該事件所選取的註冊參數。

- 刪除所選使用者屬性：這個選項會刪除選取的使用者屬性。

以上就是 GA4「管理」、「資源設定」的「資料收集和修改」之下的六個選項，基本上都是對所收集數據進行再處理與加工的附加選項；我認為是屬於高階的 GA4 數據功能，可在 GA4 基本功能熟悉之後，再來深入瞭解這一個區塊；如果是剛開始觸碰 GA4 的分析人員，倒是可以先跳過這一部分 (除了「資料保留」選項，建議一開始就更改)。

10-5

GA4 管理｜資源設定｜產品連結

我們在前幾周提到，GA4 並不是一個孤島，透過數據收集、處理與分析的過程，可以和許多 Google 既有的相關產品線進行連結，俾使數據產生更大的加乘效應。

GA4 目前支持和其他十個 Google 產品的連結，有些連結是數據導入，如 Search Console；有些連結是數據導出，如 BigQuery。

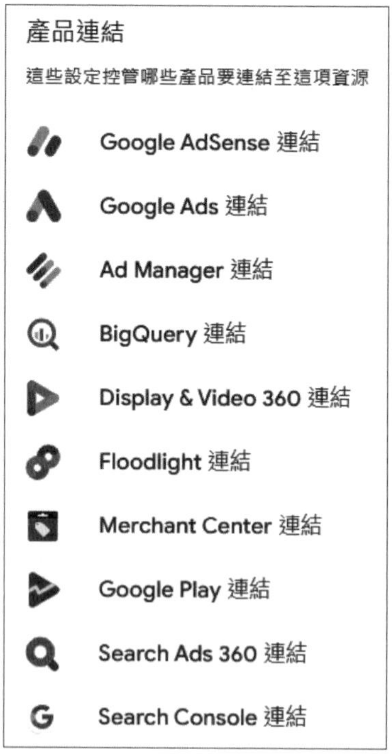

產品連結

這些設定控管哪些產品要連結至這項資源

- Google AdSense 連結
- Google Ads 連結
- Ad Manager 連結
- BigQuery 連結
- Display & Video 360 連結
- Floodlight 連結
- Merchant Center 連結
- Google Play 連結
- Search Ads 360 連結
- Search Console 連結

圖 10-14：GA4「產品連結」設定

目前完整的產品連結名單包括了：Google AdSense、Google Ads、Ad Manager、BigQuery、DV 360、Floodlight（同樣是追蹤及記錄廣告轉換的系統）、Merchant Center、Google Play、Search Ads 360、Search Console。

其中大部分都是 Google 不同層級的數位廣告工具，包括了：Google 自家廣告平台、廣告交換平台、聯播網或更高級搜尋管理平臺等。GA4 之所以免費，基本上就是希望從廣告投放的營收來進行回收，所以大量的連結各類廣告平台是可以想見的。

連結這些不同層級廣告家族產品的應用方式，有下面幾種可能性：

1. 利用 GA4 網站與 App 數據收集與受眾分析，鎖定更精準的目標對象，擬定對應的溝通訊息，建立更精準的廣告活動，提升 ROI。

2. 依據轉換情況，甚至是利用未來的數據驅動歸因策略演算法，更有智能的來調整廣告媒體排程與競價出價策略。

3. 把 GA4 所定義的各種目標對象受眾包，拋轉到這些平台，進行再行銷與受眾擴散等行動。

其他非廣告類平台的連結有下面幾個：

一、Search Console **G** **Search Console** 連結 ：與 Search Console 的連結可以把自然搜尋流量與查詢情況，以兩張資訊卡顯示在「客戶開發總覽」報表裡。

二、Merchant Center **S** **Merchant Center** 連結 ：Merchant Center 則是讓零售電商將店舖和產品資訊上傳到 Google，並與廣告投放整合，將銷售產品在 Google 購物、Google 搜尋平台上得到展示和銷售的機會。

- 三、Google Play ▶ **Google Play** 連結 ：Google Play 和 GA4 的連結，則可以讓 GA4 存取 Google Play 應用程式內購和訂閱事件數據，還可用利用這些行動商務數據，定義手機端的目標對象或評估廣告活動的成效（若同時連結了 Google Ads 帳戶）。

- 四、BigQuery ⑪ **BigQuery** 連結 ：GA4 匯出 BigQuery 資料庫應用方式有下面幾種可能性：

  - 把 GA4 所收集的網站與 App 數據匯出到外部資料庫，自訂各類戰情報表加工應用。

  - 和企業其他的外部數據源進行整合，如：客戶關係管理系統 CRM 或電商交易資料等。

  - 透過多數據源的數據疊合，結合類似 Looker Studio 或 Tableau 等視覺工具，發展出更多元化的商業智慧分析。

/ 10-6

第十周任務

第十周作業

古魯

講完第十周 GA4 的管理設定，基本上 GA4 實作的介紹大致告一段落。雖然剛好對應上 GA4 左邊選單的五個圖標，但古魯顧問認為這是為了方便大概的系統性功能區分，但在實做時，不應該分開去看這些功能，因為兩兩之間都有強大的關聯性。

例如：第八周我們把目標對象和廣告放在一起討論，就是因為他們有前後因果關係；管理設定參數的調整，也會影響到報表的呈現與數值；事件和轉換的不同規劃、自訂維度指標的定義，也都會影響到資產庫報表與探索報表的呈現差異。所以，古魯的期望是：當我們用系統性的邏輯學完這五個單元之後，團隊成員要能夠融會貫通，達到像金庸先生在武俠小說裡提到的「無招勝有招」、「心中無意」、「融為一體」的境界。當然，這必須要透過刻意練習，才能達到這樣的境界，這五周的實作課程與作業就是為了這個目的。

最後，為了讓大家持續「刻意練習」，古魯本周繼續出作業，每個單元是為了讓大家實際動手做，才能愈加熟練，古魯顧問順勢在白板上寫出了第十周作業：

傑瑞　珍妮佛　亞曼達　艾比　凱文　德瑞克

1. 請傑瑞、凱文與德瑞克盤點公司需要用到 GA4 的人員，並在「資源存取管理」設定完整的使用者清單與使用者群組清單，方便後續管理。

2. 請傑瑞、凱文與德瑞克將公司的「資料保留」改為 14 個月。

3. 設定完人員與權限之後，請整體團隊選擇五份最重要的報表，利用「分享這份報表」的功能和有相關權限的同仁分享，並以在「已排定傳送時間的電子郵件」看得到列表清單為最終目標。

4. 請凱文與德瑞克盤點公司需要連結的 Google 系統有哪些？並透過產品連結的功能完成所有連結。

　　古魯離開前預告，下一周要分享的東西已經不是在 GA4 本身，而是想把 GA4 數據收集的能量向外延伸；所以也要請「Digi-Spark」團隊邀請總經理室商業智慧 (BI) 分析小組、資訊管理 (MIS) 部門與行銷小組一起參與下周課程，一起討論如何將 GA4 數據連結公司相關資訊系統、客戶關係管理系統、自媒體，實現效益極大化。

延伸與擴散數據的力量： GA4 的外部連結

"I had thought the destination was what was important, but it turned out it was the journey."

" 我曾經認為目的地最重要，但實際上，過程才是重點。"

哈佛商學院教授 Clayton Christensen

《創新的兩難》作者

古魯顧問與「Digit-Spark」網站分析團隊的網站分析顧問旅程即將進入尾聲，雖然過程中耗費非常多的腦力，但大家都覺得非常值得，也都對網站分析的認識進入另一個層次。

第十一周由 CDO 傑瑞開場，傑瑞先和古魯顧問分享了公司目前內部的資訊系統架構，同時，也找了部分 MIS 資訊部門的同仁一起列席，看看未來在輔助工具與外部系統連結的面向，有哪些可以讓 GA4 配合公司目前內部資訊系統進行連結，實現數據延伸與加值的效應。總經理室 BI 小組則說

明目前公司商業智慧 Looker Studio 介接了哪些系統與報表如何呈現，未來如何疊加 GA4 數據到 A 公司的 BI 商業智慧系統；MIS 資訊管理部門同時也分享了目前 CRM（客戶關係管理系統）與全球業務的實作情況，未來如何將 GA4 數位足跡帶入 CRM，豐富 CRM 顧客相關資訊。

客戶關係管理系統（CRM, Customer Relationship Management）

- CRM 是一種企業用來記錄現有客戶及開發潛在客戶之間互動關係的管理系統。一般是透過業務同仁進行數據的輸入，讓業務主管可以從客戶的歷史積累和分析當中，增進企業與客戶之間的關係，從而進行銷售預測、最大化企業銷售收入和提高客戶留存。

11-1

可以和 GA4 連結進行數據交換的外部系統

當我們收集了許多公司數位接觸點的數據，只在 GA4 裡面自己玩轉似乎有些浪費，因為 GA4 並不是孤島。由於 GA 已經有多年的歷史，所以較大型的平台或軟體，其實或多或少都可以和 GA4 連結，導出若干關鍵數據，產生 1 + 1 > 2 的效果。

這邊舉幾個可以連結的外部系統，可簡單的分為 Google 產品家族與非 Google 產品家族：

- Google 產品家族：Google AdSense, Google Ads, AdManager, BigQuery, Display & Video 360, Floodlight, Mechant Center, Search Ads 360, Google Play, Google Console, Google Looker Studio, YouTube 等。大部分你可以在 GA4「管理」-「資源設定」底下的「產品連結」找得到。

- 非 Google 產品家族：客戶關係管理系統 CRM（如：Salesforce）、電商系統（如：Shopify）、行銷自動化平台（如：HubSpot）、內容管理系統 CMS（如：Wix, WordPress）、互動式商業智慧資料視覺化軟體（如：Tableau）等。

上述可連結的系統當中，有些是把數據導入 GA4 平台；有些是則是把 GA4 所收集數據導出，GA4 有時扮演中繼數據儲存，有時又扮演中繼數據源的角色，可說是非常忙碌；我試著把過去傳統資料倉儲 ETLV（提取 Extract、轉換 Transform、載入 Load、視覺化 Visualize）的順序與觀念套進來，舉當中幾個常用的系統深入說明一下。

ETLV：提取、轉換、載入、視覺化
（Extract, Transform, Load, Visualize）

- Extract、Transform、Load、Visualize（ETLV）是一個常用於資料庫管理和商業智慧領域的術語。ETLV 是指將數據從數據源系統中提取出來，通過一系列的轉換處理，載入到目標系統中，最後進行數據視覺呈現的完整過程。提取（Extract）是指從各種不同的文件（如：Excel）、資料庫或應用程式進行數據提取。通常，這些數據源可能會有多種不同的格式與結構，因此需要對源數據進行格式解析和特定讀取操作。轉換（Transform）是指對提取的數據進行處理與轉換的過程。這個階段，數據可能需要進行清理、重組、合併或計算等整理，使得提取的數據，符合目標系統的載入要求。載入（Load）則是指將轉換後的合規數據，置入目標系統中的過程。視覺化（Visualize）則是將置入目標系統的數據，依據商業智慧的需求，進行各類的圖形視覺呈現。

11-2

輸入 GA4：與 YouTube 的串接

隨著網紅、KOL 的大行其道，影片在品牌知曉與業務推廣之上，已經變成兵家必爭之地。而影片的最主要戰場，當然是 YouTube 這個最重要的影片平台。雖然，YouTube 本身就有 YouTube Analytics 的數據報表，但是有時候我們會想把不同管道的數據聚集在一起觀察，更有機會因多數據源的數據疊合，而產生更多創新與洞見的火花。因此，GA4 加強了與 YouTube 的深度整合，收集與量測使用者旅程及參與情況的範疇，不僅僅是網頁或 App，影片互動也一併納入考量。

過去通用 GA 其實就已經支援把 YouTube 頻道設為一個獨立的新資源，單獨在通用 GA 追蹤 YouTube 頻道。但通用 GA 只能追蹤影片的點擊，而隨著 GA4 以顧客為中心的概念典範轉移，GA4 不只記錄影片的點擊；同樣的，基於它對和顧客互動數據的堅持，GA4 也開始記錄觀眾對影片的參與度（Engagement）。GA4 的機制是：它會追蹤觀看 10 秒以上的觀眾行為，並記錄在 GA4 當中；對於通過影片點擊而回到官網或電商網站的受眾，更是關注的對象，可以針對這些目標對象整理成專屬的受眾包，強化後續進行再行銷與深度溝通。

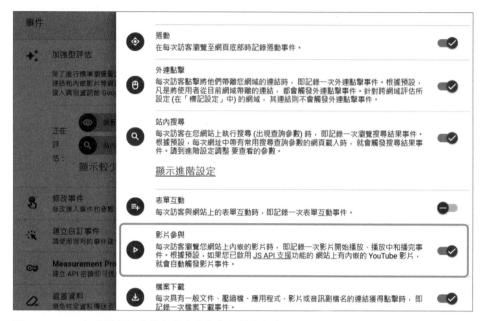

圖 11-1：GA4 加強型評估事件中會自動收集影片參與事件，
但前提是網頁必須啟用支援 JS API 功能的內嵌 YouTube 影片

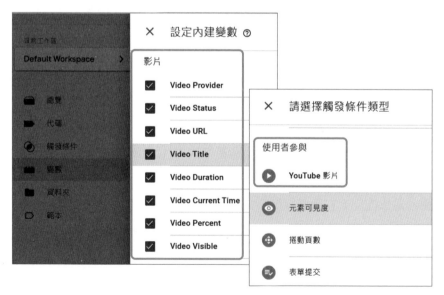

圖 11-2：GTM 內建使用者和 YouTube 影片互動的觸發條件，同時內建
多個影片相關變數，對應加強型評估事件中的影片參與事件參數接收

最後，針對 YouTube 的 Call-to-action 廣告：YouTube for Action（YT4A）廣告活動，由於過去通用 GA 無法計算 YouTube 廣告瀏覽所帶來的轉換，所以只能利用 Google Ads 來追蹤 YT4A 廣告活動的轉換；現在利用 GA4 與 YouTube 的深度整合，可以把所有轉換數據，都集中在 GA4 單一數據平台之上，實現單一平台的多數據完整報表觀察。

如要設定 GA4 資源可以記錄 YouTube 收視參與轉換的數據，你需要：

- 將資源連結至 Google Ads。
- 啟用 Google 信號，用來查看 Google 帳戶使用者所產生的轉換。

這些事件會顯示在 GA4 的若干功能裡（如：目標對象建立工具），或者「廣告聯播網類型」報表的維度當中。

輸入 GA4：導入其他線上線下數據，談評估通訊協定 Measurement Protocol

　　除了 YouTube 因為是同為 Google 家族可直接介接之外，有鑑於線上線下數據整合 O2O、O & O（Online & Offline）是近幾年許多產業（如：零售業、教育業等）重要的商業營運模式，加上線上線下的界線逐漸模糊，品牌常常同時需要同時整合線上與線下所收集到的顧客實名數據或匿名數據。因此，GA4 提供了一個「評估通訊協定」Measurement Protocol ，可以用來將外部線下設備或裝置所收集的實名或匿名顧客數據，給「匯入」通用 GA 或 GA4。「評估通訊協定」Measurement Protocol（以下簡稱 MP）本身是一個 GA 制定的專屬通訊協定，透過標準網站 HTTP POST 的形式，把線下數據以「事件」形式直接傳送到指定通用 GA 或 GA4 資源。之後在 GA3 / GA4 的事件報表，就可以查到這些來自於線下設備或裝置（POS、KIOSK）、或線上非 Google 家族平台（如：eDM 郵件發送系統 MailChimp）等第三方軟體所產生的相關顧客互動數據。

　　之前提到的通用 GA / GA4 與 CRM（客戶關係管理系統）的整合，最好在運用 Measurement Protocol 前先完成。因為 GA4 可以變成一個短程的線上線下顧客數據中繼站，簡單實現顧客行為歸戶。歸戶的方式是將實名顧客在線下 POS、KIOSK、電話、eDM 或其他實體接觸點所留下的互動數據，先透過 Measurement Protocol 傳到 GA4 變成「GA4 事件」，後面透過連結的 User-ID，

同時承接顧客在線上發生的各類網站行為，最後再拋轉到 CRM，即可完成實名顧客的線上線下顧客旅程追蹤。

「評估通訊協定」Measurement Protocol（MP）在通用 GA（GA3）就已經存在，但通用 GA MP 的問題是：只需要取得 GA3 的資源編號，就可以傳送數據給 GA3，而 GA3 資源編號是很容易在網頁上就查到，因此，如果競爭對手要搗亂的話，只要向該資源發送一大堆垃圾數據，就可以癱瘓企業的數據中心，這樣通訊機制的資安防護顯然有點太薄弱了。因此，GA4 的 MP 新增 API 密鑰功能，使用 MP 必須搭配該資源產生的 API 密鑰才能向 GA4 傳送數據，就是為了阻擋可能的垃圾數據傳送，所加強的數據資安功能。

11-4

數據互導：和 CRM(客戶關係管理系統)的連結應用

　　許多中大型的公司在進行業務檢討時，中高階業務主管都會採用客戶關係管理系統來和底下的業務同仁進行業務活動檢視，除了可以同步知道每個業務同仁手邊案子的執行情況與結案機率之外，也可以透過統計圖表快速分析宏觀的業績現狀與預測未來銷售數字。

　　因此，客戶關係管理系統可以說是一個實名的客戶資料庫，那麼，GA4 怎麼和客戶關係管理系統深入整合呢？以下說明幾個比較重要的 CRM 與 GA4 的整合應用。

1. 線上活動導入：許多 CRM 系統現在都有和 GA 介接的功能，因此，隨時可把顧客在網站或 App 的關鍵行為與事件，轉成 CRM 的客戶活動記錄；可讓業務單位同仁除了掌握自己手邊的線下行為之外，同時也掌握客戶線上的活動情況，他們曾經有哪些主動需求？瀏覽或下載過哪些資訊？讓 CRM 不再僅僅是單純記錄線下業務活動而已。再者，有些潛在需求，顧客不見得會一五一十地和業務分享，卻可能通過網站瀏覽行為的記錄無意透漏，這些資訊特別是對於 B2B 型企業來說，非常有助於業務掌握客戶，並進行客戶關係維持上的商業判斷。

接下頁

2. 效期價值整合：如果企業同時經營線上與線下的業務活動，線上顧客效期價值 LTV 也可以導入 CRM，整體業務交易數據情報將更有全面的參考性。

3. 廣告活動延伸：有些顧客甚至可能不是由線下業務去開發的，而是透過線上廣告所獲取的，這時把獲取廣告管道資訊導入 CRM，同樣有助於業務對顧客的深層了解；未來，也可針對這些線上導入的客人，進行後續的溝通。

4. 匿名數據轉為實名數據：將 User-ID 和公司的 CRM 實名數據的進行整合，可以反過來觀察實名客戶在網站的動線與數位足跡，當作發展未來顧客情境故事的基礎腳本，並為升級為個性化網站內容服務提供參考（許多 Content Management System, CMS 現在都有這樣的功能）。

GA4 輸出：和 Google BigQuery 的整合應用

當我們把 GA4 所收集的網站與 App 數據匯出至 BigQuery 後，可視為利用 BigQuery 來提取（Extract）與儲存（Store）GA4 所匯集的資料源，再利用資料庫 SQL 的語法，來進行各種不同深度的原始數據查詢，進而實現下面多種可能的延伸應用。

1. 廣告優化：匯出即時數據，改善廣告活動與出價策略

2. 顧客行為預測：可將瀏覽數據的 User-ID 和和前述公司 CRM（客戶關係管理系統）數據進行整合，將匿名數據轉為實名數據，來提升 GA4 行為數據的可讀性，並在未來做出用戶行為預測；也可依據實名數據的結果，調整網站或 App 的內容或功能，符合利基客人的實際需要。

接下頁

3. 電商交易整合：如果公司的電商網站在商業營運也佔有一個重要的角色，可匯出瀏覽數據的 User-ID 相關數據，連結公司電商系統的交易數據，將原本不是以電商為主的 GA4 行為數據與電商實際的交易數據進行深度整併，其目的是希望利用外部工具，套用不同的演算法模型（如：RFM，最近購買時間 Recency、購買頻率 Frequency、購買金額 Monetary 三軸為主體的顧客分群演算模型）或機器學習，做出可能的深度人工智慧採購預測與設計促銷誘餌；同樣的，也可依據交易與行為數據的整合，調整電商網站或 App 動線、功能或產品陳列，甚至去進行類似耳熟能詳大數據「尿布與啤酒」情境式的關聯性預測。

4. 訪問動線優化：可匯出訪客關注的內容後，進行深度數據查詢，或依據分析內容瀏覽結果將網頁分群，進行更深度的路徑分析，逐步實現個人化或區塊化等內容優化工作。

5. 戰情儀表板：GA4 整體數據匯到 BigQuery 後，可結合其他資料庫的數據，再和其他外部視覺工具，如 Tableau, Power BI 等結合，設計高階策略檢討儀表板或促銷即時戰情儀表板（如：1111 或黑色星期五的電商促銷）等，這些高階的商業智慧戰情呈現，都需要更多的數據疊合與優美的視覺呈現。

隨著運算能力日益增強與儲存成本降低，未來很多的報表或儀表板應用，都會從特定時間切面（Snapshot）轉向即時（Realtime）；因此，即時數據串流匯出（Realtime Data Export Streaming）的能力也格外重要，這是未來凱文這邊在技術層面要再繼續深入研究的課題。從 GA4 發展的走向也不難發現，它已經逐漸從「網站數據」導向演化為「商業數據」導向，在視覺與分析的功能不斷的提升後，打算扮演簡單的商業智慧（Business Intelligence）分析系統角色。

圖 11-3：透過 GA4 的 BigQuery 連結功能，將 GA4 數據導出到 BigQuery 當中的 GA4 專案

圖 11-4：GA4 數據連結 BigQuery 後約 24 小時，BigQuery 可看到 GA4 的事件使使用者數據表
（註：除 GA4 設定連結之外，需要在 Google Cloud 另外設定啟用 BigQuery API 服務）

GA4 輸出：連結 DMP（數據管理平台）與 CDP（客戶資料管理平台）

　　GA4 除了可將數據輸出到上述通用的資料庫 BigQuery 之外，隨著關注顧客體驗、以顧客為核心與精準廣告投放的觀念日漸普及；加上從上述多項數據匯集與導流已變成趨勢，各個平台匯整的數據量越來越龐大；近期，品牌企業對各種內外部顧客細部進階分析的模型與視覺要求也日漸複雜，不論是 CRM（客戶關係管理系統）、GA、BigQuery 等工具，似乎都沒辦法單獨完整儲存顧客量化數據，與實現多元化顧客細部分析的需求，實際上，這些偏向通用的平台本來也不應該扮演過多的角色。

　　因此，許多 B2B 或 B2C 公司為了加強掌握其他非第一方的數據或為了使單一客戶的數據更完整，衍生了許多第三方的軟體公司開發出了所謂的數據管理平台（Data Management Platform, DMP）與客戶資料管理平台 CDP（Customer Data Platform）等利基型數據平台來滿足這個缺口。因此，GA4 除了可將數據輸出到上述通用資料庫 BigQuery 之外，許多企業也會將 GA4 的第一方訪客數據導出到上述的匿名與實名顧客數據專屬平台：DMP 與 CDP。

　　稍微進一步說明 DMP 與 CDP。

數據管理平台（Data Management Platform, DMP）

DMP（數據管理平台）的功能是彙總第一方（自己公司的資料，如 CRM、GA4 等）、第二方（合作夥伴或供應商的一手資料）與第三方（網站、社交媒體平台或開放數據的資料）的「匿名」訪客數據，希望能夠具體描繪線上線下目標顧客分群的受眾包大致樣貌，一般出口是拋轉到廣告平台進行精準行銷（有點類似 GA4 目標對象拋轉 Google Ads 的模式）。（註：目前歐盟的《數位市場法案》Digital Markets Act，縮寫 DMA，就是打算規範上述第三方「匿名」訪客數據在各商業平台的收集與濫用。）

客戶資料管理平台（Customer Data Platform, CDP）

而 CDP 則除了可接入上述 DMP 所搜集的第二方及第三方匿名數據之外，還可以記錄、承接與處理企業自有的實名客戶數據（第一方，如 CRM、GA4）；同時，將實名與匿名的數據整合在 CDP 的同一個顧客識別碼之下，最終能夠清楚描繪每一個實名顧客線上線下 360 度的樣貌，後面甚至可再結合行銷自動化（Marketing Automation，如 HubSpot）軟體，透過預先設計好的對應行銷菜單，高度自動化的去完成不同區隔顧客的行銷需求，降低人力負擔。

11-7

GA4 輸出視覺化工具： Looker Studio 可扮演 的五個角色

當大量的數據彙總之後，進行轉換（Transform）、提取（Load）與視覺化（Visualize）的處理，已經變成近期數據分析基本的功能要求，正所謂的一圖解千文，類似的視覺化軟體有 Looker Studio、Power BI、Tableau 等。

Looker Studio 原名 Google Data Studio，2022 年改名為 Looker Studio。原是 Google 所發展出來一個可將數據視覺化，並進行加工分析的自助式商業智慧工具。Google 為了降低進入 Looker Studio 的門檻，也提供許多不同平台的模板與範例，除了 Google Analytics 之外，Google Search Console、Google Ads、YouTube、Facebook Ads、Google 表單等，都可以透過與數據源（Data Source）的串接，讓 Looker Studio 在讀取來源數據資料後，透過簡單的拖拉物件功能，將數據源轉化為數據集（Data Set）；最終，轉換成各種簡單易懂的圖表，幫助發展各類洞見，提升溝通效度。

Looker Studio 另一個更強大的功能在於，有時高層不見得只想單看 GA4 的數據，而是想將 GA4 數據和其他的數據源進行組合呈現，產生更有商業戰略意義的報表。因此，Looker Studio 還可連結其他有價值的異質數據源，全部彙整到同一個報表頁面當中，對於管理階層或協同合作的團隊來說，更是方便與實用的工具。

相較於 Power BI 與 Tableau 都有桌機離線版本，Looker Studio 是一個純線上的數據視覺化工具。雖然 Looker Studio 沒有桌機板，它補強的方式是產生可提供下載的報表。因此，可將 GA4 數據和其他數據源整合後的報表下載，儲存為靜態的 PDF 檔案，再列印出來給利害關係人做進一步決策參考。

在數據分析上，Looker Studio 連結 GA4 之後，可扮演以下五個關鍵角色：

1. **多元數據視覺呈現**：Looker Studio 最重要的角色，就是把數據轉換為更易解讀的表格、地圖、分析圖、泡泡圖等多元化的視覺體現方式，方便決策者做出對應的數據判讀決策。

2. **多數據源數據存取平台**：Looker Studio 本身也扮演一個匯集平台的角色，可以透過數據連接器 (Data Connectors) 連接不同的數據源 (Data Source)，Looker Studio 提供了許多第三方廠商所體提供的數據連接器接口，方便進行不同數據源的數據套用與疊合。

3. **數據處理**：雖然數據處理不是 Looker Studio 的強項，但它還是提供了許多基本的數據處理功能，例如：集群、修改與擴增等功能。

4. **協同合作**：所有需要存取數據與視覺圖表的人，大家可以在同一個平台上，交換即時共享數據，有效降低溝通成本與增加情報即時性。更棒的是，這些數據情報都可以透過 Web 介面隨時直接讀取最近的更新，確定大家在討論數據時，所有數據情報的視角與時間線都是一致的。另外則是可以劃分編輯與閱讀權限，部分公司成員只需要看報表，不需要有編輯權限；有些跨部門同事，則需要有編輯權限去整理自己部門的資料，或彙總跨部門資料，都可以在這個平台上進行數據權限的管理。

5. **數據探索與分析**：雖然數據探索與分析的工作主要還是得落在數據分析師身上，但是比起 GA4 標準報表與探索分析，Looker Studio 能夠快速

地選取不同的維度與指標，即時產生更複雜、多層次的視覺圖表呈現；在不同的維度指標拉動當中，能夠有效幫助分析師深入探索各種角度的數據情報，進而開發更具深度的洞見。

相信有人會發現，視覺化數據的功能，似乎 GA4 的探索分析有那樣的野心與類似的功能，但數據視覺化畢竟還是一個比較獨立的課題，將數據分析與視覺呈現分開在不同的系統，似乎是一個比較明智的決定。

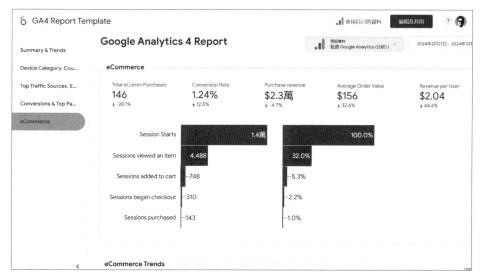

圖 11-5：在 Looker Studio 中，更多元化的呈現 GA4 的各種數據

11-8

第十一周任務

第十一周作業

古魯顧問一口氣從 ETLV（extract, transform, load, visualize）的角度，介紹完了多個可與 GA4 數據彼此介接與擴散的周邊平台或工具後，便開始與 A 公司資訊與商業智慧相關部門團隊從「A 公司既有使用系統清單」中，討論潛在可能實現的數據擴散方向與介接藍圖。

古魯

同時，古魯建議本周作業由經理凱文與德瑞克來主導，其他的小組成員來配合，第十一周的作業如下。

任務（Task）：

凱文　　德瑞克　　傑瑞　　珍妮佛　　亞曼達　　艾比

1. A 公司目前的 CRM 系統是 Salesforce（SF），SF 有提供 Google Analytics 的接口，練習將兩個系統連結，將 GA4 實名顧客行為數據與受眾包分別拋轉到 SF 的 Sales Cloud 與 Marketing Cloud，可在 SF 先建立沙盒練習（註：沙盒是指先利用真實數據建立一個模擬測試環境，而不去影響原來每日的正常運作）。

接下頁

---

2. 請傑瑞與珍妮佛帶領剩餘團隊組員思考 A 公司目前情況，是否有需要建構 DMP 與 CDP，不論答案是肯定或否定，請提出明確論述。

3. 選擇 3 ~ 5 個數周前團隊認為最重要的 GA4 報表，將他們轉到 Looker Studio 進行呈現，並思考公司有哪些其他數據源可和這些報表疊加，產生更大的加乘效益。

第十一周的數據延伸主題實在精彩，尤其凱文和德瑞克從未想過 GA4 的數據可以像水一樣的四處流動，有多元的數據疊合操作，讓他們躍躍欲試。古魯顧問在離開前也預告，雖然 GA4 很神，但還是有許多力有未逮之處，而這些部分又有若干工具可以進行互補，下周的內容也是非常精彩的一個段子，請大家期待。

補強 GA4 的十個分析工具

"To guarantee success, spend 95% of your time defining the problem and 5 % of the time solving it."
" 成功的保證就是：花 95% 的時間定義問題，花 5% 的時間解決問題。"

Google 分析大神 Avinash Kaushik
《Web Analytics 2.0》作者

「Digi-Spark」專案過得既充實又迅速，很快地來到倒數第二周，在古魯進入訓練教室後，先由凱文和德瑞克展示共同完成的 Looker Studio 數據報表，精美的呈現加上編輯與顯示分離的功能，讓大家很驚艷；在多數情況，只消打開 Looker Studio 就可以說明最新數據的情況了。另外他們也完成了 GA4 和 SalesForce 的介接，公司的業務們對於能看到客戶在線上活動的資訊，都感到非常驚喜。

第十二周的主題，將從 GA4「能做什麼」轉到 GA4「不能做什麼」。之前談過，GA4 的角色設定，已經由早期純粹記錄「網站點擊數據」，逐漸演變成為一個「多源資料串流數據匯集中心」，甚至演化為多元化報表中心，支援商業智慧決策；或負擔起簡易的客戶資料管理平台（CDP）工作。

但即使如此，不能期望僅憑靠 GA4 一個工具就完成所有在網站分析、數位商業決策上的所有工作。正所謂「術業有專攻」，對於某些特定面向的工作，還是應該善用其他三方工具，來收集一些特別的數據或提供其他角度的檢視，產生其他類型的數據報表，再回過頭來結合 GA4 原本量化數據進行綜合判斷。

以下就舉 10 個比較重要的網站分析工具，可以補足 GA4 目前功能尚力有未逮的缺憾。

12-1

使用者訪問分析工具

首先要談的是使用者調查與訪問分析工具。

因為 GA4 一般會收集的數據偏向「事後」與「結果呈現」的 WHAT 面向，對於使用者背後的動機或原因（WHY），是沒有辦法透過這些歷史資料就去猜想到底當初他們在想什麼，以及當初背後的動機。因此，要補強 GA4 這個弱點，當然最簡單的方式，就是直接觀察顧客並與他們互動，也可直接和目標顧客進行訪談，收集第一手的顧客意見或觀點，以及顧客最終採購或不採購的原因。這些初級資料收集完成後，再分析背後各種可能的正反面因素，與背後深層的用途理論推演。

當然，像貴公司產品服務的顧客遍及全球，不見得方便進行面談或實體非侵入式觀察，這時就需要借用一些線上工具的幫助，進行更深層的使用者研究與意見訪查，這些執行顧客之音「VoC, Voice of Customer」調查，比較知名的工具有 Survey Monkey、Survey Cake、VoC（QuestionPro）、Qualaroo、iPerceptions…等。

其實談到這個部分，已經從網站數據分析的主題，邁向使用者體驗 (UX) 與顧客體驗 (CX) 等相關主題了。企業也可以利用這些工具做更深度的顧客體驗滿意指標調查，例如：NPS (Net Promotor Score) 等不同的體驗類用例 (use case)。很明顯的，使用者體驗 (UX) 與顧客體驗 (CX) 等主題已超出本次網站分析顧問範圍，在此不再繼續深究。

但可以簡單討論一下，為什麼這兩類學問會在這裡發生碰撞呢？其實並不意外。隨著品牌數位接觸點的擴張，顧客體驗的課題，已經從線下慢慢發展到線上，顧客更期待無縫的體驗旅程銜接；追求每一個數位接觸點的體驗優化，也成為品牌擴張與口碑提升的必要手段。類似這種異質領域的融合，未來只會越來越多；只有把線上線下體驗融合都兼顧的企業，才有機會在未來激烈競爭中勝出。

12-2

使用者行為錄製工具

有時候想真正了解某一個或一群使用者的使用行為，可以搭配所謂的使用者行為錄製軟體服務，只要在官網或電商網站埋入這些第三方的追蹤碼，就可以開始進行使用者行為錄製，一旦錄製之後，至少可以產生下面兩種報告：

A. 網頁熱點圖（Heat map）

熱點圖算是一種行為匯集的圖像報告，可以統計整體訪客點擊、移動、捲動等三種（mobile 就沒有滑鼠移動，而是捲動）不同的操作行為，產生對應的熱點圖，大部分的工具，也能依據不同的裝置（桌機 / 平板 / 手機），顯示不同的熱點數據。

由於熱點圖算是匯集圖像報告，一般觀察的面向是了解訪客關注的網站熱點是什麼，訪客越關注的網站熱點就越紅，從熱點分布去觀察實際上顧客使用的熱點和我們自己預期的熱點是不是一致？一般喜歡抓反差，就是我們覺得應該是熱點的，但訪客不感興趣；或者訪客喜歡點擊或停留的超紅熱點，居然是個無法點擊的文字或圖像等情況，這就給了我們改善使用體驗的機會。

有時，想針對個別訪客，進一步理解他在網站實際的動線。過去做使用者體驗 (UX) 評估時，常會採用使用者測試 (usability test) 的方法，也就是找幾個實際的用戶，單獨處在一個小房間裡，事先擬定若干基本任務，例如：要求他登入官網 (App)、註冊會員或完成購物等，用攝影機錄下整個使用的過程；同時，品牌端的觀察員藏在該房間旁，另一個透明的鏡子玻璃之後，觀察該用戶如何操作產品；有時，可在使用者的房間裡再安排一位協助觀察員，幫忙做出各種提示與交辦分派任務，同時近距離觀察用戶對這些指定任務如何操作，是順暢還是非常卡頓。

另一個非人力介入的雙重驗證做法，是在用戶操作的電腦安裝螢幕錄影程式，事後可以再慢慢了解顧客在使用產品或瀏覽網站的動線是否順利；隨著數位科技的演進，現在這種螢幕錄影目前也可以遠端進行，同樣透過在官網埋入這些第三方工具的追蹤碼來實現。但有時如果全部訪客、所有行為都錄製的話，對於許多大型網站觀察端的工作負擔太大；這些軟體衍生的解決方式為：在錄製影片前，設定一些特定門檻，例如點擊特定按鈕、觀看影片等。可以設定細到某些特定單一行為發生就觸發，或是設定累積次數，過了某個互動門檻數量之後，才觸發錄製行為，這些進階的門檻設置，都可以有效的降低螢幕錄影的數據量。

上述這些部分和使用者體驗 (UX) 與顧客體驗 (CX) 的研究高度相關。目前專注在使用者行為錄製的軟體，較知名的有 HotJar、CrazyEgg 與 MouseFlow 等，都可以有效了解使用者行為。

/12-3

競爭分析工具

世間大多生意都不是獨門生意，一定會有競爭者。因此，關注競爭者的一舉一動或進一步學習競爭者的優點，都是進行競爭分析的潛在原因。GA3 / GA4 一般只看第一方（自己）的數據；因此，想了解競爭者的數據，就得搭配其他工具。

一般可能會想了解競爭對手哪些面向的資訊呢？經過統計之後，可能包括：

A. 網站基本資料分析：競爭對手網站訪問量、網站排名、主要導流來源、訪客地理區域分布與高頻率搜尋關鍵字等資訊。

B. 產業分析：設定從某一特定產業的視角，提供該產業內相關網站的訪問量分布與解析，了解自己在產業中的位置大概在哪裡。在通用 GA 有一個報表叫做「基準化」（Benchmark），大概是類似的意思（GA4 目前尚未提供類似功能）。

C. 行動應用分析：把網站相關的競爭分析功能複製到行動 App 端，一般觀察的重點是觀察來自 Google play 和 iTunes 商店的行動 App 統計分析，包括：店內和店外的上游參照（Referral）來源，以及高頻率搜尋關鍵字等資訊。

接下頁

D. 廣告分析：有時也想參考競爭對手的廣告究竟提供什麼文案、運用哪些媒體、花了多少預算、在那些廣告管道或區域開展等，許多競爭分析的軟體平台也都可以提供廣告構面的競爭分析。

　　專注在競爭分析的軟體，較知名的有 similarWeb、Alexa、ComScore、Kompyte、Google Trend 與 SEMRush 等，依據專長不同，都可以有效了解競爭者上述四類動態。

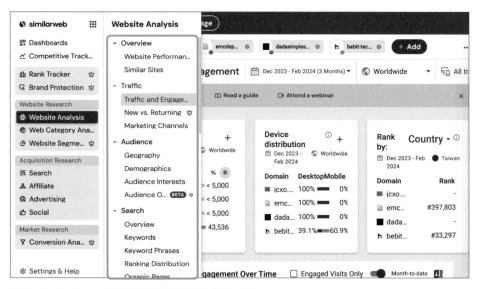

圖 12-1：similarweb 可以進行細部的競爭分析，包含：
流量、目標受眾與搜尋等不同議題

12-4

SEO 分析工具

SEO 雖然只是眾多獲客管道當中的一種，但由於它有強化品牌認同，與幾無額外廣告成本就能增加流量的高附加價值，一般公司也會把 SEO 當作特定分析的項目，來對官網或電商網站進行 SEO 分析與檢測。GA4 雖然有 Search Console 報表稍微接近這一塊，但相對的資訊還是不太夠。

目前大多數 SEO 分析工具，除了顯示基本 SEO 關鍵字排名與到達網頁之外，主要是還能夠分析以下幾個面向：競爭對手網站 SEO 分析、關鍵字進階研究與建議、關鍵字未來趨勢、協助 SEO 文案撰寫、每日關鍵字排名跟蹤、網站結構分析與外部連結分析等。

要把 SEO 做好，以 on-page 與 off-page 兩個面向一一展開的話，涵蓋範圍還滿廣的，目前應該沒有單一 SEO 工具可以滿足一站購足的目標，都各有所長與所短。而從搜尋引擎來看，因為目前 Google 在搜尋的市占率還是大幅領先，所以大部分的 SEO 軟體工具，還是以 Google 的 SEO 為主。但如果你是在中國或俄羅斯，工具的選擇可能就要思考如何產生對應在地的主流搜尋引擎，如百度或 Yandex。

目前專注在 SEO 分析的軟體，較知名的有 Moz、Ahrefs、AnswerThePublic、GoogleTrend 與 SEMRush 等，都可以有效了解我方 SEO 的現狀與可加強點、競爭方 SEO 的發展情況，與 SEO 架構與文案優化的方案。

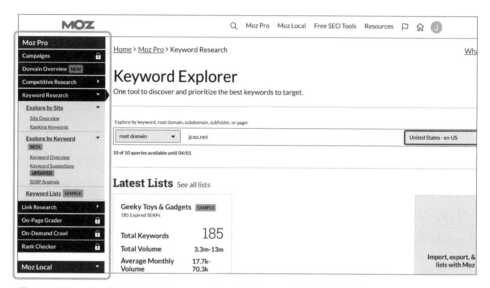

圖 12-2：Moz 是一個歷史悠久的 SEO 工具，有各類 SEO 競爭指標的分析數據

12-5

使用者互動留存
分析工具

　　尋找產品服務的關鍵時刻（Moment of Truth 或 A-HA moment）是開發產品一個非常重要的轉捩點。例如：Facebook 的 A-HA moment 是讓用戶 10 天之內至少連結 7 個朋友、X（Twitter）的 A-HA moment 是讓用戶至少追蹤 30 個人，其中 10 個人最好能反向追蹤。

　　註：關鍵時刻是指客戶（使用者）與品牌互動的一個關鍵點，這個特定的關鍵點形成客戶（使用者）改變對該特定品牌印象的時刻，從此深深愛上這個品牌。

　　那麼如何去找出這麼精細的用戶行為與產品亮點分析呢？Google Analytics 顯然力有未逮，這時候就需要像類似 Mixpanel 的工具出馬了。

　　Mixpanel 主要功能是以觀察與分析用戶在產品服務上的互動與留存行為當作研究主調；GA4 在「生命週期」報表當中「參與狀況」（或所謂的黏性）所用的指標：DAU、MAU、留存率等，在 Mixpanel 很早就有了。GA4 在併入 Firebase 之後，才開發根據用戶行為定向的行銷功能，而 Mixpanel 卻是很早就可根據用戶行為發對應的 EDM、做推播，甚至發送簡訊。Mixpanel 的定位是一個數據分析加上行銷的平台，所以矽谷許多新創公司，非常喜歡使用。

Mixpanel 一開始分析數據的核心意涵就是追蹤使用者行為，而不是 PageViews。這讓想持續精進產品服務的新創公司或品牌，透過長期追蹤使用者行為，不斷的做產品服務迭代的功能改版，找出哪個環節客戶最喜歡，會主動幫品牌推廣；或哪個環節客戶不滿意，造成客戶流失，進而找出提升顧客互動性與促進留存的最佳方程式。GA4 在納入 Firebase 之後，演進的軌跡基本上也是朝著「事件行為」、「訪客互動」等主軸發展，所以可說是 Mixpanel 與 GA4 對未來網站數據分析的一項共識。

圖 12-3：Mixpanel 可以發展洞見、漏斗、動線與留存等四種不同面向的報表分析

/12-6

行銷與電郵自動化工具

如果想對一個顧客或一個區隔進行更細緻與更深度的溝通，針對不同的區隔客群分別制定客製化的訊息，並能夠依據顧客回應的結果，規劃一個對應的自動進行溝通與邏輯判斷的流程，就不可或缺。上述工作，如果要一個行銷專員不利用工具，每個動作都用手工一一執行，似乎不太有價值與效率。因此，電郵自動化與行銷自動化 (Email Automation & Marketing Automation) 便是基於數據分析結果，進行精細度更大有效性溝通的重要工具。

另外，經過了數周的學習，各位應該知道 GA4 只是一個數據分析的工具，本身不具備和顧客或潛客訊息溝通的能力。打個比方，當你用盡洪荒之力，好不容易用 GA4 找到一個洞見，你可能想依據洞察結果，開始針對洞見裡的某個高價值區隔潛在客戶 (Leads)，開始進行一連串的訊息溝通與關係培養，並期待有那麼一天，他們轉化為真正的顧客，產生營收，累積長期的顧客效期價值 (LTV, Customer Lifetime Value)。但是抱歉，GA4 目前在溝通這個面向施不上力，勢必得結合其他工具，而一般業界採用的就是行銷自動化與電郵自動化的工具。

所謂的行銷自動化 (Marketing Automation) 或電郵自動化 (Email Automation) 工具是指可結合名單、訊息、流程與多種行銷管道，將行銷重複性工作給自動化、流程化；先透過搏來客 (集客) 行銷 (Inbound Marketing，也是我上一本書的主題) 的手法，大量產生潛客，然後慢慢地培養這些潛客，來實現最終轉化成業務訂單的目的，一般 B2B 的企業又特別喜歡使用這樣的工具。

而行銷自動化工具會提供哪些功能達到上述目的呢？常見的功能有：

1. 快速生成各種形式到達頁面 (Landing Page) 與獲客表單 (Leads Submission Form)：用來吸引訪客提供聯繫資訊 (基本上以 email 為主)，待訪客留下資料之後，就依此建立潛客資料庫，然後暫存這些潛客名單。
2. 提供各種情境的溝通訊息範本 (Message Template)
3. 提供各種情境的溝通訊息流程 (Message Flow)
4. 各類行銷目標的範本 (Marketing Recipe)：如新客開發、顧客留存、促銷活動…等。

透過上述功能，有彈性、有效率地和潛客保持溝通，使其常保品牌記憶。此外，行銷自動化系統也可以和客戶關係管理系統 CRM 進行串接，把潛客名單和實際客戶名單進行雙向交換，安排客製化的郵件或簡訊發送給既有的客戶與潛客，讓他們感受到有被貼心細緻照顧的感覺。而每當客戶對訊息有所回應時，也會同時在客戶關係管理系統 CRM 與行銷自動化端標示相關互動記錄。

除上述訊息溝通的自動化之外，在漫長的潛客培養 (Nurturing) 期間，一般業務會想知道有哪些潛客名單是可以轉線下業務開發的。因此，行銷自動化還會提供評估業務成熟度的機制，可幫助行銷與業務來辨識潛客名單距離業務可實際聯繫開發還有多遠的距離，這就是所謂的「潛客評分制度 (Lead Scoring)」。

潛客評分制度是一個可以依據潛客 (leads) 的「基本商業背景」+「線上行為」去評估潛客距離「實際購買」還有多遠的一個科學評估機制。該制度在數據時代更為重要的原因是：系統把潛客的行為與成熟度量化，並依據客觀的量化評分結果，進行後續行銷業務活動。

潛客評分制度的具體做法如下：

1. 在我方商業情境下，事先定義好若干個行為給分指標（score index），指標可分為外顯指標（explicit index）與隱含指標（implicit index）兩大類。外顯指標一般為顧客的人口統計基本條件（demographic），如：年齡、性別、職位、公司大小等；隱含指標則是用戶行為（behavior）。

2. 然後從潛客的基本條件與行為當中，去追蹤潛客興趣強度以及準備採購成熟度。

3. 接著，依據該事先定義好的給分條件，由系統依據每個客人的行為加總給分。

經過一段時間的累積之後，就可依據評分結果，將潛客得到的分數分成高、中、低三等級，越高分的代表興趣與採購意願越強，低分的就代表還需要更多溝通。換言之，潛客積分可以決定他在篩選漏斗當中的相對位置，分數越高者，越接近漏斗下端（bottom of funnel），越成熟，一般稱為 Sales Qualified Leads（SQL）。分數越低者，則可能是在漏斗頂端（top of funnel），越陌生，一般稱為 Marketing Qualified Leads（MQL），還需再花時間培育（nurturing）。行銷人員可依據上述潛客在漏斗的位置，設計對應的溝通訊息與對應流程。有了這樣的一個成熟的篩選與培育過程共識，公司的行銷單位和業務單位就能依據自己的職責，進行對應的工作。

行銷自動化知名的公司很多，大部分都已經被更大的上市公司所併購，如：Marketo（已被 Adobe 收購）、Eloqua（已被 Oracle 收購）、HubSpot、Act-On 等；電郵自動化最知名的當然就是 MailChimp，但 MailChimp 也已經逐漸朝向行銷自動化的這些公司靠攏，提供許多接近的功能，且讓我們拭目以待接下來的變化。

12-7

社交媒體操作、輿情分析與內容行銷工具

自從 Facebook 在 2009 年開始引爆社交媒體風潮之後，社交媒體的操作、觀察、廣告投放、輿情分析與內容經營都變成所謂「社群小編」重要的工作。更不用說後來的 X（Twitter）、IG、LinkedIn 等其他各類新興社交媒體。

GA3 / GA4 只能記錄社交媒體操作結果，分析哪一個社交媒體有利轉化或獲客的成效較佳，但如果想實際操作多元社交媒體的進階應用時，顯然必須借重其他的工具來實現。

社交媒體工具目前更可說是百家爭鳴，不太可能全部列出，以下就介紹幾個比較重要的面向：

A. 社交媒體管理平台：當「社群小編」要管理多個不同社交平台的貼文與意見回覆，難道要去一個一個社交媒體登入再進行編輯？未免也太浪費人力了！社交媒體管理平台的好處就是「社群小編」可以登入一個單一匯總平台（Single Sign-On），而匯總平台上已連結所有企業操作中的社交媒體，透過匯總平台去管理這些社交媒體的運作，省時又省力，這一部分最知名的工具當然是 HootSuite。HootSuite 目前支援 Facebook、X（Twitter）、LinkedIn、Foursquare、Ning、mixi 以及 WordPress.com，它同時也是一個 X（Twitter）的用戶端，使用者介面採用儀表板的形式，方便「社群小編」同時管理多個社交平台。

B. 社交輿情分析工具 (Social Listening)：有時會想了解我方品牌與競爭對手在網路上的聲量大小，還有聲量是正面還是負面的時候，就必須善用 GA3 / GA4 所做不到的社交輿情分析工具，。

社交輿情分析工具是在社群媒體和網路上追蹤與執行網頁爬行與剖析，可設定觀察特定關鍵字或特定短語是如何被提及或被搜尋的，再進行匯總的數據分析。社交輿情分析也是一種全新的市調方式，對比傳統的調查或訪談，有些業者發現在某些敏感議題上，傳統受訪者不好表態，但透過觀察網路輿情討論，常常更容易獲得真正大眾想自然表達的意見。

社交輿情分析工具台灣較為知名的有 OpView；國外的則有 Agorapulse、Socialbakers、HootSuite 等。

C. 社交內容行銷工具 (Social Content Marketing)：擔任「社群小編」還有一個常遇到的問題，就是在發文時難免會有腸枯思竭的時候，不知道該寫些什麼，才能吸引粉絲的關注。這時，如能看看競爭者或同業寫的貼文，或許會產生一些靈感。社交內容行銷工具 Buzzsumo 是以貼文的被分享數，來分析不同貼文在各大社群媒體的表現優劣，透過數據分析替「社群小編」發想貼文提供靈感，避免過於主觀的貼文撰寫。

再者，此類工具也可了解產業的熱門關鍵字 (Buzzwords) 或時事，作為轉寫文章的素材 (熱門關鍵字或時事也會有 SEO 的效果)；另外，此類工具還有一個功能：如果發現某領域的意見領袖所寫的文章，剛好都符合品牌受眾胃口，而該意見領袖的粉絲，也正好是品牌的目標受眾，Buzzsumo 還可以當起仲介，商量找該意見領袖替品牌宣傳，不過當然得付出足夠的代價來邀請。最後，Buzzsumo 還可提供快訊提示 (alarm)，可以先設置好特定關鍵字、作者或競爭者網域，只要有符合關鍵字的新趨勢文章貼出，就會及時提醒你。

轉換優化 A / B 測試工具

　　網站數據分析、網站定性分析與轉換優化可以說是宏觀分析的三胞胎,網站數據分析是大哥,網站定性分析是二哥,轉換優化是小弟。先從網站數據分析的報表做出可優化的方向判斷與假設,再從使用者訪談或線上問券了解用戶實際的喜好趨向;接著,如何大量驗證上述的許多假設與喜好呢?只有透過 A / B 測試或多元化測試 (Multi-Variant Testing) 來設計不同的測試方案,最後交給真正的使用者,以實際使用體驗來判定哪個優化方案較佳。測試等同讓訪客透過網上互動,進行實際喜好的線上投票,由「轉換率較佳」或「點擊數較多」的方案勝出。

　　如果在行銷漏斗頂端 (top of funnel) 流量不變 (意即行銷預算不幸被老闆設了天花板) 的情況下,轉換優化是一個可以透過內部同仁努力精煉,產生驚人成長效果的重要手段,所以理論上應該是老闆的最愛。

　　但很多企業會覺得進行 A / B 測試是很麻煩的工作,常以盲目猜測某方案或老闆個人意志,來進行網站介面改版規劃依據。這樣的便宜行事常流於過分主觀,導致完全走錯方向,後續反而浪費更多時間精力與機會成本在轉換優化的目標修正上。

透過 A／B 測試工具的引進，可以用比較少的資源進行產品或網站不同版本的改版實驗。通過設定不同的測試目標，並依據目標與假設去改變網頁元素；甚至有些工具支持依據不同演算法分配流量，並追蹤每個測試方案的個別成效。善用工具讓數據揭露真正影響轉換的答案，不需要再苦苦臆測訪客的喜好！當然，A／B 測試或多元化測試的工作負擔的確也不低，必須有專案團隊（視覺、行銷、技術..等）一起配合，當團隊人力不足或成員意願不高時，往往也會落入虎頭蛇尾的結局。

轉換優化與數據分析實際結合的方式是：把 A／B 測試或多元化測試的數據直接導到 GA3／GA4，可以透過數據報表解析，實際找到最佳使用者體驗或轉換最佳的介面，等答案明確了，再把該方案正式上線。

Google 原有提供一 A／B 測試工具 Optimize，算是 Google Marketing Platform（GMP）的重要成員之一，原也可以和 GA 直接做深度的結合；不過因為 GA4 核心理念是以「顧客旅程」與「目標對象」設定為核心，所以 Google 決定在 2023 年九月把它落日下架，改為和外部夥伴合作，目前推薦的工具夥伴是 AB Tasty。除此之外，其他第三方知名的 A／B 測試工具有 Optimizely、Unbounce、VWO 等，這些第三方工具 Google 將透過提供 API 的方式，讓這些測試工具把 A／B 測試的數據餵進 GA4 當中，再進行相關的結果分析。

12-9

數據視覺圖表呈現工具

GA4 在報表的功能上，因為借用了來自 GA360 的探索分析模組，所以比通用 GA 強大許多。但數據視覺呈現、多重數據疊加組合，甚至前進到商業智慧（BI）的戰情分析，畢竟還不是 GA3 / GA4 產品主要的訴求。

因此，如果時常需要與 CXO 和其他利害關係人進行例行性數據檢討，甚至在檢討時，必須動態調整各類維度指標，還是建議把 GA4 數據導出到更強大的外部數據視覺呈現工具，除了可以呈現光鮮亮麗與多元化的視覺報表之外，更保留即時動態彈性調整數據的空間，將衍生更強大的數據說服力。

Google 自知在數據視覺呈現方面，GA4 還是不太有競爭力，與其疊床架屋，不如透過另一個新的數據視覺工具產品來實現，也就是之前介紹過的 Looker Studio。把 GA4 和 Looker Studio 切開的好處是：Looker Studio 也可以介接其他的數據源，單獨以一個數據視覺呈現為主訴求的產品。不過在數據視覺圖表呈現與商業智慧的面向上，還是兩位行業老大哥走在前面，分別是 Tableau 與 Power BI。Tableau 在使用的直覺性、簡單性與報表指標維度調整的多樣性上，勝出 Looker Studio 非常多，我個人使用經驗，甚至有時會在無意的維度指標拉動當中，意外發現驚人的隱藏洞見。Tableau 也有支援 GA3 / GA4 的範本與數據介接，所以把數據透過 Tableau 或 Power BI 呈現，對於非常重視 GA3 / GA4 數據分析洞見視覺呈現的企業，也是一個必須勾選的項目。

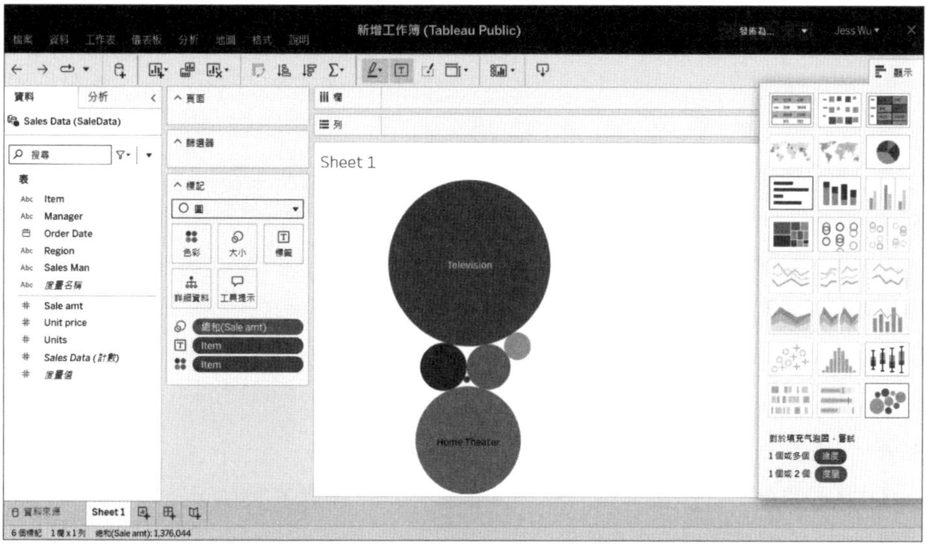

圖 12-4：Tableau 可以提供各類數據視覺呈現與彈性非常大的維度指標選擇

12-10

顧客旅程追蹤工具

　　GA4 的上市強調顧客核心與專注顧客旅程，顧客的數位足跡透過事件來逐一記錄，雖已大大完勝通用 GA，但在細緻度上，還是有更專門的工具。

　　簡單說，顧客旅程追蹤算是前面 12-2 節介紹的第二類工具，使用者行為錄製工具的升級版。使用者行為錄製工具的資料爆量，無法人工逐一去檢視，常常是行為錄製工具過去頭痛的問題。因此，顧客旅程追蹤工具設定可以鎖定負面體驗，專門錄製顧客失敗或挫折體驗的過程（例如：bugs, errors…等），等同替使用者行為錄製工具再加上了一個篩選器（Filter），解決上述純粹行為錄製工具資料量過大的問題，不再需要靠人工耗時耗力去搜遍網站或 App，去找出到底哪裡讓顧客感到挫折或體驗不佳。

　　電商與企業官網若真正關注線上體驗，想快速找到負面體驗的問題，就需要這類顧客旅程追蹤工具。目前這類軟體最知名的就是 FullStory，同類型的工具軟體還有 Glassbox 與 Datadog 的 RUM（Real User Monitoring）。

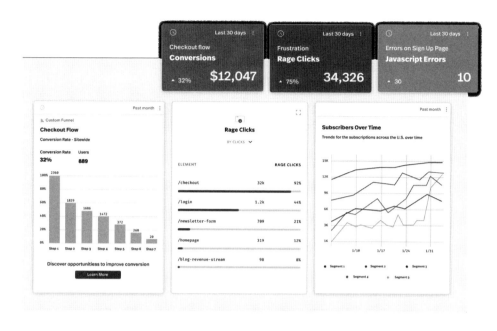

圖 12-5：FullStory 的儀表板提供各類關鍵指標，揭露使用者各種
行為相關數據（以挫折與錯誤體驗為核心）來源：FullStory 官網

12-11

第十二周任務

第十二周作業

古魯

在第十二周，當古魯顧問講完可以和 GA4 互補的工具之後，大家才發現過去以為萬能的「網站分析」代名詞—— Google Analytics，居然還有那麼多事情做不到。於是也開始根據自己的興趣，嘗試這十類外部的網站分析工具。

即使是倒數第二周，古魯顧問還是沒有放鬆，將「Digi-Spark」團隊依據所屬職能，分頭去研究本周分享的十個輔助工具，希望大家繼續努力，堅持到底。

任務（Task）：

凱文　　德瑞克　　傑瑞　　珍妮佛　　亞曼達　　艾比

1. 傑瑞與珍妮佛偏向大策略情報蒐集與展現，因此負責研究競爭分析工具（12-3 節）、使用者互動留存分析工具（12-5 節）與數據視覺圖表呈現工具（12-9 節）。

接下頁

2. 艾比專注使用者體驗與顧客體驗（UX 與 CX），因此負責研究使用者訪問分析工具（12-1 節）、使用者行為錄製工具（12-2 節）、轉換優化 A／B 測試工具（12-8 節）與顧客旅程追蹤工具（12-10 節）。

3. 亞曼達專注行銷與廣告，因此負責研究 SEO 分析工具（12-4 節）、行銷、電郵自動化工具（12-6 節）與社媒操作、輿情分析與內容行銷工具（12-7 節）。

4. 凱文與德瑞克則透過資訊技術與數據支持的角度，幫忙一起研究 SEO 分析工具（12-4 節）、使用者互動留存分析工具（12-5 節）、轉換優化 A／B 測試工具（12-8 節）與數據視覺圖表呈現工具（12-9 節）。

由於上述工具的研究需要較長的時間了解與試用，因此古魯、傑瑞、珍妮佛約好，將在三個月後再回來和團隊一起討論工具使用情況，以及搭配 GA4 使用有無困難等議題。

下周也是和古魯合作本專案的最後一周，基本上傑瑞與珍妮佛已安排比較輕鬆的主題，算是 GA4 主題的延伸，也是對於若干大家所好奇主題的數據開展，古魯將分享過去數據分析經驗該如何與這些主題結合，古魯將直接示範如何用 GA4 玩轉兩門大家感到有興趣的矽谷新創顯學。

這幾周在古魯的引導下，團隊成員均處於「心流」的高效學習狀態，三個月的數據分析交流之旅轉眼即逝，大家都感到有點不捨，但也期待最後一周 Farewell Week 的專案結業式到來。

用 GA4 玩轉矽谷新創顯學： 成長駭客（GH）與 顧客體驗（CX）

"Always use \$\$\$ where possible Using a monetary value is always the best way to hold your audience's attention and have them remember the KPI."

" 在可能的情況下，總是使用 \$\$\$ 賦值，用貨幣價值可吸引觀眾注意，並讓他們記得 KPI。"

Google 分析大神、《Successful Analytics》 作者 Brian Clifton

13-1

用 GA4 實踐「成長駭客」 (Growth Hacking)

　　「成長」是大多數企業老闆每年都想實現的目標，但往往沒有具體方法論或實現步驟，而成長駭客就是實現企業成長的方法論之一。成長駭客的英文是 Growth Hacking，是在 2010 年左右，由一位矽谷網路人 Sean Ellis 所發展的一種創新成長模式，源起於精實創業（Lean Startup），或是前幾周團隊所應用敏捷開發衝刺（Scrum Sprint）的變形。但現在不只在矽谷的新創公司流行，即使在一些傳統的消費品公司，例如：飲料、餅乾等快消品公司也都設有首席成長官 (CGO) 的角色，負擔起集團跨部門整合，努力的目標只有一個：向外看而不是向內看，取悅客戶，實現成長。

成長駭客

　　如果用一句話來解釋成長駭客，可以這麼定義：「依據定量與定性的顧客數據分析結果，透過團隊共創與腦力激盪，提煉出成長創新點子。把經過篩選的成熟點子經過實驗，內化於產品當中，藉以刺激產品服務創新的衝刺過程。」

　　談完這個定義之後，裡面其實包含很多的工作，在前幾周的分享中都有提過。因此，透過 GA4 與第十二周介紹的互補工具共同建構企業的成長駭客，應該是可以推演的結果。

雖然如此，還是先依據 Sean Ellis 定義的成長駭客流程，看看如何利用 GA4 和其他工具來逐步實踐。Sean Ellis 把成長駭客的執行順序，定義成一個成長循環，以實現企業成長目標為核心，包括了四大步驟：

1. 分析學習 → 2. 產生點子 → 3. 點子排序 → 4. 測試檢討

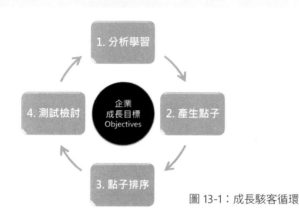

圖 13-1：成長駭客循環

以下就這個成長循環，GA4 和其他工具能夠幫上忙的地方和各位分享。

步驟一：分析學習

第一步驟分析學習就和 GA4 高度相關，尤其是顧客留存的部分。「分析」是指分析對應的留存指標；「學習」是指能從指標中學習改善哪些產品功能，來提高顧客留存率或變現金額。

前一周提過 GA4 學習了 MixPanel，導入了很多顧客參與、黏性等留存指標，而成長駭客是非常重視類似留存指標的。指標觀察的背後，是想去觀察哪些事件比較容易實現顧客留存（Retention）；如果顧客留存已經做得不錯了，也許觀察的指標就轉為如何變現（Monetization）的面向。

不知道聰明如各位，有沒有發覺成長駭客想觀察的維度和指標，與某個 GA4 預設的報表格式非常接近？是的，答對了，就是「生命週期」報表，其中的獲客、參與、營利與回訪，正是產品在不同階段所重視的成長駭客指標。

而大家常提到的海盜模型 AARRR（Acquisition 獲取、Activation 活化、Retention 留存、Referral 推薦、Revenue 營收），其實只是實現這些指標的思考提示或點子類別而已。千萬不要畫錯重點，整個腦袋都放在解釋 AARRR 上面，而忘了腦力激盪、測試與學習等工作。AARRR 成長手段在成長駭客有一個專屬名詞，叫做成長槓桿（Growth Lever），意即如何透過他們來實現不同的成長指標。

步驟二：產生點子

產生點子的步驟，就是從 AARRR 的成長槓桿（Growth Lever），去思考有什麼方法可以增進「生命週期」報表的四大類指標，不同的類別的指標會對應 AARRR 當中不同的思維與方案。因此，每個點子應該要有一個假設，並具體提出該假設可以幫助增長哪個特定成長指標（例如：DAU、MAU、AOV 還是 LTV）。

這時，對應到 GA4，就可以攤開 GA4「生命週期」報表下的各類報表，並比對設定的目標對象，觀察該族群在點子經過測試後，哪些對應指標應該要有積極的成長表現。

步驟三：點子排序

點子無限，資源有限。因此可以利用 ICE 三個標準來篩選點子，把這些點子依據 ICE 來進行評分，並對這些點子進行優先順序排序。

Sean Ellis 提出的篩選標準排序法則 ICE 是：Impact（影響力）、Confidence（自信度）、Ease（容易度）的縮寫，也就是針對每個點子，採用這三個標準來進行評分與排序，ICE 每項給 1 ~ 10 分，最後取平均值，分數最高的就優先進行測試，ICE 的具體定義如下。

- Impact：該點子對成長的影響力有多高。（10 分有立即性的大衝擊，1 分不痛不癢）

接下頁

- Confidence：我們對實現該點子的自信程度有多少。（10 分最自信，1 分不太可能）
- Ease：實現該點子的難易程度有多少。（10 分最容易，1 分最難）

這一部分倒是不需要用到 GA4，可以用簡單的 Excel，並透過腦力激盪與衝刺會議（Sprint Meeting），就可由參與團隊決定點子測試的優先順序。

步驟四：測試檢討

一旦選出最佳點子之後，就必須安排測試計畫。之前提到幾個轉換優化 A／B 測試工具，就是該在這個時候出場了。例如；可以利用 Optimizely 或 AB Tasty 來進行 A／B 測試或多變項測試，並把數據給傳回 GA4，檢視測試數據結果，回到步驟 1，當作下一個回合分析學習的起點。除了測試數據之外，所有成員也可透過使用者生命週期參與報表的行為數據（例如：看同群組分析 Cohort analysis、DAU／MAU、營收、留存等數據），來決定該點子是否成功，或哪一分群的表現，符合我方原本預期，在一段時間的觀察之後，來判斷該點子是否正式上線。

以上就是經過簡化的成長駭客循環，以及它和 GA4 的關係。成長駭客本質上就是以數據分析為基底，迭代改善產品，並吸引顧客留存，實現流量變現與業績成長的科學方法。既然是以數據分析當作基底，之前提到的許多數據分析工具與理論，顯然都可以應用在成長駭客的專案實作之上。當然，實際上矽谷成長駭客的運作，比上面簡介複雜許多，我只是從最簡單的成長駭客循環與工具運用角度，來說明如果想把網站數據分析和矽谷最夯的成長駭客掛勾的話，該怎麼應用實現，如果傑瑞考慮在公司內推廣成長駭客，數據長是一個適當的發動角色，「Digi-Spark」團隊組成也剛好符合成長駭客團隊的完整功能別，可以先從一個小題目開始，了解怎麼實現成長的目標。

談完成長駭客主題之後，古魯接著開談前幾周曾經觸及多次的使用者體驗（UX）、顧客體驗（CX）與顧客旅程（CJ）等主題。

用 GA4 實踐「顧客旅程地圖」(Customer Journey Map)

顧客旅程地圖在 UX / CX 界已經是老生常談的運用工具。不過,過去在該領域一般偏向在實體世界,用白紙或白板來實際操作。顧客旅程地圖主要的精神,是透過顧客觀察或訪談,把顧客和品牌互動完整的前、中、後情況,一五一十地畫出來;接著再依據旅程當中,顧客體驗的情緒高低點,來決定該從哪個面向開始改善顧客體驗或使用者體驗。

只是隨著顧客端數位裝置多元化,加上品牌端各類數位接觸點的大量建構,遠端與非接觸式的顧客數位足跡收集,變成一件可能的事。第五周提過,通用 GA 之所以升級成為 GA4,有很大的原因也是為了實現跨裝置、跨平台完整的顧客數位足跡收集,但同時又得注意不要違反個人識別資訊 PII(Personally Identifiable Information)的個資收集原則。

以電商零售為例,把顧客進入網站、瀏覽商品、加入購物車、填寫物流資訊、結帳 ... 等等行為事件,按照發生的時間,畫出「顧客數位足跡」(Digital Customer Footprint / Journey),這些個別的數位足跡或旅程,現在都可以在個人識別資訊無虞的前提之下,在 GA4「使用者數據匯報」上看得到。

GA4 以個別顧客為核心,收集單一顧客在網站與 App 上的各類行為事件,再把這些事件轉換成在該特定產業上有意義的行為旅程數據,想辦法勾勒出該顧客的日常生活型態或發展情境故事。例如:

- 艾比在手機新聞網看到某個「托特包」的廣告，忽然激發了買包的潛在需求。5 分鐘後，艾比打開筆電，在網站尋找有關「托特包」更詳細的資訊。

- 3 小時之後，艾比決定到實體商店試背，進行實品體驗。看到店家的立牌廣告寫只要在官方 LINE 登入，即可獲取進階資訊與額外好康紀念品。於是艾比決定加入官方 LINE，想要用網購來得到紀念品。

- 但艾比回到家一時忙碌，又忘了買包這件事；晚上用平板看完 Netflix 影集後，看到再行銷的廣告跳出，才突然想起來要買包包，最後終於完成了「托特包」採購。

　　類似上述的顧客旅程產生後，從品牌端會反推：有這樣顧客旅程的客人，會是什麼樣的消費者？它的顧客情境可能是什麼？可不可以由 CRM 的顧客實名資料比對倒推，看情境與行為符不符合？這樣群體的 LTV 可能是多少？值不值得持續關注該群體？

　　為了能夠回答上述問題，當然希望盡可能記錄與收集同一個用戶在跨裝置、跨地理區、跨平台的所有瀏覽與採購行為；當能夠有效的收集越多的數據，推敲顧客區隔與情境之後，才有可能做出越完整的體驗動線規劃、轉換優化、廣告投放接觸、顧客行為預測與再行銷等許多進階行銷科技（MarTech）的工作。

　　GA4 的兩大報表系統，「資產庫」與「探索」報表單元，提供了各類的報告與數據模型，讓過去不容易收集的顧客旅程，可以透過工具來幫忙收集實現。下面舉幾個 GA4 的模型或功能，可以收集與展現顧客旅程相關的情報與後續應用。

1. GA4 Path 路徑探索模型、「使用者數據匯報」或 DebugView：基本上，可以透過 DebugView 或「使用者數據匯報」去觀察單一使用者旅程。或透過「探索」的「路徑探索模型」去觀察群體使用者旅程；在了解個體或群體的顧客旅程之後，可以做什麼行銷應用呢？提供最常見的方法當作參考。

   找到顧客旅程路徑當中轉換率低的步驟，很有可能就是顧客感到挫折或不滿意的低點，只是他們沒有辦法透過言語來告訴你。因此，從這些地方開始，發想改善網站動線與使用者體驗的點子，利用 A／B 測試，找到降低既有設計與使用期望者的落差。改善成功與否的指標，可以觀察各類微轉換或巨轉換的轉換率是否有所提升來決定。

2. GA4 Funnel 漏斗探索模型：GA4 Funnel 漏斗探索模型，更是以群體轉換率為優先考量的簡化型轉化漏斗旅程，但它比較不重視單一顧客的想法，而是專注在某個顧客區隔大數的轉換，思考該顧客區隔從漏斗頂端（top of funnel）推到漏斗底端（bottom of funnel）的轉換情況。漏斗探索模型是數位行銷界最廣為使用的分析技巧（沒有之一），就在於它最簡單，從大範圍視角切入，短期可找到問題，快速提升銷售與實現成長。

3. GA4 的廣告歸因與顧客旅程：前面兩個模型都是消費者已經進到網站後，再去分析他們的路徑或轉化。但是很多非衝動性商品的採購決策過程是很漫長的，顧客常常得從許多不同的廣告管道進出網站多次，最後才下定決心成交或留下資料。此時，就必須把觀察的鏡頭 Zoom-Out 放大一下，把顧客旅程放大之後，可去看看導進網站前的各種廣告，到底是誰真正發生了作用，又該怎麼分配他們的貢獻，這就是 GA4 廣告歸因想要談的事。有些廣告的優勢是在主要轉換，有些則專精在輔助轉換，行銷人員就可以依據實際客戶轉換的情況，來調整預算在多個不同廣告管道的配置。

4. 選擇「目標對象」與再行銷：GA4 大幅提升了自訂「目標對象」的彈性，可以從「探索」單元好幾個模型當中，透過不同顧客旅程的行為去做交集與聯集，找出價值最高的顧客；在探索他們的需求趨向或購買意圖後，可找出品牌最有興趣與潛在價值最高的目標對象，打成廣告精準的目標對象受眾包，直接拋轉到 Google Ads 做再行銷，重整「數位媒體佈局」。如果還想對更多類似生活型態（Life Style）的人進行擴散傳播，可透過 GA4 機器學習的模式進行預測，找到更多的類似受眾（Look-like），以上都是利用顧客旅程為本，擴散目標對象的行銷戰術。

「顧客旅程」，已經從海報紙落實到數據分析平台上了，比起紙本上的「顧客旅程」更好的是，「數位顧客旅程」是隨時依據動態數據收集，即時產生變動的快照（snapshot）。不只優化顧客體驗，還可以和行銷推廣直接掛鉤，縮短反應時間。

最後用一個有趣的類比，來結束整個「Digi-Spark」的網站分析顧問活動。就以「地圖」（Map）這個古老的應用來類比，如果說廣告學家艾里亞斯·路易斯（E. St. Elmo Lewis）的 AIDA（Attention 注意力、Interest 興趣、Desire 慾望、Action 行動）或現代營銷學之父菲利普·科特勒（Philip Kotler）的 5A：認知（aware）、訴求（appeal）、詢問（ask）、行動（act）和倡導（advocate）的顧客旅程觀是宏觀世界地圖；那麼，經過實體顧客訪談後，畫在海報紙上的顧客旅程就是微觀的國家地圖。現在 GA4 所產生的數位足跡與顧客旅程，就好比在 Google Map 上的一條條大小不同的公路，除了可以任意放大縮小檢視上面的車流之外，還可以觀察到即時車況，幫助車主做出最佳行程判斷，最快抵達目的地的奈米觀地圖。

也讓我們一起回到顧問開始的第一題，Avinash Kaushik 提到網站分析的目的是為了什麼？就是想透過數據分析，持續進行使用者體驗優化（UXO）或顧客體驗優化（CXO），最終實現商業上的終極目標。希望各位在這十三周顧問期間，對網站分析有所啟發和體會。謝謝各位，在此和「Digi-Spark」團隊一起共勉、一起加油。

13-3

結尾

傑瑞　　珍妮佛　　亞曼達　　艾比

凱文　　德瑞克　　古魯

最後一次顧問會議，總經理尚恩從頭到尾全程參加，也由衷感謝古魯顧問這十三周的無私分享，把「Digi-Spark」團隊從原本是手無寸鐵的數據原始人，裝備成擁有各類高科技數據武器的未來戰士。

然而本顧問活動的終點，卻是「Digi-Spark」專案的起點。總經理也期許在接下來三個月當中，傑瑞與珍妮佛帶領「Digi-Spark」團隊應用十三周所學，真正徹底落實到總部，並另外花半年在全球子公司進行知識的開枝散葉，啟動 A 公司全新的數位藍圖布局，逐步落實在具體的商業目標與業績成長之上。最後，在大家熱烈的掌聲中，正式結束了十三周的「數據分析」之旅，團隊成員也和古魯顧問一一擁抱道別。

後記

　　2010 年個人因為觀察到一個來自矽谷數位行銷趨勢的理論，所以發行了一本介紹 Inbound Marketing 的書：《搏來客行銷》。上市之後，頗受業內好評，但是個人也對寫書的過程，有了真正的體認，從構思大綱、到文字撰寫、歷經多次校稿到上市安排等，真是一個繁瑣又辛苦的過程，要沒有一個很強大的動機，常沒有勇氣再走一次。其次，要決定發行一本書，也是得要有天時、地利、人和。首先，必須要有一個夠新鮮且大家有興趣的主題；其次是自己必須儲備好萬分充足的能量，完全貫注於創作當中；最後是讀者或粉絲的捧場。

　　因緣際會，2021 年陸續發生以下了幾件事，讓我決定在 10 年後，重起爐灶，發表我的第二本書。

1. Google Analytics 在 2020 ~ 2021 年發表了新版的 GA4，夠新鮮，使用過程當中相當驚豔，也帶給我許多新的啟發。

2. 在 2021 年初開始教授 GA4 相關的實體課程，並於疫情期間加開線上課程，也擔任了幾家企業的網站分析顧問，加上先前的長年的數據工作經驗，累積了足夠多的行業經驗與數據能量。

3. 正好閱讀到一位日本暢銷作家樺澤紫苑的有關輸入與輸出的書籍，讓我理解透過發行書籍的輸出模式，其實是可以擴大和業界彼此交流，產生更多教學相長的效果。

4. 受到 Brian Clifton 與 Avinash Kaushik 的啟發，受益甚多。但長久以來，Google Analytics 中文的書籍真正從商業思維角度出發的，實在寥寥可數，就算有提到，也大都是輕輕滑過，還是以技術或功能說明為主。

最終，第四點成為觸發我再次寫書的那最後一根稻草，我想寫一本像 Google Analytics 前輩 Brian Clifton 與 Avinash Kaushik 一般，真正從華人商業角度出發的網站分析工具書，實現一個數據分析與行銷科技的完美融合，不是光講 What，也以提到 Why 為優先。另外，書籍內容希望不只能帶給工程師啟發，也可以讓更多實際商戰行銷人員與主管們有感的書籍。也為了後者，我決定放棄一般 Google Analytics 書籍類似技術文件操作表達形式，而是以故事與情境的方式來貫穿，不論是分析師、工程師、中高階主管，都容易知道他在一個數據分析專案中，該扮演什麼角色與從哪裡看問題，甚麼樣的分工模式，最有利於企業整體數據專案的推進。

神奇的是：原本的構想不只是構想，這幾個虛擬故事的主角真和過去小說家講的一樣，在創作後期居然躍然紙上，有了生命，讓這一次的創作出奇的順利，文思泉湧。於是我在 2021 年底，大約在大綱拍板完一個月之後，就完成了第一本 GA4 書籍十萬字的初稿，還比 2010 年的前一本書足足多了兩萬多字。2022 年的第二季，這本 GA4 新書上市，得到了讀者熱烈的迴響，除了展現在銷售數字之外，也有不少學校機關邀請我分享相關的內容，達到了我初步預定拋磚引玉的目標。

時間移動到 2023 年底，當我正想調整內容進行再版之際，接獲旗標出版社的邀約，打算就這本書合作，進行調整與改版；正所謂「一個人走得快，一群人走得遠」，也非常感謝旗標出版社提供了非常多他們過去在出版電腦書籍相關的經驗與祕訣，哪裡需改善，讀者可能會比較感興趣的大綱與架構是什麼，都無私地和我一五一十分享。加上 GA4 在這一年期間也確實更改了不少功能，所以我又花了一點時間調整全部內容，同時增加了更多 GA4 陸續推出的改版新功能，因此大約又增加了五萬字。這些全新改版與調整的成果，希望配合旗標出版社繼續帶動台灣 GA4 的數據分析能量，提供給更多分析師與行銷人員一本容易入門的數據分析寶典。

最後，不能免俗的必須感謝許多這段期間幫助我的人，包括了：我的老婆在創作期間，負擔起大部分的家務，讓我可以專心的把這本書寫好；過去兩年，邀請我參與授課或演講的單位，讓我們因書而結緣，同時在分享與教學過程當中，讓我有更多改版的元素與靈感；當然，旗標出版社的彥發與冠岑，在這麼多電腦書籍當中找到了我，進行合作出版，還提供許多寶貴的撰寫方向與發行建議，精美的美工排版與編輯能力，更給了本書往更高目標移動充分的能量；最後，希望這本 GA4 的全新著作，能真正幫助到想學習 GA4 與數據分析的有緣人；當然，如果本書有任何地方，您覺得有改進空間的話，也請不吝和我分享 (jesswoo@gmail.com)，批評指教才是進步的動力。感謝大家！

政達 (傑西) 于 甲辰龍年春

P.S. GA4 的內容與介面，更新頻率非常高，唯一不變的地方就是「一直改變」。因此，為了提供更好的讀者體驗，我在 YouTube 開設了個人頻道「傑西哥企業創新 + 全球新創」，在 YouTube 搜尋「GA4」，應該就找得到這個頻道。這個頻道除了會延續本書主題，持續講解 GA4 的更新與改變，提升整體顧客體驗之外；其他也有談論有關創新與新創的主題，也歡迎各位不吝觀賞指教。

名詞解釋 Glossary

- A -

- **A / B 測試 (A / B Test)**
  A / B 測試是用來測試某一元素兩個不同版本訪客的喜好差異，一般是讓 A 和 B 只有該元素不同，再測試訪客對於 A 和 B 的實際反應數據呈現，最終判斷是 A 或 B 哪一個是較佳的方案。

- **即時套用商業智慧報表 (Ad-hoc Report)**
  以商業目標需求為基礎，套用商業智慧分析模型所產生出來的即時報表，通常會以較豐富的視覺呈現方式體現。此類報表一旦產生之後，不需要 IT 或行銷人員的幫忙，即可隨著數據的滾動，隨時產生最新的套用結果。

- **歸因模式 (Attribution Model)**
  在顧客轉換的過程中，消費者因為在多次接觸不同型態的廣告後，才做出最後決定，完成轉換。所以，廣告歸因模式是描述廣告的「轉換功勞歸屬」，在通用 GA 也稱作多管道程序 (Multi-Channel Funnels, MCF)。歸因模式可視為是把獲取客戶的視角往前延伸，在到達網站前，了解各個轉換管道的效度。

- B -

- **行為人物誌 (Behavior Persona)**
  根據一個特定的使用者行為或事件，來定義目標受眾區隔的人物誌形式。

- **行為定向 (Behavior Targeting)**
  依據訪客的線上行為去設定的一種廣告投放模式，有別於過去傳統行銷大多利用人口統計屬性定向的模式。

- **品牌關鍵字 (Branded Keywords)**
  品牌關鍵字是指訪客利用品牌、商標或產品名稱等關鍵字或片語搜尋，而來到品牌官網或 App 的所有詞彙，通常可以用來評估品牌的聲量大小。

- **商業智慧 (Business Intelligence)**
  商業智慧是結合數據收集、數據工具、報表視覺化、商業分析、戰情儀表板等，以便協助組織做出更多依據數據出發，敲定重大商業決策的系統工具。

- C -

- **計算指標**（Calculated Matrics）

  計算指標是一種由分析師自行定義的指標，以現有指標進行計算組合。好處是不需要做額外的程式撰寫，直接在報表畫面就能閱讀更符合實際需求的分析指標，便於依據該指標採取對應行動。

- **客戶資料管理平台 CDP**（Customer Data Platform）

  一般是一個套裝軟體或 SAAS，建立可供其他系統存取的全方位客戶資料庫，以便分析、追蹤及管理品牌和客戶的互動。

- **內容管理系統**（CMS, Content Management System）

  內容管理系統是協助企業管理數位內容的自動系統。整個團隊都可以使用這系統來建立、編輯及發布內容，根據團隊不同角色，提供不同的管理權限。它就像是儲存企業數位內容的一個中心點，有些還提供協同合作內容管理的各種自動化程序，或依據訪客來做客製化的功能。

- **同意聲明模式**（Consent Mode）

  同意聲明模式用指將使用者的 Cookie 或應用程式 ID 是否傳送給 Google 的決定權交還給使用者，而要求品牌透過一個同意橫幅（Consent Banner）來收集使用者對於自己個資使否被使用的同意聲明進行抉擇，GA4 代碼將會遵照使用者選擇的結果來調整收集的行為。

- **客戶關係管理系統**（CRM, Customer Relationship Management）

  CRM 是一種企業用來記錄現有客戶及開發潛在客戶之間互動關係的管理系統。一般是透過業務同仁進行數據的輸入，讓業務主管可以從客戶的歷史積累和分析當中，增進企業與客戶之間的關係，從而進行銷售預測、最大化企業銷售收入和提高客戶留存。

- **顧客體驗**（Customer Experience, CX）

  顧客體驗是指消費者在整個與品牌互動的過程中，對這個品牌「心理層面」所認知的整體價值。顧客體驗一般會沿著時間線與空間線展開，就形成所謂的顧客旅程。

- 顧客旅程地圖 (Customer Journey Map, CJM)
  把顧客體驗旅程依據時間與空間展開，展開成視覺化的完整旅程地圖，並標示顧客體驗感知好壞的階段在哪裡。

- 訪客效期價值 (Customer Lifetime Value, CLV, LTV)
  用戶 (購買者、會員、使用者) 從使用產品到退出為止，對該產品服務所帶來的收益總和的平均值。

- D -

- 人口統計屬性人物誌 (Demographic Persona)
  人口統計屬性人物誌 (Demographic Persona) 是以傳統的年齡、地區、性別、喜好等面向，來定義區隔顧客的一種方式。

- 裝置 ID (Device ID)
  裝置 ID 是用來辨識手機和平板電腦的一串數字和字母，具有唯一性。該資訊存儲在行動設備上，當訪客下載並安裝應用程式時，便可獲取。裝置 ID 常被廣告主與行銷人員當作辨識用戶的代號。

- 維度與指標 (Dimensions & Metrics)
  GA 所有的報表都是由維度與指標所組成，維度是數據的屬性，屬文字資料；指標是數據的量測數值，屬數字資料。熟悉維度指標，才能發展各種洞見。

- 數據管理平台 DMP (Data Management Platform)
  一般是一個套裝軟體或 SAAS，可收集、組織及介接各種來源 (線上、離線及行動) 的第一、第二及第三方受眾資料，接著會使用該資料建立詳細的客戶設定檔，可將該檔案拋轉廣告系統，以啟動定向或個人化廣告。

- E -

- 電郵自動化 (Email Automation)
  指一個電郵工具擁有高度自動化工作流程的設定能力，可以在對的時間，瞄準對的受眾群，發出適合的溝通訊息。目的是達成用戶養成與目標轉換，實現商業目標。

- 提取、轉換、載入、視覺化 ETLV（Extract, Transform, Load, Visualize）

  Extract、Transform、Load、Visualize（ETLV）是一個常用於資料庫管理和商業智慧領域的術語。ETLV 是指將數據從數據源系統中提取出來，通過一系列的轉換處理，載入到目標系統中，最後進行數據視覺呈現的完整過程。其中，提取（Extract）是指從各種不同的文件（如 Excel）、資料庫或應用程式進行數據提取。通常，這些數據源可能會有多種不同的格式與結構，因此需要對源數據進行格式解析和特定讀取操作。轉換（Transform）是指對提取的數據進行處理與轉換的過程。這個階段，數據可能需要進行清理、重組、合併或計算等整理，使得提取的數據，符合目標系統的載入要求。載入（Load）則是指將轉換後的合規數據，置入目標系統中的過程。視覺化（Visualize）則是將置入目標系統的數據，依據商業智慧的需求，進行各類的圖形視覺呈現。

- G -

- 遊戲化設計（Gamification）

  遊戲化設計是指一種在非遊戲的領域中，採用遊戲設計元素和遊戲任務導向或獎勵機制，令使用者能有更強動機來解決問題，並增進往設計者目標邁進的動機。

- Google 信號（Google Signal）

  Google 信號是 Google Analytics 為了在跨裝置、跨平台辨識用戶，所發展出來的一種辨識用戶的代號，非常類似使用者 ID（User ID）。本質上是利用用戶安裝 Google 的產品服務與使用後，匯總得到的一個辨識用戶資訊。

- 成長駭客（Growth Hacking）

  依據定量與定性顧客數據分析的結果，透過團隊共創與腦力激盪，提煉出成長點子。把成熟的點子經過實驗，內化於產品當中，藉以刺激產品服務創新的衝刺過程。

- Google 網站代碼管理工具（Google Tag Manager, GTM）

  GTM 是一個網站代碼的管理工具，方便工程師或行銷人員可以快速更新埋在網站或 App 的追蹤程式碼和相關程式碼片段（在網站或 App 上統稱為「代碼」）。只消在網站或 App 專案中新增一小段「代碼管理工具」GTM 的程式

碼，爾後，就可以透過 GTM 提供的網頁式使用者介面，輕鬆且安全的設定評估代碼與部署事件等網站分析等細節，不必請工程師找出原始網頁來加入該段代碼。

- I -

- **程式內購買 (In-App Purchases)**
  程式內購買是指訂閱 App 或在 App 購買額外內容。程式內購買一般可分為三種類型：訂閱、消耗性購買項目和非消耗性購買。

- K -

- **多媒體事務機 KIOSK**
  因應零售業、連鎖商店、旅館、機場、公共場所及娛樂中心需求而生的自助多媒體自助服務機，讓顧客不須與雇員互動，即可自行完成資訊查詢或簡單交易。

- L -

- **潛客評分制度 (Lead Scoring)**
  是一個可以評估潛在客戶 (leads) 距離購買行為還有多遠的一個評估模式。主要的評分標準是依據若干事先定義好的人口統計與客戶行為的分數，透過收集客戶行為進行積分計算，進而了解潛在客戶的準備購買程度。最後，依據積分高低來分級，並對應不同的後續行銷處理模式。

- M -

- **行銷自動化 (Marketing Automation)**
  專為行銷部門設計的軟體平台，可更有效的在線上經營多管道行銷溝通與流程自動化，減少重複性的人工行銷任務。透過指定任務和流程標準化，不但可提高效率並減少人為錯誤，並可檢視行銷結果，再進行戰略與戰術調整。

- **行銷合格名單 (Marketing Qualified Leads, MQL)**
  一般指透過線上活動所招募進來的潛客名單，因為採購的意願還不明朗，所以列為較不成熟的行銷合格名單，並開始培養 (Nurturing)。當透過量化的評估系統發覺超過某個門檻後，就可轉為業務合格名單 (SQL)。

- 關鍵時刻 (Moment of Truth 或 A-HA Moment)

  是指從顧客體驗的角度，如果為顧客提供服務，他們只會記得一個最重要的體驗時刻的話，那會是哪一個時刻？這就是關鍵時刻。關鍵時刻成了顧客評斷服務品質的關鍵指標，掌握關鍵時刻，也就掌握了長久的品牌信任。關鍵時刻是由前北歐航空 (SAS) 總裁 Jan Carlzon 所提出。後來，隨著數位線上服務的普及，也轉化為「讓訪客最無法忘記的產品功能體驗時刻」。

- 營利、變現 (Monetization)

  變現一般是指將「無形價值」的數據、服務或知識，透過分析、包裝或出售，轉換為一般通用貨幣的「實際價值」。

- 多變量測試 (Multivariate Test, MVT)

  多變量測試通常用於將三個以上的不同元素，組合成各種不同的方案後呈現給訪客，藉由流量、點擊率等各種數據測試與收集，來進行優化方案的選取。也是 A / B 測試的擴大版，對假說較不確定與測試元素多時使用。

- N -

- 淨推薦分數 (NPS, Net Promoter Score)

  淨推薦分數 (NPS / Net Promoter Score) 是一種定量的顧客質化分析方法論，透過詢問顧客是否願意對品牌或產品進行推薦的意向，了解顧客的忠誠度。顧客回應選項共有 11 個等級，範圍從 0 到 10，數值越高代表推薦意願越強烈。將回應分為三大群：回答 0–6 分為批評者；回答 7–8 分為被動者；回答 9–10 分為推薦者。而 NPS = 推薦者 % - 批評者 %。NPS 業界的低標是 20 分，超過 50 分則算是表現優秀。

- O -

- 初次造訪輔助提示 (On-boarding Assistance)

  指在發現訪新訪客造訪網站時，系統自動跳出線上的使用導引，幫助新訪客了解網站的操作模式，一般會以畫面覆蓋的方式進行，指引新訪客可以點擊那些單元來實現造訪的目的。這類設計非常有助於新客戶的參與率、留存率與轉化率。

- P -

- **個人識別資訊**（Personally Identifiable Information, PII）
  為可以用來辨識、聯絡或知曉單一特定對象，或加上一些輔助資訊後，可達成前述目的之個人資訊；常用於資訊安全及隱私權法。

- **銷售點情報管理系統 POS**（Point of Sale）
  是零售業界為記錄實體門市銷售交易所使用的一種資訊系統，記錄每一筆終端交易細節。

- **預測指標**（Predictive Metrics）
  指 Google 透過機器學習來分析數據，進而預測使用者未來行為，提供進階更詳盡的預測數據。預測指標主要是透過收集結構化的事件資料的樣本，進一步瞭解使用者未來可能的行為。

- Q -

- **數據分析品質評分卡**（Quality Scoring Card, QSC）
  是數據分析大師 Brian Clifton 借用平衡計分卡（BSC）的概念，所設計的一份數據品質評分機制。QSC 是類似體檢的概念，共列出 15 個不同的重要數據品質項目，透過實際上的狀態，各自評分，最後加總得到一個總分。總分最高 100 分，最低 0 分，及格分數是 50 分。

- R -

- **報表識別資訊**（Reporting Identity）
  是在數據分析時，需要選擇來告訴 Google Analytics 如何辨識用戶的識別資訊模式，在多裝置跨平台的情況下，用戶辨識模式的選擇會導致報表產生結果的誤差。目前 GA4 有四種不同的報表識別資訊：使用者 ID、裝置 ID、Google 信號與模擬。為了配合隱私法規，Google 於 2023 年 12 月底發布，自 2024 年 2 月 12 日起，「Google 信號」按鈕將不會再顯示在「在報表識別資訊中加入 Google 信號」的選單中，但 Google 私下仍會利用原本「Google 信號」機制呈現人口統計、興趣報告與廣告中的目標對象設定。同時，為了彌補 Google 信號無法使用後，對報表的衝擊，Google 因此建立了第四種的「模擬」的行用戶行為模擬數據模型，並且利用此做法去填補「Google 信號」移除後可能的數據缺口。

- 響應式網站設計 (Responsive Web Design, RWD)

  為配合使用者多裝置跨平台使用的習慣，能夠自動偵測上網裝置尺寸，自動調整網頁圖文內容符合不同螢幕大小，優化使用者瀏覽體驗的網站設計方式。採用 RWD 的好處是只需維護單一網站版本，即可兼顧多元訪客的使用體驗。

- 再行銷 (Remarketing)

  向已造訪過的網站或 App 的訪客，進行再次訊息溝通與互動的廣告模式。

- 廣告投資報酬率 ROAS (Return on Ad Spending)

  是衡量數字廣告效益的一個關鍵指標，公式為 (廣告帶來的營業額 ÷ 廣告成本) x 100%；由於廣告的 ROI 不好計算，所以 ROAS 成為一個通用的簡單衡量指標。

- S -

- 業務合格名單 (Sales Qualified Leads, SQL)

  經過適當溝通與培養之後，已經可以直接交給線下業務代表聯繫的合格潛在客戶名單。

- 搜尋引擎優化 SEO (Search Engine Optimization)

  SEO 是按照搜尋引擎的規則和指南來進行網頁內容與外鍊的布局，目標是讓一個網站在搜尋引擎結果頁面 (SERP) 上的曝光度和排名提升，通常以第一頁為目標。

- 網站追蹤評估指南 (Site Tracking Assessment & Guide, STAG)

  指引網站分析團隊完成 Google Analytics 設置的說明文件，文件中以闡述網站分析配置、追蹤數據與目標設定等相關內容為主。

- 利害關係人 (Stakeholders)

  指和公司營運與目標達成有關的上下游相關單位與人，不限於公司內部，外部的合作夥伴亦可為利害關係人。

- 社群聆聽 (Social Listening)

  指在社群媒體上追蹤、觀察特定字詞、短語如何被提及或被搜尋，針對目標族群反覆探索與收集社群正反向輿情的過程。社群聆聽為一種新興的市場調查方法，對比調查或訪談，更易獲得較自然的資料，特別在某些敏感議題上。

- U -

- **易用性測試** (Usibility Test, UT)
  是一項透過讓用戶使用來評估產品,來決定產品是否滿足用戶需求的技術。由於它反應了用戶的真實使用經驗,在用戶體驗中扮演了極其重要的角色。

- **使用者體驗** (User Experience, UX)
  是使用者與公司的產品與服務互動中的所有面向的思考。以使用者為中心去思考人與產品服務的互動,包含了使用者在使用後,對於產品易用性、功能與效率的認知。

- V -

- **顧客之音** (Voice of Customer, VoC)
  顧客之音展現了整體顧客的期望、偏好或厭惡。使用顧客之音的市場研究可找到顧客的想要和需要,並按層次結構進行組織,然後根據相對重要性與目前替代方案的滿意度,進行優先排序。

- W -

- **網站評估計畫** (Web Measurement Plan, WMP)
  串起上層的「商業目標」與下層「網站指標」的計畫工具,讓兩者有效橋接與同步,可以避免發生兩者脫鉤或各行其是,並隨時追蹤指標與進度。

Google Analytics
GA4

Google Analytics
GA4